新知文库

116

XINZHI

Ni Cru Ni Cuit:
Histoire et civilisation de
l'aliment fermenté

«NI CRU NI CUIT» by Marie Frédéric

© Alma Éditeur, Paris 2014

«This editon published by arrangement with L'Autre Agence, Paris, France and Divas International, Paris 巴黎迪法国际版权代理 All rights reserved. No part of this book may be reproduced or transmitted in any form or by any means, electronic ormechanical, including photocopying, recording or by any information storage and retrieval system, without permission inwriting from the proprietor.»

不生不熟

发酵食物的文明史

[法] 玛丽–克莱尔·弗雷德里克 著
冷碧莹 译

生活·讀書·新知 三联书店

Simplified Chinese Copyright © 2020 by SDX Joint Publishing Company.
All Rights Reserved.
本作品简体中文版权由生活·读书·新知三联书店所有。
未经许可，不得翻印。

图书在版编目（CIP）数据

不生不熟：发酵食物的文明史／（法）玛丽-克莱尔·弗雷德里克著；
冷碧莹译. —北京：生活·读书·新知三联书店，2020.6（2022.3 重印）
（新知文库）
ISBN 978 – 7 – 108 – 06494 – 3

Ⅰ.①不… Ⅱ.①玛…②冷… Ⅲ.①发酵食品 Ⅳ.①TS201.3

中国版本图书馆 CIP 数据核字（2019）第 032875 号

责任编辑	赵庆丰
装帧设计	陆智昌 刘 洋
责任印制	董 欢
出版发行	生活·讀書·新知 三联书店
	（北京市东城区美术馆东街 22 号 100010）
网 址	www.sdxjpc.com
图 字	01-2018-7175
经 销	新华书店
印 刷	河北松源印刷有限公司
版 次	2020 年 6 月北京第 1 版
	2022 年 3 月北京第 2 次印刷
开 本	635 毫米 × 965 毫米 1/16 印张 21.25
字 数	252 千字
印 数	08,001－11,000 册
定 价	45.00 元

（印装查询：01064002715；邮购查询：01084010542）

新知文库

出版说明

在今天三联书店的前身——生活书店、读书出版社和新知书店的出版史上，介绍新知识和新观念的图书曾占有很大比重。熟悉三联的读者也都会记得，20世纪80年代后期，我们曾以"新知文库"的名义，出版过一批译介西方现代人文社会科学知识的图书。今年是生活·读书·新知三联书店恢复独立建制20周年，我们再次推出"新知文库"，正是为了接续这一传统。

近半个世纪以来，无论在自然科学方面，还是在人文社会科学方面，知识都在以前所未有的速度更新。涉及自然环境、社会文化等领域的新发现、新探索和新成果层出不穷，并以同样前所未有的深度和广度影响人类的社会和生活。了解这种知识成果的内容，思考其与我们生活的关系，固然是明了社会变迁趋势的必需，但更为重要的，乃是通过知识演进的背景和过程，领悟和体会隐藏其中的理性精神和科学规律。

"新知文库"拟选编一些介绍人文社会科学和自然科学新知识及其如何被发现和传播的图书，陆续出版。希望读者能在愉悦的阅读中获取新知，开阔视野，启迪思维，激发好奇心和想象力。

生活·讀書·新知三联书店
2006年3月

不是人发明了发酵,而是发酵发明了人。

——桑多尔·卡茨(Sandor Katz)

目　录

引言　甲之蜜糖，乙之砒霜　　1
　　传承仪式 ... 5　从身份象征到爱国主
　　义 ... 7

第一部分　发酵和人类文明　　1

第一章　野蛮和文明　　3
　　开始就是酵母 ... 3　社会的酵母 ... 11
　　文化的酵母 ... 18　传播的酵母 ... 20
　　人类的酵母 ... 24

第二章　神祇、英雄和祖先　　30
　　神圣的起源 ... 32　饮酒的普遍性 ... 41
　　不死的食物 ... 46

第三章　走下神坛成为民俗　　52
从出生到坟墓 ... 54　食物的酿造 ... 61

第四章　好客和共餐　　68
社交美食 ... 68　待客美食 ... 73
教养与分寸 ... 76　集体生活方式 ... 78

第二部分　到处都有人类　　83

第五章　肉食品、贮存品和腌制品　　85
贮存品的味道 ... 85　肉干 ... 91
普遍的腌制法 ... 94　百年蛋 ... 99

第六章　海的味道　　101
一种古老的工业 ... 102　从古至今的美食 ... 106　鱼酱：古代的液体黄金 ... 110
红酒煮鸡蛋和鱼露 ... 113

第七章　发酵饮料的世界　　119
从蜜酒到史前鸡尾酒 ... 121　从史前啤酒到现代啤酒 ... 125　葡萄酒征服世界 ... 134　葡萄酒醋：葡萄酒的最后命运 ... 137　不含酒精的发酵饮料 ... 138

第八章　从爆米花到面包　　144
粥：食物之母 ... 144　从烤饼到面

包 ... 149　世上第一块面包及其后续 ... 152

第九章　奶酪或奶制品的辉煌　　159
饲养奶牛之前怎么喝到奶？... 159
游牧民族的发酵方法 ... 164
定居人群的发酵技术 ... 173

第十章　不可思议的蔬菜水果之永生　　176
世界范围的"酸草" ... 177　腌酸菜及其化身 ... 178　水果不只是产酒 ... 184
豆科植物和亚洲 ... 186

第三部分　消亡和重生　　191

第十一章　驱除细菌，它们又飞奔回来　　193
发酵还是腐烂？... 193　发酵参与者各司其职 ... 199　从贮藏变质到乳脂发酵 ... 202　科学之外 ... 207

第十二章　祝您健康！　　208
保护我们的微生物 ... 208　更富营养的食物 ... 210　健康安全的食物 ... 211　当现代医学对民间药典感兴趣时 ... 216

第十三章　不屈不挠的巴氏灭菌法　　　　　　　　　　225
　　　　　发酵的委婉表达 ... 225　对微生物的
　　　　　巨大恐惧 ... 230　巴斯德灭菌法和清
　　　　　心寡欲 ... 234　工业化的圈套 ... 239
　　　　　一个没有发酵的社会？... 243

第十四章　发酵无法回避的对手　　　　　　　　　　　246
　　　　　产地的重要性 ... 246　鲜味：美味的
　　　　　骗局？ ... 251　生奶奶酪的战争：决
　　　　　定性的转折 ... 254　统一标准模式的
　　　　　失败 ... 260

结语　不生不熟　　　　　　　　　　　　　　　　　　268
参考书目　　　　　　　　　　　　　　　　　　　　　273
注释　　　　　　　　　　　　　　　　　　　　　　　294
致谢　　　　　　　　　　　　　　　　　　　　　　　307

引言　甲之蜜糖，乙之砒霜

在我们日常饭菜中，有一类"习焉而不察"却极为特别的食物，这就是发酵食物。它们天生地既让人迷恋又使人厌憎。某些发酵食物被一些人认为是珍馐美味，同时又被另一些人厌恶到无法入口。这两种评价之间的界限根据群体、家庭、国家、大洲的不同而变化。法国人钟爱的有气味的奶酪，对亚洲人或美洲人来说似乎不太干净。享用在阳光下曝晒一年的海豹肉对于加拿大的因纽特人是一种无上的欢乐，但欧洲人认为它腐烂得令人恶心。我们还可以以咖啡为例。世界各处都喝咖啡，但是煮咖啡的方式在法国、土耳其、意大利、德国和美国都有所不同。当然，一个群体中的每个成员都会觉得自己的方式是最好的。本地的发酵食物是珍馐佳肴，而异国的发酵食物只能证明外国人缺乏品位，甚至是野蛮粗俗。

发酵食物并不是始于现代。在罗马征服希腊的古代，小瓶的鱼露和金子等价。对于我们这些认为鱼露仅仅是一种简单由腐鱼制成汁的人来说，这种现象很难理解（反之，我们很能理解品质绝佳的葡萄酒卖出天价，而印第安人深以为奇）。普林尼①（Pline）用"和蛤的味道一样令人不快"来形容鱼露的气味，尽管他很喜欢它。普洛特②（Plaute）则不是鱼露的爱好者：他用"渣滓"这个意味着"腐烂"的词来辱骂鱼露。在16世纪，康拉德·格斯讷③（Conrad Gessner）提到好几种发酵鱼被沿海的北方民族热切追捧，处于欧洲内陆的国家则因恶心而拒绝接受它们¹。在北美洲，由妇女们咀嚼又吐出的玉米粒制成的发酵粥，还有在水瓮中发酵几个星期的嫩穗，让殖民者们谈之色变，却让美洲印第安人欢欣鼓舞。在驯鹿的大肚子内装满热血，然后束紧并发酵，这对于印第安人来说如同"果酱"，而欧洲人却认为这是不干净的东西。²发酵物对于一些人来说是精致美食，同时也是另一些人眼中的腐烂物和令人厌恶的对象。2012年，记者兼作家克里斯托弗·唐（christopher Tan）从新加坡写信给我说：

> 我读大学的时候，曾和一位法国朋友以及另一位日本朋友就亚洲人对发酵海鲜的喜爱和欧洲人对发酵奶制品的钟情进行过热烈讨论。他们俩都尝过并喜欢卡芒贝尔（camembert）奶

---

① 盖乌斯·普林尼·塞孔都斯，生于23年（一说24年），卒于79年，世称老普林尼（与其养子小普林尼相区别），古代罗马的百科全书式的作家，以其所著《自然史》一书著称。——译者注（下文若无特别说明，页下注均为译者注，用圈号标识；作者原注在本书最后，用阿拉伯数字标识。）
② 罗伯特·普洛特（1640—1696），恐龙化石的第一个发现者和记录者，在其编写的一本关于牛津郡的自然历史书中描述了发现于卡罗维拉教区的一个采石场中的一块巨大的腿骨化石。
③ 康拉德·格斯讷（1516—1565），瑞士博物学家、目录学家。他是16世纪欧洲最具影响力的学者之一，著有厚达3000余页的自然科学著作《动物史》，其中插图均为他本人绘制，被视为动物学研究的起源之作；他1545年编纂的第一版《世界书目》介绍了1800位作家的超过1万本图书，是全球第一部系统介绍希伯来、希腊、拉丁文图书的目录，为后世的目录学研究提供了重要范本。

酪，但是我从未学会欣赏其芳香，所以当他们品尝时，我不得不和他们保持一定的距离！

发酵品和腐烂物之间的界线取决于地理来源以及进食者的文化范围。这条界线让我们想起了另一条，即希腊人和苏美尔人在野蛮和文明之间树起的界线：是否食用发酵食物也许能区分出两类人群。界线总是被严肃对待，比如在《创世记》中，拒绝喝酒的人会被怀疑处于魔鬼的控制下。以不一样的方式发酵食物的人在中世纪也同样被怀疑，几个世纪内，酿造葡萄酒方法的不同使犹太人和基督徒彼此敌对。1444年5月25日，卡庞特拉（Carpentras）城有布告宣称："没有任何基督教徒敢去犹太人的酒馆喝酒，因为犹太人不喝基督徒的酒，基督徒也不应该喝犹太人的酒。"[3]同样的分离现象也肆无忌惮地体现在面包及其衍生品上。有一句西班牙谚语称："圣周（复活节前一周）不做煎饼的人家肯定是犹太人。"[4]

我们需要明白的是，教会诞生之初需要和犹太教划清界限，因此教会放弃了割礼和安息日，允许食用猪肉并选择发酵面包用于礼拜仪式，以便和犹太人的无酵面饼有所区别。在7世纪之前，做弥撒的面包由信徒提供，但逐渐变成特别制作，以便人们能将用于礼拜仪式的面包和日常所用的面包区分开来。因为实际的保存等原因，又因为和犹太教的分割已经完成，在两根铁杆上做出的平底面饼成了圣餐独一无二的面包。这种缓慢且逐渐发生的变化因教会分裂在11世纪最终完成：君士坦丁堡大主教提笔谴责罗马的基督教徒使用无酵面饼，认为这是"犹太人的方法"，而酵母和发酵是耶稣基督的象征。[5]东正教会总是在圣餐上用发酵面包，生机勃勃的酵母在仪式中被认为是必不可少的。

从12世纪开始，犹太人会因为亵渎偷来的圣餐面饼被判死刑。

他们用钉子钉面饼或直接焚烧，根据传说，被这样虐待的圣餐面饼会神奇地流血。关于这些亵渎行为的叙述被再次创作，搬上舞台，并在教堂前以圣迹剧的形式上演。[6]在同一时期，仇视犹太人的各种法令开始颁布，一直持续到1308年美男子腓力四世①（Philippe Le Bel）将犹太人驱逐出法国。他并非无可指摘，因为这些事件都是在圣体面包变成不发酵的面包之后发生的。被唾弃的"犹太人"作为配角，通过其亵渎行为，证明了基督的显灵。我们还能通过这些传说再次确认犹太人的无酵面包和基督徒的面包之间的区别：必须证明这种白色平底的圣餐面饼实际上包裹着耶稣基督的身体，尽管它曾失去其酵母。食物的发酵与否标志着"好"与"坏"、"纯洁"与"不洁"之间的区别，当然首先是基督徒和犹太人之间的区别，还意味着东正教徒和基督徒之间的不同。

日耳曼国家的基督教化遵循了同样的思想脉络，喝啤酒的人地位曾经很低。数目庞大的文章和谚语都显示啤酒曾被认为是穷人和平民的饮料，甚至是巫师和魔鬼在安息日共享的饮料。[7]贝特朗·黑尔（Bertrand Hell）分析了作为异教徒饮料的啤酒和作为新教高贵饮料的葡萄酒之间的对立。[8]啤酒是北方宗教的饮料，而葡萄酒则是来自南方的新教的美酒。啤酒的失宠持续了好几个世纪，一直到宗教改革运动使之恢复名誉。当然，宗教改革运动并没有使啤酒成为和葡萄酒一样的天主教圣酒，但是它使啤酒恢复了名声，去除了它与魔鬼纠缠的一面。如今，喝啤酒的国家从地理上对应着新教，而喝葡萄酒的国家则对应天主教。

发酵还是腐烂，纯洁还是不洁，文明还是野蛮：这些分类解释

---

① 腓力四世（1268—1314），法国卡佩王朝国王（1285—1314年在位），纳瓦拉国王。他是卡佩王朝后期几位强有力的君主之一。腓力四世的权力甚至迫使教廷屈服，在他以后的一个世纪内，教皇驻地迁到法国阿维尼翁。

了美国士兵在1944年登陆法国后的反应，他们根据闻到的味道就认为能在炼制卡芒贝尔奶酪的干燥室里找到尸体。

传承仪式

好恶在每个个体身上表现各异，在一生中的各个阶段也不尽相同。这些现象揭示了有些好恶是后天获得，也有一些是与生俱来。比如，大家都知道婴儿喜欢甜味，而苦味会让他们皱眉。

实际上，对于发酵食品的味道，我们必须先克服自己的厌恶，之后才会对之赞赏有加。很少有小孩会欣赏典型的咖啡味道以及味道浓烈的奶酪，还有发酵鱼、鱼子酱，他们也无法分辨鱼露中丰富的味道层次。甚至酸奶和新鲜奶酪也是慢慢加入孩子的饮食的。发酵食品的味道是成人的味道，是我们在长大的过程中慢慢学会欣赏的。从这个意义上来说，喜欢吃发酵食物意味着我们长大成人，完全成了同类团体中的一员。在某些地区，这甚至是个生死攸关的问题。在蒙古地区，孩子们很早就被教授喝马奶酒。当他们将近八九个月大，能够喝点汤时，大人就会让他们品尝发酵的马奶，因为在大草原上，不吃此类食物他们无法存活。[9]

在世界上所有的烹饪法中，和发酵有关的都来源于这种学习，这是真正的传承仪式。我们可以从中区分出纵向和横向的传授，由同一团体中的成人向孩子传授为纵向传授，不同团体中的两个成人间的传授为横向传授。要加入一个新团体，不管是成人的团体，还是另一个国家或另一种人群，都会发生由一个等级向另一个等级、一个领域向另一个领域的传递。和所有的传承仪式一样，这类传递也包括一种考验：必须克服内心的厌恶，尤其是根深蒂固的偏见。纳豆是由黄豆在一种特别的酵母作用下制成的，其外观黏糊糊的、稀稀的，像一团液体蛋白。日本人无纳豆不欢，而欧洲人绝不会自发选择纳豆。这种并非出自本我的嗜好需要宣讲、解释和支持。

发酵食物经常成为我们向游客或新移民极力推荐的食物之一。比如在法国，如果外国人喜欢我们的卡芒贝尔奶酪或洛克福（roquefort）羊乳奶酪，我们就会对其产生一种特别的敬意：他们成功通过了考验。在冰岛，人们会偷笑着让初来乍到的人品尝干鲨（hakal），这是一种已开始变质、在海滩沙子底下藏了好几个月的鲨鱼肉。在墨西哥的塔巴斯科州（Tabasco），有一种名为波瑟尔（pozol）、源自哥伦布发现新大陆前的饮料，由玉米和可可制成。有谚语云，如果来到塔巴斯科州的游客喝了波瑟尔并喜欢它，那他就能在当地安家了。传承仪式完成了，所有人就这样成为同一人类群体中的一员。

教授一个弟子必须逐步进行，并伴随长期的训练。一个亚洲人能区分出一千零一种鱼酱的香味。新加坡的克里斯托弗·唐讲述了一段欧洲人难以理解的经历：

> 在品尝来自越南、泰国、缅甸、中国、韩国和菲律宾的鱼酱的过程中，我们意识到它们差异明显。韩国鱼酱有着有点变质的胡瓜鱼子的味道，缅甸鱼酱让人想起蘑菇的芳香，而越南鱼酱的味道最为复杂。

同样，葡萄酒、咖啡、茶或巧克力都拥有无穷无尽的丰富芳香。如果要细细品味这些产品，那就必须了解其习俗惯例，并掌握词语来形容所体会到的多样感觉。

品尝发酵食物的乐趣实际上来源于"对成熟的爱好"。所谓成熟，既可以理解为味道的成熟，也可以理解为对成熟事物的嗜好。据此来看，用盐提味的米饭和用鱼酱调味的米饭引起的回响迥异。后者拥有其他的香味，这些额外的芬芳不仅来自原材料，还源于其成熟过程。我们也可以用两种不同年份的葡萄酒或新鲜奶酪和成熟奶酪来做同样的比较。意识到这些不同之处就会激发人的学习欲望，并调整口味。正因为如此，被吞吃入腹的食物才被赋予了意义，一种能使同一集体中的人们发生联系、让外来者融入其中的文化意义。

从身份象征到爱国主义

即使野蛮和文明的概念要上溯到另一个时代，发酵食物在如今仍然是本地人之间形成默契的标志。在世界各地，这些食物都能引起人们的身份归属感，即使在最讲究卫生的工业化国家，一些发酵食物（通常是其他国家的）总会被禁止。洛克福羊乳奶酪和半软荷兰干酪在美国的情况就是这样。瑞典人的发酵鲱鱼，即鲱鱼罐头（surströmming），在法国航空公司和英国航空公司也有相同的待遇。发酵食物传播着祖国的味道，将原属同一团体的人们联系在一起。居斯塔夫·福楼拜在他的《思想录》中写道：

> 我是个野蛮人，我浑身肌肉懒散，神经反应迟钝，有着绿眼睛和高大的身材；但我同样有冲劲、固执、暴躁易怒。所有的诺曼人都是像我们这样，血管中流淌着苹果酒。这是一种酸酸的发酵酒，有时会让酒桶的木塞子跳起来。

卡芒贝尔奶酪可能是几百种奶酪中最能代表法国的奶酪。根据传说——就像任何好的发酵产品所遵循的那样——卡芒贝尔奶酪也有其诞生的传说。它"发明"于法国大革命时期，也就是法国的国民身份归属感形成的时期。据说是位叫作玛丽·阿瑞勒（Marie Harel）的年轻农妇根据一位被她藏在农场内来自布里（Brie）的逃亡神父所提供的秘方制作出来的。这个神秘的起源，既显了圣迹又非常传奇，赋予了这种新奶酪神圣的光环。实际上，对这种奶酪的需求于18世纪初才开始在维穆捷和利瓦罗地区产生，人们因此必须从越来越远的地方收购牛奶。

> 在用马运输的时代，夏天的温度施以援手，乳酸菌的活动加快，牛奶变成了"酸奶"。当我们在里面掺入凝乳酶，将它做成利瓦罗奶酪时，却得到了另外一种奶酪。渐渐地，我们从生产需要富含氨的碱性环境、覆盖着细菌的加凝乳酶的碱性奶酪，过渡到了生产需要氧气、含有真菌菌群的酸性奶酪。[10]

这样看来，玛丽·阿瑞勒可能什么也没发明。卡芒贝尔奶酪本来可能和其他很多法国奶酪一样留在本地，但是传说在1863年为巴黎到卡昂的铁路线举行的通车典礼上，玛丽·阿瑞勒的孙子让皇帝拿破仑三世品尝了卡芒贝尔奶酪。皇帝觉得这种奶酪非常对他的口味，亲自推销它，将它卖到了巴黎。最后一个重要事件发生在第一次世界大战时，当时卡芒贝尔奶酪生产商工会获得了军方市场：每个士兵在他的配给食品中都能收到卡芒贝尔奶酪。故事结束于1926年，乘着法国大事建造大战牺牲者纪念碑的东风，在维穆捷小镇上也有了一座献给玛丽·阿瑞勒的纪念碑。这座献给卡芒贝尔奶酪"之母"的纪念碑其实是一座和平之碑，颂扬了农民、传统以及一直存在的典型的法国道德准则，这能使人安心，尤其是在人民需要宽慰的时刻。

距离我们更近的是2007年奶酪商为维持原料牛奶的生产而对

抗工业家的斗争，表达了我们这代人在经济全球化以及来自别处的荒谬规则前所生发的焦虑：卡芒贝尔奶酪一直是法国古老农业国家身份的象征，也一直反映法国在面对抽象的威胁如全球化、一体化、工业化等时表现的统一。今天这些奶酪（尤其是工业生产的奶酪，它们更需要表现自己的正统合法性）的广告中还是上演着已经不再时兴的农耕生活的黄金时代、绿色田野、"我们的"土地上的财富、农村的特别之处、家庭场景、孩提时代、代代相传、回乡寻根以及文化遗产。同样的论据也被流动商贩用来拍卖萨布齐格（schabzieger）奶酪，从16世纪到第二次世界大战一直如此。这些忠实于传统、祖先、故土的形象和发酵食品是同质的。

在韩国，以辛辣的发酵蔬菜为主要材料的泡菜（kimchi）是国家特色，鱼酱则是越南的象征。在土耳其，爱兰（ayran）酸奶是国民饮料。在巴伐利亚，啤酒是当地文化不可或缺的一部分，每个拥有水源的村庄都为拥有自己的啤酒厂感到骄傲。在泰国，当布朗德（Boonrawd）公司于1930年推出第一款完全国产的啤酒——胜狮啤酒时，就赋予其爱国主义色彩：标签上提到了这是"泰国啤酒"，而当时正是泰国的爱国主义愈见盛行的时期，其广告因此需要塑造出一款全民的爱国饮料形象。[11]在菲律宾，生力啤酒同样是国民饮料——爱国主义的饮料。该品牌希望体现现代性，因此努力发展，逐渐取代了当地的其他酒类，并捐款支援乡村的各种电气化项目。不过，人们狡猾地遵守一个牢不可破的传统，即将啤酒空瓶保留下来储存传统鱼酱或椰酒（lambanog）——当地的一种酒。[12]

在斯堪的纳维亚，发酵鱼起到了身份识别的作用，尤其是鲱鱼罐头引发了一些群体活动。发酵鲱鱼被保存在罐头盒内，却不会进行密封加热灭菌。瑞典北部的人们，不管来自哪个地区，都会在夏季8月第三个星期四举行鲱鱼罐头派对。[13]派对一定要在室外举行，因为打开罐头盒子时，味道会飘散出来。另外，人们还要采取某些预防措施，避免因为罐头内部的压力造成喷射，这样才能完成仪式。储存鲱鱼罐头的方式引起了行家们的热烈讨论，2006年以来，尽管瑞典人对此感到遗憾，为了避免罐头盒子爆炸，还是有几家航空公司禁止在飞机上携带鲱鱼罐头，原因与携带武器相同。与此相反，芬兰人却为了这种鱼破例。在这之前，欧盟理事会刚刚禁止了波罗的海鲱鱼投放市场，因为鱼肉中二噁英含量过高。瑞典农业部部长亲自为这种发酵鱼辩护，得出了"鲱鱼罐头对于继承瑞典文化极其重要"[14]的结论。

多年来，挪威的身份认同感归于臭鱼（rakefisk），即一种根据家庭和地区做法有所不同的发酵三文鱼，也是引发热烈讨论的对象。这是一种节日菜肴，人们在圣诞节大餐、圣周五①大餐或复活节大餐时都会搭配啤酒或烧酒来享用。[15]尽管当今的因纽特人拥有冰柜，他们还是习惯在塑料容器中发酵海豹肉和三文鱼头。这些菜肴在过集体节日或接待客人时才会被拿出来食用。在格陵兰岛某些地区，它们是当地团体文化象征的一部分。[16]

在经历过殖民或被吞并的国家，当地土著的发酵食物被愈发看重。祖鲁王在1883年承认高粱啤酒是祖鲁人的饮料，祖鲁人喝这种酒就像英国人喝咖啡一样。[17]在南美洲，对于印第安人来说，畅饮龙舌兰酒和吉开酒（chicha）是他们表示钟爱自己民族文明的方式。

苏格兰的独立战争已经结束很久了，但是每年的1月25日，苏格兰人都会为纪念诗人罗伯特·彭斯②（Robert Burns）——其作品

---

① 从复活节前的周日开始，直到复活节的七天被称为圣周。圣周五被称为耶稣受难日，是挪威的法定假日。
② 罗伯特·彭斯（1759—1796）是苏格兰民族诗人，代表作有《友谊地久天长》《一朵红红的玫瑰》，苏格兰人将彭斯的诞辰1月25日设为彭斯节。

灵感大多来自苏格兰的民间传说和传统——举行庆祝活动，庆祝的方式是享用一顿自成体系的晚餐，其中包括哈吉斯（haggis），即填满了内脏和燕麦糊的母羊胃，现在的哈吉斯已经不用发酵了，但在过去的几个世纪，它是需要发酵的。这道菜被认为是苏格兰的"国菜"，通常配威士忌酒和苏格兰奶酪，如拉纳克郡蓝纹（lanarkshire blue）奶酪和卡博克（caboc）奶酪。在这一天开怀畅饮不仅是庆祝处于危险中的民族获得胜利，也是通过这种姿态重申人民具有抵御危险的能力。

同类的庆祝活动在冰岛则于每年的12月23日进行。这就是索尔拉克斯美斯节①（Thorláksmessa）——保护岛屿的主保圣人的节日——也是享用腌制鳐鱼和干鲨的时候。干鲨就是埋在海滩沙子下好几个月略微变质发臭的鲨鱼肉，是一道继承自维京人的圣餐。在冬季，人们还要庆祝严冬节日②（Thorrablót），节日期间参与者分享索哈马图尔（Thorramátur），一顿只能出现当地食物的传统大餐，大部分都是发酵食品：干鲨、在发酵牛奶中腌制过的羊睾丸、干鱼、羊肝和内脏做成的香肠、盐渍烟熏羊后腿，配上浇了黑死酒（brennivin）的黑麦面包（pumpernickel）。这个节日虽然在12世纪的《萨迦传说》③中能找到来源，但实际上诞生于19世纪，也就是苏格兰的罗伯特·彭斯节形成的时期，是"浪漫民族主义"盛行的时代，也是欧洲各个国家的身份认知形成的时期。当时的冰岛是丹麦的殖民地，1873年，第一个严冬节日由在哥本哈根的冰岛大学生组织庆祝，这是针对讨厌冰岛当地食物的丹麦殖民者表现出的蔑视的反应。

---

① 索尔拉克斯美斯节是纪念冰岛的守护神圣·索尔拉克（1133—1193）的节日，他从1178年直到去世，都是冰岛斯考尔霍特教堂的主教。
② 严冬节日是冰岛冬季的传统节日，为了纪念北欧神话中的冰冻和冬日之神索尔（Thor）。
③ 萨迦（saga）意为"话语"，是13世纪前后北欧人用文字记载古代民间传说的集子，流传至今的不下150种，对北欧和西方文学有很大影响。

之后因为独立运动该节日被一再举办。冰岛在1944年才取得独立，而严冬节日却一直被人们庆祝，尤其是移民到北美的团体更是如此。

在成为包装在罐头盒子中的工业肉块之前，咸牛肉曾经保存在盐水中，和中欧犹太人的腌制牛肉（pickelfleisch）完全一样。这种能长期储存的肉类被专门用来供应英国水手和士兵。它们被整桶运上船，横跨大西洋。爱尔兰的科克城从17世纪到19世纪一直因它的咸牛肉而闻名。[18]爱尔兰也和其他地方一样，人们都是在初冬给肉（牛肉或猪肉）撒上盐。春天到来时，人们煮腌好的肉，就像做火锅一样，加上菜园里新摘的白菜一起煮。这种代表着春天万物复苏的菜肴成了圣帕特里克节①的标志。在大批爱尔兰人移民定居的美国，每年的3月17日，不花时间精心烹调这道菜是不可能的。同样，在来自挪威的美国人家里，碱渍鱼（lutefisk）也是在挪威国庆日一定要享用的一道代表民族的菜肴。[19]

这一切并不会使人感到惊讶：发酵食物具有强烈的身份归属性，永远离开自己国家的移民者带着他们的酵母一起旅行。酵母能将他们和他们的根、祖国、祖先联系在一起。在20世纪70年代移民到法国的老挝家庭继续准备着老挝鱼酱padek和腌渍蔬菜，这些在他们的烹饪中非常重要。在美国，如今消耗的发酵食品都是由移民带进来并经过美洲印第安人实践改进的。桑多尔·卡茨特别提到一位95岁老人的感人故事。这位老人是一个在20世纪初移民美国的芬兰家庭13个孩子中的幼子。有一天，他问他的儿媳是否知道怎么照看"种子"。"种子"是芬兰人的自制酸奶viili所用酵母的名字，这种酸奶是非常典型的浓酸奶，所用酵母代代相传。移民者在出发之前将

---

① 圣帕特里克节是爱尔兰的国庆节，定在每年3月17日，以纪念爱尔兰的守护神帕特里克。

干净的手帕浸在发酵牛奶中，拿出来晾干，再把它藏在行李中，一起经历长途旅行去开始新生活。儿媳宽慰老人，说她知道怎么照看，老人在第二天晚上就去世了。对于移民者来说，酵母是他们在新的国家能够继续生活的保证。新的国家、新的生活，但不能不保留住祖先的根。对于这位孕育在芬兰土地上、诞生于美国土地上的老人来说，知道酵母的根来自孕育了他的芬兰家庭，知道它将一直延续，就能确信生命将会一直继续，即使他自己的生命走到了尽头。[20]

美国是个特殊的饮食群体，通过其饮食就能象征性地描绘出这个国家的移民历史，发酵食物确实能反映美国的文化特性。美国人在社交场合喝的啤酒，也是他们向过往的游客提供的饮料，是由德国和英国移民带到美洲的。番茄酱在工业化生产之前，其实是一种受亚洲人启发的乳酸发酵产品。塔巴斯科辣椒酱，是南部烹饪的特色所在，根据一份能上溯到美洲印第安人的食谱制成。美国的标志性食物——汉堡，直接来自日耳曼国家，其中一定含有发酵面包、番茄酱以及醋渍小黄瓜，这些原料也都是发酵食物。法式酸菜（choucroute）和黑麦面包也有美国版本。中欧的犹太人带来了贝果（bagel），它是一种圆形面包，现在成了纽约的标志。犹太人还带来了源自腌制牛肉的五香熏牛肉（pastrami），制作时需要用盐腌渍并发酵，可夹在三明治中食用。意大利人也改进他们的比萨，使之适应新的土地：面团更厚，奶酪种类也不一样；因此我们可以根据是否发酵来识别美国比萨和意大利比萨。还有来自西班牙的移民，他们将葡萄种植术和葡萄酒酿造法带到了加利福尼亚。甚至连可口可乐这种代表美国饮食的饮料，也是来自一位科西嘉医生的药用葡萄酒配方。可口可乐亚特兰大总公司对此秘方的推崇引发了各种关于其配方的谣言。[21]但在今天，只有生产方法仍是秘密，因为摄谱学能揭开原料的神秘面纱。我们已经得知，在可口可乐的生产过程中很可能进行了至少一次发酵。实际上，2007年的一场论战逼迫可口可乐公司承认该饮料可能含有极少量的酒精，其含量能达到1.2%。这在伊斯兰国家引起了强烈的反响。[22]如果没有经过发酵，酒精又是从何而来呢？

我们还能发现，约翰·彭伯顿①（John Pemberton）在1885年发明的可口可乐的第一份原始配方显示它确实是一种由葡萄酒、古柯叶、可乐果以及达米阿那（damiana）为基础原料制成的酒精饮料。其中达米阿那是墨西哥人用来制作据说具有壮阳效果药水的一种植物。我们离由葡萄酒和药草制成的史前鸡尾酒的远古配方并不遥远，这可是史前出现的第一种酒精饮料！由于禁酒令的下达，这种饮料演变成了不含酒精的苏打水。东北部的人们在19世纪生产一种以生姜、糖水和类似克非尔（kefiu）奶酒的细菌培养物为基础原料的姜汁啤酒。这种饮料于18世纪诞生在英国[23]，从1851年开始在美国生产。转折点在20世纪来临，一种不发酵的碳酸汽水——加拿大干姜水取代了它。和可口可乐一样，加拿大干姜水因为禁酒令而得到了飞速发展。

所有这些例子都说明在移民或殖民团体中，当身份变得不确定时，保留住文化的根和传统就显得非常重要。饮食文化就是其中之一。在这种情况下，饮食实践中所展现的知识总是最能与殖民者或移民国家的习惯和品位区分开来：独特甚至让人难以接受。发酵食物的情况显然也是如此，它在对自我的肯定上体现了巨大的价值。我们经常能看到它们经历本土化的改造过程，使得它们在移民国家比原产地更加重要。在主要由移民构成的国家中，如美国，它们直接参与了国家历史传奇的书写。

在旧金山，来源于淘金者文化的传统酵母面包经历了相同的过

---

① 约翰·彭伯顿（1831—1888）是可口可乐的发明人。美国南北战争期间他在北方服役，为治伤而对吗啡上瘾，为了戒瘾，他开始寻求替代品，从而发明了"可口可乐"。

程；其独特之处影响了这个以工业生产面包为主食的群体的习俗。"旧金山法式酵母面包"成了这座城市的文化遗产之一，人们甚至为此建了座博物馆。该城市还拥有一所面包学院，这可是整个美国领土上唯一一所专教如何制作手工面包的学校，众所周知，美国的面包大部分是工业生产。因此，"手工面包店"这个词语总是和美国格格不入：旧金山3家最古老的面包店雇用了超过1000名员工，每年生产6000万只面包。

围绕着这种酵母面包的起源有很多传说。据说它来源于伊西多尔·布丹（Isidore Boudin）从法国带来的一种面包。此人是法国的一个面包师，1849年从勃艮第和汝拉山脉交界地带来到美国。他是淘金热时期的移民之一，没发掘到一克黄金，倒是靠做面包发家致富了。传说的一个版本宣称他的酵母有一种独特的味道，因为当他穿越海洋有好几个月没法做面包时，不得不将酵母冷藏。旧金山酵母的所有现代文化都起源于此块来自法国的面团。实际上，这个故事不太可能是真实的，但它具有象征意义，和前面提到的芬兰移民及其牛奶酵母如出一辙。酵母必须来自法国，这样面包才是起源于法国的。这里有个自相矛盾的地方，来源于其他地方的东西才是真正美国式的，因为美国人几乎全部都是移民。

另一个版本更加可信一些。在此版本中，伊西多尔·布丹只是传授了法国面包师的本领，他使用的是一种当地酵母，和淘金者已经培养出的酵母一样。在布丹到来之前，人们其实已经在生产酵母面包了。淘金者不能（也不想）用化学物质泡打粉来做苏打面包。因为虽然节省了发酵时间，面包做起来很快，但是泡打粉不能抵抗含金的河流或金矿附近荒野里持续的潮湿。人们给淘金者起了个外号，叫"爱酵母的拓荒者"。这种酵母的种类独一无二，确实产自当地，味道微酸，被证实含有多种乳酸菌，其中某些乳酸菌只有在当地特殊的多雾气候中才能存活，它们被命名为旧金山乳酸菌。这些乳酸菌和酵母的奇异结合，同样也是当地特色，使得最后形成的面包中也有着酵母的酸味。因此，伊西多尔·布丹所做的面包从种类上来说是一种全新的独一无二的东西，采用的方法是法式的，发酵所用的细菌则是纯美国的。如今已经没有了淘金者，但布丹面包店一直存在于旧金山，隐身于其他生产天然酵母面包的面包店之间。该面包店惹人嫉妒地宣称它的酵母是唯一来自1849年的酵母菌株的，以此来扩大自己的名声。据说原始酵母被伊西多尔·布丹的遗孀露易丝·布丹（Louise Boudin）从1906年的地震中救了出来——在和员工们一起逃离着火的面包店时，她不忘把酵母装在一个木桶里运走。酵母显然被视若珍宝，在这种紧急情况下，人们在挽救其他财产之前都能想到首先挽救它！传说就是这样产生的。

这并不是结束。第二次淘金热时，酵母面包继续着它的传说，从加利福尼亚发展到了极北地区，1897年到了克朗代克（Klondike）、育空（Yukon）以及加拿大的西北部地区。诗人罗伯特·塞维斯（Robert Service）写了一部名为《拓荒者之歌》的诗集题献给克朗代克的淘金热，在《新来者的歌谣》中描写了淘金者的生活：他们靠吃番茄罐头、五香牛肉、酵母面包、铁锈色的四季豆和长满霉斑的培根度日。[24]

我们得注意到一点，这里列举的食物中只有四季豆和番茄没有发酵。采矿者没有时间去打猎或捕鱼，只能把他们的面团挂在脖子上或放在腰间的皮包里，整整一天都藏在他们的衬衣下保温，以抵御加拿大北部地区的极地温度。晚上他们在野营地烤面包，先要为下一炉面包仔细保留出一部分面团作为酵母种子。在加利福尼亚，晚上酵母被放置在靠近野营地炭火的地方，或放在茅屋的梁上；而在阿拉斯加，它被安置在主人的床上。这种亲密接触引发了人们对酵母的强烈情感。每个酵母都集万千宠爱于一身，因为它对其主人来说极其重要，以至于某些人甚至用枪械来保护它。然而，在比烤制时间不足更恶劣的条件下做出的面包肯定不怎么美味，而当时最好的情况就是面包能被放在生铁炉子上烤。大多数情况下，面包被放在用火加热过的扁平石头上做简单烤制，或者是面团被卷在棍子上直接在炭火上烤。因为是趁热吃，味道也不会太坏。我们因此可以明白为什么伊西多尔·布丹一到旧金山就能靠面包店发家致富。"爱酵母的拓荒者"成了任何一个曾在北极圈更北的地方度过整个冬季的人的外号。这也是老年人的外号，因为他们已经获得了一种天然的智慧。这还是旧金山足球队吉祥物的名字：拓荒者山姆。淘金者的回忆深深扎根在这种面包上，它代表着如此特殊的一种文化，甚至连阿拉斯加州的州歌也叫作《早期拓荒者梦中的黄金》。这些违心举起面团的淘金者如今已成为美国西部神话的一部分，而发酵面包就是其象征。在美国这个年轻的国家，食物的灭菌消毒被视为惯例，外国的发酵食品甚至被禁止踏上其国土，但是从此以后，在美国的建国传奇中也有了发酵食品！

旧金山的酵母面包和卡芒贝尔奶酪一样，具有发酵食物蕴含的所有象征性以及文化性特征，是其中的典范。这些特征体现在4个方面：发酵食物是生活必需品，有时甚至能挽救生命；它被认为有益健康，同时又很美味。发酵产品的象征意义甚至超过了它作为食品在营养和味道方面的价值。它一定是出自当地，其生产无法迁移，否则就会失去其特性。发酵产品被本地人认为和他们的历史息息相关。它是团体的标志，是其文化的一部分。人们靠它辨识自己。发酵食品作为身份证明能将人类分为不同群体。事实上，发酵食物能将人们联系在一起、团结在一起，因为发酵过程和烹饪一样，是将我们定义为人的标志。

— NI CRU NI CUIT —

第一部分

发酵

和

人类文明

— Fermentation et civilisation humaine —

第一章　野蛮和文明

> 野蛮人在吃了面包、喝了啤酒之后，开启了迈向文明的第一步。

一切是怎么开始的呢？为什么人类放弃了和动物一样以天然原始未经加工的东西为食呢？烧煮食物被证明是人类大约五十万年前驯服火苗留下的最早证据。这是关于食物最早的文化活动吗？用到发酵了吗？发酵非常普遍，没有特例，说明了它的古老，或至少说明了它在烧煮食物时的重要性，但是……没有什么是肯定的。如果我们用一束微光去照亮几千年的深夜，观察我们的祖先怎么饮食，有时还是能发现一些可以揭示真相的线索。

开始就是酵母

原始人牙齿化石上的磨损向古生物学家展露了他们的饮食结构。他们强大的臼齿上很有特色的刮痕说明他们吃的食物又硬又难嚼，只能生吞下去。在最遥远的史前时期，靠狩猎和采摘野果为生的人吃采摘时发现的植物，以及猎到的动物或食腐动物留下的尸体。烹饪很快就能完成，但是咀嚼需要很长时间！原始人花很多时间在吃上：据哈佛大学2011年发表的一项研究发现，原始人要花差不多48%的时间（现代人只花4.7%的时间）来吃饭。[1]差不多一百九十万年前，后来进化为人类的一个原始人分支，在和黑猩猩分道扬镳后，花在饮食上的时间出乎意料地大幅度减少。在这个分支的进化过程中，我们在直立人身上注意到臼齿的尺寸很明显在不断变小。这种现象也发生在现代人身上，尽管时间不太一致。研究人员发现，更古老时期的能人和卢多尔夫人臼齿的变小解释了他们形态为什么不同；这是下颌尺寸变小的必然结果。在更近的时期反而有件奇怪的事情，直立人、尼安德特人和现代人臼齿尺寸的变化并不是颅骨或下颌的变化引起的。牙齿变小的速度远远快于下颌变小的速度。直到现在，人科都保留着大臼齿，而人类的臼齿已经变小了。另外，我们现在还在继续着这种变化——掉智齿。

这项研究得出了两个推论。一方面，这种变化可能是由于食物不再那么难以咬动而减少了咀嚼时间；另一方面，变化可能发生在演变为人属之后，但在演变成直立人之前——或在同一时间，也就是一百九十万年前。然而直至现在，古生物学家都一致认为这种变化发生在五十万年前，也就是人类掌握了火开始烧煮食物的时期。和很多技术一样，烧煮也是被偶然发现的，当然时间在人类驯服火之后（人们认为在距今七十万年到四十万年前）。人类发现火能煮食物，可能是看到动物在因闪电或干旱引起的天然火灾中被煮熟；也可能是有些地方的泥炭在好几年内一直在自燃；或者是火山地区的石头保持着热度，提供了比现代铁板烧台面更好的烹饪平面。当然，发现的过程不是一蹴而就的，可能在好几千年中，火煮食物被发现，又被忘记，又被再次发现。会用火煮食物和不会这项技术的人群一起居住，慢慢地，这项技术就普及了。

随着臼齿的变小，两种合乎逻辑的假设出现了：要么是发现火的时间被搞错了，此时间应该前推一百万年，这可不是小事；要么是原始人在这之前已经找到了另外一种能让食物变软使之更易消化的方法。

让我们来检验一下第一种假设，基于此假设可以推断出，原始人在人类和猴子向不同分支发展的时候就会煮肉了。在旧石器时代，人类已经学会了烧煮。人类用开放的火烤肉，也会使用一些天然的炉子。他们在土坑内点火，到产生炙热的火炭时，用土或加热过的石头填上土坑，然后等几个小时甚至一天，直到焖煮的过程完成。如果我们将水浇在石头上，就能获得蒸汽来烧煮食物。这种方法至今还在世界上某些地方使用，尤其是在大洋洲和南美洲。在法国夏朗德省，有一种叫作"火焰贻贝"（éclade）的特色菜，人们用松针覆盖在贻贝上，在松针上点火，贻贝在烧烤过程中浸润了烟熏的味道。在亚速尔群岛，人们将容器埋在土中来做克日多（cozido），这是一种直接在火山内挖洞做成的火锅：锅在地底下靠地热煮食物。这些传统的烹饪技术直接来源于旧石器时代，有些手段肯定在很长时间内都以同样的方式被应用，因为它们存留到了我们这个年代。

在经历了几千年的偶然事件后，人类终于掌握了烧煮技术。同时人们还发现可以利用烟熏。这种技术既能增加食物的香味，也有利于食物的保存。人们建造煮饭土坑，发明炉子、户外烤炉、烤架、发热盘，最后发明了微波炉。

人类从把第一份牛排放在炭火上以来，就一直在寻找一种迥异于天然原始未加工食物的味道。因此，从旧石器时代开始，对"美味"孜孜不倦的追求就引发了让人无法忽略的结果。史前人类花在吃和咀嚼上的时间减少了，用于其他活动如狩猎、制造工具、社会生活上的时间增多了，他们的生活条件也由此得到了改善。他们每天摄入的热量也得到了增加，因为烧煮过的食物让人更有吃的欲望，谷物等富含碳水化合物的食物也更能提供能量。[2]这样，人类的身体发生了3个变化：我们前面提到过的臼齿变小，肠子也变小了，而大脑的体积变大了。

社会方面的巨大变化也悄悄发生了。人类的生活开始集中到家庭。做饭和采摘工作慢慢转移给了妇女，这对未来社会甚至当今的社会绝对不是毫无影响。

如果人类在驯服火苗之前已经找到另一种能让食物变软的方法了呢？发酵恰巧也能带来和烧煮技术一样地软化食物、激发食欲以及灭菌消毒效果。发酵不需要用火，也不需要任何复杂的技巧。如果我们想烤炙一种坚硬的肉类，在烧煮之后肉质一般还是坚硬的。任何遵循烹饪规则做过蔬菜烧肉的人，都知道要让肉和蔬菜在锅里煮好几个小时。要这样软化食物，需要有锅，或者能让食物慢慢烧煮的炉子或灶坑，或者必须住在火山附近。如果我们一样也没有，就无法烧煮，能让肉类和蔬菜变软的方法只剩发酵。发酵改变了食物的味道，防止食物腐烂变质，使食物能够长期保存。陶瓷的发明简化了食物的保存，从公元前6千纪开始，为了预防天气不好的季节可能产生的饥荒，制陶技术得到了推广。

发酵还改善了食物的营养结构，使之更富有营养。它比摧毁了食物维生素的烧煮技术高明得多。但是，人类真的在旧石器时代就学会发酵了吗？

确实有一些迹象表明人类学会发酵先于烧煮。在巴布亚新几内亚西北部，当地居民的基础食物来源是西谷椰子（metroxylon sagu），其茎髓经历好几道程序，变成颗粒物，之后又加工成糊状物发酵以便保存。其主要的发酵技术是将糊状物包裹在树叶中，然后浸入装满水的洞里，再用土把洞盖上。厌氧乳酸发酵开始进行，得到的西米（sagou）能保存好几个月。居住在这个地区的拉特木斯人（Latmuls）语言中，kwat指发酵，它实际上包括分解和繁殖在内的所有概念；而水煮则被称为kwala。[3]为什么"水煮"这个词派生于"发酵"一词呢？可能因为在美拉尼西亚和波利尼西亚地区，按传统方式进行水煮就是在一个土坑中扔进一些烧热的石头，而发酵同样在土坑中完成，发酵过程中泥土冒泡，被误认为是水沸腾。当地的人们可能就是用所观察到的发酵现象命名了水煮行为。

第二个线索同样来自大洋洲。大洋洲居民最初来自东南亚地区，而东南亚人对发酵食物的喜爱揭示了其发酵传统的源远流长。我们可以假设，对发酵的爱好和发酵技术最初由亚洲传到大洋洲，然后太平洋各个岛屿上的居民对之进行改良使之适应了当地的条件和产品。在大洋洲的神话传说中，人类最早只吃生食，是毛伊神（Maui）从熔解的火山中夺取了火种赠送给了人类。然而，大洋洲人的饮食制度主要由块茎类食物构成，而块茎类食物在没煮熟的时候大多是有毒的，比如木薯就是这样。为了避免中毒，人们将块茎类食物长时间浸泡在海水中就行，这样能引起发酵，使之可食。根据这类神话，发酵应该产生在烧煮之前，因为没有发酵，"生的"食物是不可能存在的。

旧石器时代猎人或吃腐尸的动物储藏野味到略微变质，这是偶然的行为，也是导致发现发酵的必要条件，发酵食物的起源似乎也具有偶然性。人类观察到一种自然过程，然后使之重现，或多或少能取得成功，但其方式总是偶然的。他们观察到有些动物将猎物埋到土中以备以后食用，这对发酵的发现起到了某种作用。发酵的发现也可能起源于一个偶然的时机，一次事故，一件蠢事，或者一次遗忘。

根据传说，奶酪来源于凝乳。牛奶被"遗忘"在羊皮袋中，变成了微酸的固体块状物。人们在饥饿时吃下了它，然后一发不可收，从此爱上了这种口味。一碗糊状谷物被放在家里快要熄灭的火源附近，奇怪的事情发生了，糊状谷物体积翻倍，并散发强烈的气味。由这种面团得到的烤饼个头轻盈，口感更加紧实。为什么我们还要烹饪这种已经膨胀的面团呢？因为好奇吗？因为害怕在食物匮乏期造成浪费吗？还是有别的原因呢？由最初的糊状物烹饪而来的烤饼再次出炉时已经完全不同，体积变大，充满气孔，很柔软，同时别有一番风味：面包诞生了。蜂蜜中混入雨水从而被稀释，又在太阳下受热，发出噼啪声并冒出气泡，一种奇特的饮料由此产生了——蜜酒，它既清凉解渴又富有营养；在另一边，一罐葡萄汁变成了一种非同寻常的饮料，让每个喝过的人都对世界有了另外一种感受；一棵蔬菜掉入醋缸里，好几个月之后被发现时仍然没有变质……

离我们更近的年代也有类似的例子，洛克福羊乳奶酪的诞生是最令人难以置信的巧合：牧羊人留在充满气流的洞穴内的一块面包刚好让羊乳奶酪发霉。任何一个参数——洞穴、气流、面包、发霉、奶酪、母羊——发生变化，产生的都不会是洛克福羊乳奶酪。我们可以由此简单想象一下围绕着酱油、鱼露、腌酸菜以及所有发酵食物起源的场景。不管它们揭示的是魔术还是化学反应，所有这些过程实际上都需要几千年的时间来被发现、被遗忘、再被发现、再被遗忘，最后才能被重新生产出来并趋向完美，这一过程对大多数发酵食物来说都是在旧石器时代末期完成的。也许它们是革命的起源，也许人类被杀害是因为他们想将过于奇异、过于先锋的革新统一化？我们对此或许将永远一无所知。

在农业社会开始之前，已经拥有陶器的捕猎采摘部落很可能已经定居下来了，为了应付年景不好的季节，他们在土坑或陶制容器中储存食物。[4]在没有冰柜和密封加热法的时代，储存就意味着发酵。渐渐地，技术上的进步导致人类更大范围的定居，农业社会由此起步。

"新石器革命"始于中东，人类开启定居生活，大麦（钝稃野大麦）得到驯化。将近公元前9千纪时，冰川期的结束促进了大麦的种植，从扎格罗斯山脉侧翼到托罗斯山脉和土耳其的肥沃土地上都生长了这种植物。差不多在同一时期（公元前10千纪到公元前7千纪之间），陶器的制造和使用得到普及，发酵饮料因此飞速发展。各种文明在形成伊始，就花费了很多时间和精力在制作以谷物、大米、各式水果、可可、蜂蜜等为基本原料的饮品上。捕猎采摘者可能早就在享受用野生谷物制成的啤酒和面包了，正是为了获得大量的啤酒和面包，他们才开始种植野生谷物。因此，这些发酵食物也许是新石器革命开始的真正动机。关于面包或啤酒的知识成了首要问题，科学家们对此争论不休[5]，但是所有人都赞同一点，即某种发酵产品、面包或啤酒，推动了人类对能滋养我们的植物的驯化，也就是说，推动了农业的发展。

这种假设解决了一个难解的谜团：为什么人类首先驯化了谷物，而不是其他各种拥有更大果实或宽大可食用叶子的植物呢？后者的产量可能更高一些。谷物——其实就是草，有着众多缺点。这些禾本植物拥有两个部分：茎叶为一部分，谷粒为另一部分。前一部分用来饲养牲口，后一部分供给人类食用，人们从一开始就如是打算。[6]旧石器时代的野生谷物很难收割：它们一旦成熟，种子就会自动脱离茎秆，随风飞到别的土地上生根发芽；谷物的穗很小，结出的谷粒更小；此外，谷粒上还包裹着一层很难除去的外皮。然而，野生谷物在被驯化和改良之前，在几千年中一直是人类的食物。如今的谷物，谷粒牢牢附在茎秆上，其外皮很容易就能和种子分离开来。在所有的文明中，都有一种偏爱的谷物，在大部分情况下，这种谷物就是人们饮食的基础，也是发酵饮料的基础。

诸如大麦、玉米和小麦之类的谷物的缺点也在营养方面：它们的蛋白质、氨基酸以及某些维生素含量较低，植酸含量却很高，阻碍了新陈代谢时人体对钙的吸收。可能正是发酵改善了谷物的营养含量，这个事实对人们推崇发酵产生了一定的影响，尽管发酵也有自身的缺点。选择食用发酵粥和发酵饮料的人们比其他人更少得病。"让面团发酵的东西显然是一种酸性物质；食用发酵面包的人们也显然更加强壮"，老普林尼如是写道。[7]

在美洲，至少在六千年前，玉蜀黍就被驯化成了玉米。玉蜀黍是一种禾本植物，穗小，谷粒不足10颗。这种谷物在当时并不是用来加工成固体食物，而只用来酿造发酵饮料，如啤酒和一种用甜甜的玉米嫩秆汁液制成的酒。在对中美洲几个时期的墓地中找到的人类骸骨进行同位素分析后（其中最古老的骸骨可追溯到人类最初在这片陆地留下痕迹时），我们可以发现在公元前1500年前人类的饮食结构中不包括固体形态的玉米。在离驯化玉蜀黍的地方不远的特瓦坎谷地周围的好几个山洞中，人们发现了为了制造发酵饮料而咀嚼玉蜀黍的秆、穗和叶子的遗迹。它们在公元前5000年到公元前1500年慢慢失去踪迹，因为正是在此期间，玉蜀黍被渐渐驯化，新发现的碱液烹饪法使得这种植物的营养成分更易被吸收。

因此，人们花了大约三千年的时间来研究、创造和进行农学试验，期望能将这种细小的植物培植成现在这种穗大粒多、既能用于饮食又能用于酿酒的玉米。如今，驯化成功的玉米有了上千个品种，但是它们都不再与六千年前在墨西哥生根发芽的原始的禾本植物玉蜀黍有什么关系了。

由此可见，人类以野生植物为原料生产的发酵食品影响了人类驯化这些植物的意愿，而不是相反。同样，用野生葡萄酿酒也先于葡萄种植。人类驯化野生葡萄，目的是使之变成如今我们熟知的果实既大又甜的植物，究其原因，是人们喜欢这些从大自然采摘到的小野果所酿成的葡萄酒。对葡萄、玉米以及大麦、二粒小麦、小麦之类的作物来说，事实确凿，奶酪的情况也是如此：首先是野生哺乳动物的奶制品被发酵，之后才是人类驯化动物。

这里有一点让人难以置信的地方：是对面包和啤酒的渴望导致了农业的产生，而不是相反！[8]更让人难以置信的是，人类进行的首次驯化是对微生物的驯化，比驯化狗、马和奶牛都要靠前。

社会的酵母

在社会的复杂化、社会精英的出现以及发酵产品的消费普及之间，存在着一种时间和地点的一致性。在旧石器时代末期，将近公元前10千纪时，定居成了社会规则，甚至连捕猎采摘者也遵循这个规则。[9]由所谓的国王领导的国家和拥有等级制度的社会在全球遍地开花。技术上的进步让人们能够躲避含有敌意的大自然带来的不测风云，虽然人们仍必须不惜一切与之斗争。人类的定居推动了农业的发展，产生了摆杆步犁和灌溉法之类的新技术。旧石器时代末期也是相邻的各种文明扩张和交流的时期，山羊、毛用绵羊之类的动物被人类驯化，葡萄、大麦之类的新植物被人类种植[10]，新的知识被大家分享。

群聚化也就意味着很多个体出现在同一个空间，新的问题由此产生：食物和水的供应必须得到密切关注，避免引起"公共秩序"方面的混乱，以便维持社会团结。也就是说，社会需要管理好储存以及生产机构,组织好就业、交通及商业——都是些非常现代化的问题!"首领"通过组织发酵食物和饮料的生产以及分配来证实自己的合法权力。人口密集地区的饮用水供应其实非常复杂——现在,很多国家情况仍然如此——像啤酒这样的发酵饮料成了暂时解决饮用水不足的最简单、最经济、最安全的方法。啤酒不仅仅是一种解渴及有益健康的饮料,与饮用水不同的是,它同时也是营养、热量的来源,且具有刺激作用。

也许是酒精对神经的麻痹作用使得人们更易拥护这类保证了他们的饮食供应的等级制度。因为在一天的辛苦劳作后,食物和饮料能够减缓疲劳。[11]任何发酵饮料都可能导致酒醉和失控。这就是为什么在所有群体中,饮用这类饮料都必须守规矩。美索不达米亚神话中讲述了这样一个故事:至高无上的神恩基(Enki)邀请自己的女儿伊南娜〔Inanna,在阿卡德被叫作伊丝塔(Ishtar)〕参加一个有酒的宴会,他喝醉了。伊南娜利用这个时机骗取了他的能量并取得了统治权。《圣经》中有一节讲到挪亚醉酒,和其子同性乱伦。这些故事都旨在提醒人们,过度饮用发酵饮料将导致错乱的局面。在墨西哥也有类似的神话:羽蛇神中了其对头泰兹卡特里波卡(Tezcatlipoca)的诡计,酒醉后和其姐妹乱伦。[12]最初的"规则"和法律起源于这些时期,规定了人类的社会生活准则。

为了应付大自然的不测风云,人们需要借助于超自然力量。国家最主要的人物,即统治者,就是最先被授权能通过祭司或自身和神协商、获得众神庇护的人。政治体系也因此受到影响:人民为了自身利益归顺于能保护他们免受自然法则肆意侵害、能使他们富足的统治者;另一方面,国王不得不拿出一些切实的成果,因为没有人想要一个失去神祇宠幸的统治者。在苏美尔、罗马、

展现古埃及制作啤酒场景的木质小雕像,现收藏于美国加利福尼亚州圣何塞玫瑰十字埃及博物馆

古秘鲁，统治者必须为其子民提供面包、葡萄酒或者玉米粥、吉开酒。印加王只有在保证祭神仪式和日常生活中的玉米酒永远不缺的前提下才能保证其神权统治，也就是说他必须操心农田。墨西哥的龙舌兰酒和葡萄酒、吉开酒一样是权力具体的符号象征。阿兹特克人使龙舌兰酒成为祭神仪式的专用饮料，由此取得了对托尔特克人的统治权。在此之后，征服者（尤指 16 世纪侵占墨西哥、秘鲁等的西班牙殖民者）同样通过龙舌兰酒保持对印第安人的统治。他们使这种饮料不再神圣，并在人民当中大量传播开来。统治大部分时间醉醺醺的印第安人当然更加容易。发酵饮料成了西班牙人的统治工具之一。

葡萄酒也是很早就成了权力的象征。在埃及以及在更早的苏美尔人当中，社会各阶层都饮用啤酒，从平民到权贵一概如是。我们难以想象如果劳动者缺少啤酒会怎么样，他们的报酬通常就是大量的啤酒。葡萄酒只有上等阶层才消费得起，它是一种来自异国的奢侈品，很晚才从现在的伊朗山区进口，此地正是葡萄最早种植的地方。

前哥伦布时期①的美洲情形大致相同。当时的人们有很多机会畅饮吉开酒、龙舌兰酒，或者其他混合饮料，与此同时，在玛雅人和阿兹特克人中，可可开始用于制作酒精饮料专供国王和神祇享用。在阿兹特克人的首都特诺奇提特兰（Tenochtitlán），被允许享用这种饮料的人只能是国王及其近臣、地位很高的战士以及被称为帕丘卡（pochteca）的商人阶层。这些商人被授权从敌对国家运回可可和其他奢侈品，如琥珀、豹皮、大咬鹃艳丽的羽毛等，他们从

---

① 前哥伦布时期指在明显受到来自欧洲的文化影响前，美洲的全部历史和史前史。时间跨度上，从旧石器时代人类最初迁入并居住于美洲，直到近代欧洲人殖民美洲。

太平洋出发，最后回到首都。但是只有国王一人能不受限制地畅饮可可；其他人只有在宴会结束或举行仪式时才有权享用。[13]我们现在的巧克力饮料已经不再含酒精，但还是由可可树的可可豆发酵而来。在过去很长时期内，它都是贵族和资产阶级的饮料，在19世纪才在人民中普及。

由此可见，葡萄酒在其存在之初就是精英阶层的饮料。在古老的美索不达米亚圆柱形印章上有一种常见的图案：人们欢聚一堂开怀畅饮。在伊朗的卡夫达里（Kaftari）发现的最古老的印章（公元前3千纪）中，有一方上面描绘了身穿华服的男人和女人、国王和王后、贵族和神祇，在葡萄藤下或一串串葡萄下举起酒杯，我们猜想杯中应该装满了葡萄酒。两千年之后，同样的场景在尼尼微（Ninive）的亚述巴尼拔（Assurbanipal）①宫殿的亚述浮雕上也出现了。此浮雕可上溯至公元前7世纪，现保存于大英博物馆。在浮雕上，葡萄树垂下一串串美丽诱人的葡萄，国王躺在树荫下的长沙发上，王后坐在对面的宝座上，两个人手里都举着葡萄酒杯，背景是竖琴师在演奏。

国王举着酒杯、周围环绕着葡萄树的图案在几千年中不断出现，我们甚至在中国河南省的粟特殡仪床的浅浮雕上与之重逢，此床可追溯到1世纪。②浅浮雕上，一位族长和他的妻子举起酒杯，后面有一个乐队在演奏。国王举起酒杯象征着其神授统治的成功，国王权力的可见成果体现在充裕的发酵饮料上。为了展示自己的财富和权力，国王们举行声势浩大、穷奢极欲的宴会，其豪华和富有让

---

① 亚述巴尼拔，亚述国王（公元前669或前668—前627年在位），在他统治时期，亚述的疆土和军国主义统治达到了崩溃前的巅峰。
② 此处作者叙述有误。出土于中国的粟特石棺床大多发掘于北朝至隋（4世纪到6世纪）的墓葬中，墓主人多为粟特"萨宝"（贵族），浮雕刻在石棺床的挡板和石屏风上，内容以粟特人生活为主。——编者按

第一章　野蛮和文明

宾客们震惊不已。亚述巴尼拔就曾这样做，大约公元前870年，他为了庆祝军事胜利，邀请了六万多位宾客参加宴会，宴会持续了十天，一万羊皮袋葡萄酒和同样多坛的啤酒被一扫而空。①

装着啤酒、葡萄酒或蜜酒的酒杯经常出现在统治者的登基仪式上。在韦陀印度，皇家的祝圣仪式包括献祭和饮用苏罗（sura），一种以谷物为原料制成的发酵饮料，用于向众神之王因陀罗（Indra）献祭。在拉坦诺时期的凯尔特人中，弗雷斯·埃海纳（Flaith Erenn）的形象代表着爱尔兰的王权。这是一位手持酒杯、有时坐于马上的女士。在爱尔兰文献《幽灵的迷人幻象》[14]（Baile in Scail）中，"身经百战"的战士康·塞特沙塔奇（Conn Cétchathach）被带到另一个世界，一位头戴金冠的年轻女子献给他一杯蜜酒。卢格（Lug）神站在他旁边，告诉他未来他会统治国家，并一一细数了他之后所有的统治者。端着蜜酒的女子其实是在通过敬献发酵饮料来给国王加冕。米卡尔·恩莱特（Michaël Enright）认为她和罗斯默塔（Rosmerta）的形象很接近，后者是在莱茵河沿岸地区广为流传的凯尔特神话中的一位女神，墨丘利（凯尔特神话中的卢格）的妻子，她通常被描绘成正在推杯换盏的样子。她的作用是分配发酵饮料，在高卢人的记载中，她有时享有"王后"称号。[15]

这些图案还会让人想到基督教三王来朝节人们分享"国王"薄饼时说的一句话：国王喝酒。得到蚕豆的国王和耶稣诞生时的"东方三王"毫无关系，它起源于先于基督教存在的异教传统。分享薄饼是仪式中的关键时刻。让我们回想一下，以前的薄饼是发

---

① 此处作者叙述有误。举办宴会的国王并不是亚述巴尼拔，而是亚述纳齐尔帕二世（AshurnasirpalⅡ），公元前883—前859年在位，从他即位起，亚述开始长达两个世纪的军事扩张。——编者按

酵的，如同现在的南方地区，人们遵循传统用奶油圆蛋糕来代替薄饼。人们分享藏有蚕豆的薄饼，谁吃到蚕豆就成为节日当天的"国王"。这种任期一天的小丑国王在古代罗马农神节时，是由第二天就要被处决的犯人担任的。一旦蚕豆被发现，大家就开始喝酒——喝一种发酵饮料——同时每个人都高喊："国王喝酒！"这句咒语之后就是开怀畅饮，以期保证繁荣和多子多孙：国王通过把蚕豆放在某位女士的杯中选出自己的王后，这里的象征意义再明显不过了。

抽签的方式让人想起在以前的希腊人或其他人群中，王位就是被这样决定的。由运气来指定国王，以证明他命中注定会统治国家并一定会带来富足。没有这种证明，他会被解职，有时甚至会被处决。

另一个事例发生在尼日利亚。在伊博地区，"奥祖"（一种授予男性成人的、在当地社会最令人垂涎的头衔）的授衔仪式之后，人们需要清洗象征着最能喝棕榈酒者权威的权杖。被授衔人通过喝酒来净化自己的舌头，以便能口出圣言。[16]

喝酒的国王是执政的国王，也是决定一切的国王。公元前5世纪，希罗多德①提到古波斯的将军们都是在醉醺醺的状态下商议国家大事。当第二天早晨他们恢复理智不再饮酒时，他们会要求留宿之处的主人复述他们之前所做的决策。围绕着认可或否认之前的决策，新一轮辩论又开始了。此外，希罗多德还讲述了一种与此相反的方式：将军们先在未醉酒的情况下商谈要事，然后边喝酒边继续讨论。最后，他们又要为哪种决策最好而辩来辩去：究竟是没有喝

---

① 希罗多德（约公元前484—前425年），公元前5世纪的古希腊作家，他把旅行中的所见所闻，以及波斯阿契美尼德帝国的历史记录下来，著成《历史》一书，成为西方文学史上第一部完整流传下来的散文作品。

酒的时候做出的决定好呢，还是饮酒后醺醺然的状态下产生的决议更胜一筹。塔西佗①在描写1世纪的日耳曼人时讲述了同样的事迹。酒精能让人摆脱拘束、减弱怀疑，并产生好心情：拥有权力的人们由此找到了新的方法来解决问题。然而有时候这种方法用过了头，那就必须在第二天更加清醒的状态下重新思量原来的决议，这可不是无事生非。

在文学作品和《圣经》中，很多和战争或和平有关的政治决策都是在宴会中葡萄酒或啤酒穿肠而过时做出的。当古希腊政治联盟（hetairiae）需要就城邦的生存或战略问题做出决策时，人们就会组织会饮。大家围坐在装满了掺水葡萄酒的双耳瓮旁边，讨论问题时都可以从里面舀酒来喝。

文化的酵母

发酵食物，尤其是发酵饮料，与艺术和宗教同样不可分割。无论是在中国还是在古波斯，公元前好几千纪就已经有诗人对酒当歌。人们在贾湖遗址（位于河南省舞阳县北舞渡镇西南1.5公里的贾湖村。——编者注）找到了一罐可追溯到公元前6千纪的发酵饮料。此遗址中有一位音乐家的墓地，他极有可能是位萨满：靠近尸体的地方放着些乐器，有鹤骨做的笛子和装满珠子的龟壳，后者类似于现在的沙锤。在新石器时代的所有社会中都能找出最古老的酒，这并不是偶然的——在北欧、中东、中国、中美洲——这些地

---

① 普布利乌斯·科尔奈利乌斯·塔西佗（Publius 或 Gaius Cornelius Tacitus, 55？—117？），罗马帝国执政官、雄辩家、元老院元老，也是著名的历史学家与文体家，他最主要的著作是《历史》和《编年史》，时间范围始于公元14年奥古斯都去世、提比略继位，止于公元96年图密善之死。

方同时出现了艺术、宗教以及一切构成人类文明的事物。[17]考古发现的所有发酵饮料的遗迹都伴随着文化遗迹。

希腊神话中任何东西都有一位"创造者"。普罗米修斯是火的"创造者",狄俄尼索斯是酒的创造者。异常合乎逻辑的是,水被认为是自然而生,因此没有创造者。当人类开始存在时,水已经在那儿,完全准备好了。

葡萄酒经过发酵,是一种典型的具有文化意义的饮料。对狄俄尼索斯的崇拜导致人们举行秘密仪式,在酒神节时表演作品,导致戏剧的诞生。狄俄尼索斯因此被称为喜剧和悲剧之父(悲剧的希腊语是tragos,意思是"山羊",悲剧就是"山羊颂歌",而山羊象征着狄俄尼索斯)。在腓尼基人带来葡萄酒文化之前,即在公元前3千纪和前2千纪之间,人们喝的是啤酒。这种发酵饮料在希腊、克里特岛以及该地区的其他岛屿盛行一时。啤酒通常被用来献祭给另一位叫作萨巴兹乌斯(Sabazios)的酒神,人们有时会把他和狄俄尼索斯混淆。啤酒由二粒小麦发酵而来——希腊语也是tragos。这可能是因为狄俄尼索斯接替了萨巴兹乌斯,"山羊颂歌"代替了"小麦颂歌",tragos因此成了同音异义词。[18]无论是何种意思,这些颂歌都证明了发酵饮料的文化和开化性质:喜剧和悲剧都来源于发酵饮料的神圣化。

希腊人认为,将葡萄酒和水混合是一种文明化的饮酒仪式,对他们来说,不掺水的葡萄酒意味着疯狂和放纵。他们对于两者的混合有着严格的标准,不仅对水和酒的数量做出规定,甚至混合的方式也要照章行事:将水混在酒中和将酒混在水中不可同日而语。这个问题在我们如今看来有点滑稽,但是从象征意义上来说,这并不可笑。实际上,如果通过掺水将酒溶解在水中,加在酒中的水不会影响酒的天然属性及其本质,这样产生的混合物还被认为是酒。根

第一章 野蛮和文明

据亚里士多德的理论,水带来的是数量上的减少,而酒的形式却保留下来了。从某种程度上来说,这是后天培养的事物汲取了先天而生的事物的优点。[19]

我们所知道的(可能是从旧石器时代以来)最古老的发酵饮料中同样有一种来源于混合,这就是蜜酒。蜜酒不合常理的地方在于,组成它的两种原料水和蜜在纯净的状态下都无法发酵。从本质来说,蜜酒是一种后天制成的饮料,它非比寻常,是一种纯粹的造物。为了肯定这一点,人们把它当作神话中众神不死的保证,将它的价值提升到了顶点。其遗迹遍布各地:中国、斯堪的纳维亚、中亚、高加索、希腊、美索不达米亚,凯尔特人和日耳曼人中都有其踪影,它通常被放置在死者身旁的罐子中。通观各方,这是我们能找到遗迹的发酵饮料留下的最古老的印迹。

传播的酵母

我们不确定发酵最初是在哪个群体和地方发展起来的,我们知道的是,在历史开始之初它就征服了全世界。

我们以酒为例,顺势也能推断出其他食物如啤酒、腌鱼或奶酪的情形。在苏美尔文明中,《吉尔伽美什史诗》对葡萄酒只字未提,因为这种饮料在当时的蒂格雷(Tigre)和幼发拉底河之间还未存在。原因很简单,葡萄树在当地的干燥气候下难以生长。葡萄树在公元前3千纪之后才从伊朗和叙利亚—亚美尼亚地区北部来到当地。这是一种来自他国的奢侈饮料,专供国王和神祇饮用,大部分经水路而来。源自异域的葡萄树只在北部种植成功,也就是在亚述地区。当地甚至还有几个有名的葡萄产区坐落在如今的叙利亚境内。葡萄酒开始渐渐流行起来,但未能在这些地区取代啤酒以占据优势地位，啤酒仍然是很受赏识的当地传统饮料。

葡萄树种植和葡萄酒酿造的发祥地很有可能位于伊朗北部和安纳托利亚之间。葡萄酒文化因为腓尼基人得到普及，他们发展了葡萄酒文化，并推广到埃及、克里特岛，然后是希腊，并从希腊传播到了地中海西岸、西欧，一直影响到莱茵河和摩泽尔河沿岸的山谷。当我们谈到葡萄酒"文化"时，必须明白"文化"一词的所有含义。它不仅仅指和葡萄树种植有关的农业科学，还意味着和葡萄酒生产及其消费相关的一切。

当埃及的法老们在尼罗河三角洲建立起最早的酿酒坊时，所需的串串葡萄都是进口而来，它们也许是从腓尼基海岸跨越大海来到埃及的。当时的"酒窖负责人"和葡萄酒工艺学家可能都是腓尼基人。之后人们开始在尼罗河三角洲种植葡萄，仍然是遵照腓尼基专家们的谋划，建立起了灌溉系统，运用各种种植方法（我们得知道一棵葡萄树从长成到结果需要好几年），建造酿酒需要的房屋。传播葡萄种植技术，其实也就是在传播压榨技术、发酵技术、保存方法、使用方法、仪式庆典，同时也在推广精致优雅的青铜器皿和陶器，和饮酒有关的礼仪习俗、诗歌和歌曲，关于掺水的规则和惯例，还有饮酒的方式。所有这一切表现成了科学、艺术和极致的高雅讲究。

除了葡萄酒文明之外，腓尼基人还传播了闪语字母，我们的字母（法语字母）也是由此衍生的。所以，他们不仅传播了一种新的植物和饮料，还传播了整个文化，我们直至如今都是这种文化的继承者。我们的葡萄工艺学、葡萄产业、协作方法、酒肉搭配，甚至我们的字母、餐桌礼仪，还有我们的宗教，等等，都要归功于他们。

发酵在之前好几千年就已经因为技术的普及传播到了或远或近的地区。啤酒从撒哈拉以南的非洲通过尼罗河河谷传到了埃及，之后往上传到了美索不达米亚和小亚细亚——据我们所知，啤酒在此地扎根至少已经有六千年了。另外一条传播路径经过中亚，制作奶酪、谷物啤酒、水果酒的方法一路传播留下的轨迹就是我们现在的丝绸之路。丝绸之路从旧石器时代就被频繁使用[20]，从青铜时代起得到迅猛发展。[21]

我们知道在亚洲和西方之间很早甚至是史前时期就有着贸易往来，现在的土耳其和中国之间路途遥远，一路上却交易不断。这条路上通过的不仅有古代希腊罗马人钟爱的丝绸，还有金属或宝石，如琥珀、玉、象牙、布料、瓷器、香粉、香料等。当时还不为人所知的一些食物如桃子、梨和橙子也传到了西方。车马装载的货物中有很多双耳瓮，里面装满了葡萄酒、鱼酱、腌肉、腌鱼、奶酪等，因为只有发酵产品能在这漫长的旅途中保存下来。我们经常将丝绸之路视作货物、知识、思想、科学、技术交流的媒介，但与此同时，在这条道路上，关于烘制面包、制作奶酪、生产鱼酱和发酵谷物等当时存在或曾经存在的信息也被散布开来，从亚欧大陆的一端传到了另一端。

由此可见，后世在某地发现的技术和几千里之外的手段其实如出一辙，尽管我们不知道是由何地传往何地：苏美尔人的siqqu和地中海鱼酱油以及东南亚鱼露都很相似，但是到底是谁影响了谁呢？中国汉字是表意文字，其中，"酒"是由一个坛子和从坛口溅出的三滴酒水构成。这个字的形成可上溯至公元前1600年的商朝；我们还可以再来看一下楔形文字中的kas，其意思是啤酒。它属于人类能找到的关于文字的最早遗迹之一，可上溯至公元前4千纪，描绘了一只躺倒的瓶子，里面装满了水和种子；这是巧合吗？而且，中国人用麦管喝啤酒的行为和苏美尔人完全一样，这也是巧合吗？

罗马帝国在公元前1世纪和公元2世纪曾和中国建立联系。公元97年，中国使者甘英到达美索不达米亚。他想继续西行直至罗马，但因为担心旅途漫长以及路上的危险，他失去勇气打道回府了。[22] 如果他一点都没尝过当地用盐水腌制的咸鱼，那才让人惊讶呢。面包发酵是一种传统，在中亚、法国和北非都是如此。公元前6千纪中国已经有了葡萄酒，然而野生葡萄从未在中国被驯化。

丝绸之路从南边或北边绕经被称为"死亡之海"的塔克拉玛干沙漠。这个称号的词源有些争议。有些人认为它来源于土耳其语，意思是"有去无回之地"；另一些人则认为"塔克力"（takli）一词衍生于维吾尔语，意思是"葡萄种植地"[23]，而这片沙漠向西正好通往肥沃的费尔干纳谷地。公元前1千纪，费尔干纳谷地内遍布着葡萄园，并享有非常发达的可被称为"葡萄酒工业"的繁荣。谷地既深受伊朗山区的有益影响（因为后者正是驯化葡萄产生酿酒葡萄的摇篮），又从中国和中亚各大草原得到了关于发酵的知识。有了这些外来援助，费尔干纳谷地的葡萄栽培和酿酒技术才在古代达到了当时无可匹敌的高度。[24]

斯特拉波（Strabon）在其著作《地理学》中提到，在这片偏远的地区出产了大量的葡萄酒，品质极高，勿需加入松香就能保存，在如今的塔克拉玛干周边，仍然出产上好的食用葡萄。

中国有个传说讲述了汉武帝的使节张骞在公元前2世纪时如何被困在异国他乡。他被囚禁了很长时间，甚至都在当地娶妻生子了。他体会到了葡萄酒文明的精妙之处，最终返回祖国时带走了一株葡萄苗木献给汉武帝。他给皇帝打开了葡萄酒的神秘大门，可能就是从那时起，葡萄酒酿制开始在中国出现。

很多考古工作,尤其是贾湖遗址的发现,证明了野生葡萄的发酵技术已经在中国存在了很长时间,但是上面的传说认为此技术来源于别处。这很耐人寻味,因为这个事实让人意识到跨越漫长的距离分享技术并非不可思议。7世纪,发酵面团和酱油就是这样和佛教一起传到日本的,而且这只是发酵技术很早就从其诞生地传播出去的其他证据之一。

人类的酵母

让我们换片陆地,到亚马孙平原的瓦亚纳人居住地去游览一番吧。瓦亚纳人不会书写,他们喝酿自苦木薯的啤酒。其酿造过程漫长而复杂,酿制难度几乎到了登峰造极的地步。这种叫作卡西利(cachiri)的啤酒只有在举行集体仪式时才能喝到,仪式至少持续3天,进行过程中人们不停地喝啤酒,并吟诵传授奥义所用歌曲《卡罗》(Karau)中的段落。人们认为啤酒有助于他们回忆起没有用任何文字方式固定下来的古老歌曲,能帮他们找回七转八弯的记忆中已经丢失的曲调。在这些天的畅饮中,生理上的饥渴,甚至味觉上的欢乐,都很快得到了满足。然而,人们还是继续互相敬酒,喝上好多升,这就只能用另外一种渴望来解释了:对生活在一起的渴望,对遇到和接待外来者的渴望,对社会关系的渴望,对公共文化知识的渴望。这种渴望熊熊燃烧,难以浇灭。

瓦亚纳人发明了一种大口吐酒(不同于呕吐)的身体技能,以便把啤酒驱出体内继续痛饮。由此可知,人们喝这种发酵饮料完全不是出于生理上对食物和水合物的需要。这是一种纯粹的对文化的需要。喝酒者通过反自然的大口吐酒,摆脱了事物的自然秩序:他们喝酒是为了重现对祖先歌声的记忆。[25]发酵饮料能帮助他们证明自己作为人的属性，当然这是相对于他们周围的自然而言的。

在古老的文化中，和亚马孙平原现存部落的文化一样，不是由烹饪来决定文明的归属，而是由发酵来裁决的。食物的发酵与否区分了"文明"和"天然"两种状态。在美索不达米亚，从青铜时代起，世界就被认为是一个同心圆：中心是文明的巅峰，越往外，周围环绕的地区越野蛮、越原始，甚至兽性未脱。在最外围的落后地区生活着一些野人，他们具有动物的外形，通过难以理解的咕噜声来表达自己。他们住在荒凉的草原上、荆棘遍布的丛林里，或者住在山上。他们和羚羊一起吃草，直接舔小溪里的水来止渴。他们极端落后，显然不知道城市和村庄为何物，不会为死人举行葬礼，对神祇也没有任何敬畏，不会农耕，更不懂餐桌礼仪，尤其值得一提的是，他们不知道发酵食物。

苏美尔人和阿卡德人肯定会遗憾没能将布里亚-萨瓦兰（Brillat-Savarin）的名言据为己有："动物吃食，人吃饭，唯独有格调的人才知道去品味。"我不知道把这句话翻译成苏美尔语该怎么发音，但在苏美尔语中，"吃面包"和"喝啤酒"是同义叠用。"吃"和"喝"这两个动词中暗含着一种由知识和文化转化而来的意义：发酵。发酵让原本无法入口的食物变得可以食用。吃和喝翻译成阿卡德文是akalu u mû 或 akalu u sikaru，意思是"面包和水"或"面包和啤酒"。第二种说法比第一种更常用。Akalu一词指任何一种能做成面包和烧煮的谷物。苏美尔语中"吃"被说成gu，意思相同。sikaru 指啤酒，还有个叫法是simti mâtim："国家的习俗"。[26]我们可以在这种表达中体会到关于群体、规则以及文明的思想。

从文字存在伊始，即公元前3000年左右，表示食物的楔形表意文字就是一张嘴里含有面包的图像。Akalu指"吃"，也就是"吃面包"。这个字形直到此种文字消失都未曾改变。表示"宴会"的文字则被阐释为"提供面包和啤酒的地方"[27]。由此可见，发酵食物和日常饮食息息相关，与节日庆祝和文化活动也紧密相连。

《吉尔伽美什史诗》叙述了一位神妓的故事。一位被叫作欢乐女的妓女得到任务去将野人恩奇都带到城市文明之地乌鲁克，国王吉尔伽美什将在富丽堂皇的宫殿中等她。恩奇都是一个生活在远方丛林中的野人，他靠吮吸野生动物的奶水止饿，靠舔舐溪流中的水解渴：这是一种纯天然饮食，未经加工，从某种程度上来说可算是动物的食物。欢乐女首先用爱情来引诱他，不是用野兽般的原始方式和他性交，而是用经验丰富的女性的温存给予他快感。恩奇都难以抗拒，同意跟随她去城市。在通往乌鲁克的路上，他们在牧羊人的住处迈出了走向文明的第一步。牧羊人的住处并不是高度文明的城市，而是一个中间阶段，是介于荒芜大山和城市文明间的郊区。牧羊人的生活仍然有点粗野，但是已经有了文明人的习俗。他们给了恩奇都面包和啤酒，但是恩奇都对此表示怀疑。他习惯了野生浆果和溪流中的生水，从未见过类似的食物。

> 人们却给他摆上酒食。
> 他直盯盯地瞅着，
> 是那样地惊异。
> 恩奇都什么也不懂，
> 吃，也不会吃，
> 喝的，他也不知，
> 他对这些毫不熟悉。

神妓鼓励他品尝这两种源自谷物的食物，因为品尝它们就意味着属于文明开化的人类群体了。

> 吃吧，你！
> 这是人生的常规，
> 喝吧，你
> 这是此地的风习。

恩奇都顺从了她，并且发现面包、啤酒非常合他的胃口。

> 恩奇都他，
> 饱餐了一席，
> 又将七杯烈酒，
> 连连喝了下去。
> 他顿时振奋，快活起来，
> 满心的欢喜！[28]

故事继续，恩奇都开始歌唱：歌曲是通向音乐和艺术的第一步，是一种有条理的语言，因此具有文化意义。在此之后，他清洗身体，穿上了衣服。故事在此时已明确告诉我们，他已经像个人了。传播仪式和启蒙就是在野人恩奇都吃面包、喝啤酒的时候完成的。恩奇都由此接受了当时人类社会的习俗教育，他可以融入由国王代表的城市和文明了。人们其实也可以给他烤肉、汤或煮开的炖菜——这些在当时的苏美尔饮食中已经存在了——但是人们还是选择了面包和啤酒来代表对人类社会的归属。

在《圣经》中，亚当和夏娃天真单纯地生活在伊甸园里，只吃水果这种能在大自然找到且无须加工的食物。他们不做饭、不储存，也不狩猎，只在饥饿时采摘水果。在犯了原罪之后，亚当被罚

"汗流满额才能（有面包）糊口"。他们从此被逐出天堂，也就是说他们从此成了真正的人类，必须种地来养活自己。（对亚当的）惩罚也可以是努力劳动才能获得肉类、小麦等，事实却是面包这种发酵食物在众多食物中雀屏中选。因此我们可以说，发酵食物的生产和消费定义了人类。

《圣经》中的大洪水时的情况也与此类似。挪亚方舟停泊在亚拉腊山上后，挪亚——我们可以把他视作另一个亚当——所做的第一件事是种植葡萄树酿造葡萄酒。我们不由得思忖，在这样的情况下，葡萄显然并不是养活人民必不可少的食物。挪亚明明可以种小麦、白菜或者葱，但他就是种了葡萄。实际上，葡萄的种植意味着定居：大洪水后的新纪元象征着史前居无定所的狩猎采摘生活的结束。这正是文明的开始。

在希腊罗马人中，区分文明人的标志就是食用面包和葡萄酒。这种本质上属于农业的文明一直坚持和凯尔特人、日耳曼人的野蛮划清界限，后者生活在北欧的森林中，靠狩猎得到的肉类为生。《荷马史诗》中用"吃面包者"来指代人类。吃肉和喝牛奶的人类都是野蛮人。在这种文明中，人类创造自己的食物，通过驯化动物、植物，以及发酵来拓展食物资源。马西莫·蒙塔纳里（Massimo Montanari）在《饮食历史》[29]中强调这种说法纯粹只是意识形态上的，因为在古典时代，希腊和罗马平民以谷物粥为生，而不真的靠面包存活。罗马人用单词"吃大麦的人"来形容希腊人，而希腊人把罗马人叫作"吃粥的人"。[30]这可不仅仅属于意识形态范畴，因为我们不应该忘记在当时且直到20世纪初，粥大部分都是发酵而来的。

在亚洲和非洲大陆，啤酒被认为是帮助人脱离动物身份成为人类的食物。在西非现在的布基纳法索周围的一些传统社会，有一个神话描述了创造神怎样教会妇女酿造高粱啤酒和煮粥。一旦人类食用了这些基本食物,他们的尾巴就会消失,毛皮就会掉落:他们完全成了人类。[31]喀麦隆的法利人中流传着一种说法,据说人类牺牲了长生不死来换取啤酒。[32]通过这个神话,我们可以了解到正是通过喝啤酒人类才变得寿命有限,也因此完全成了人类。

在所有的传统文明中,在所有的陆地上,食用发酵食物都是归属于人类的标志。如果我们认为发酵实践很可能开始于最早的人类离开非洲前,也就是十万年前,这可不仅仅是一种隐喻。

如今,通过发酵我们可以从牛奶生产出斯提尔顿(stilton)奶酪,从葡萄汁酿造出滴金酒庄甜白酒,用十二年从成熟的葡萄汁酿出香醋,制成在坛子里存放好几年的酱油,用一条小鱼做出浸泡在木桶中的富国岛鳀鱼鱼露,这些产品被认为是不同文化中的杰作。发酵食品古往今来都代表着美食和文明的极致。

第二章　神祇、英雄和祖先

人类宗教和发酵食物之间存在着某种关系。

在宗教的诞生和发酵饮料之间存在着某种因果关系。发酵饮料能够作用于神经,这个特点改变了世界的前景,并使喝酒者的"身体"飘飘然到了另外一个世界。帕特里克·麦戈文（Patrick McGovern）提出了一种假设：人类正是在摄入了作用于神经的食物而引起醉酒或进入恍惚状态时,感觉到了有一种超越现实的快感以及与身在此中的世界有所不同的另一个世界的存在。[1]无论如何,人类的宗教和发酵食物间确实存在着一种客观联系。

在基督教中,和神祇的交流通过弥撒用隐喻的方法完成。在弥撒中神父和信徒根据其复杂的象征意义饮用葡萄酒。别的宗教不用隐喻的方式而是用生活中实际存在的方法,利用醉酒唤起亢奋状态,神父或信徒由此和神祇发生联系。在撒哈拉沙漠、拉斯科洞窟或比利牛斯山的三兄弟洞穴中,存有距今一万三千年的史前壁画,当出现举行奇妙仪式的场景时,画里的人物看上去似乎在追寻一种意识改变的状态。在一块岩壁上雕刻而成的"劳塞尔的维纳斯"（Vénus de Laussel）于1911年在多尔多涅河谷中被发现,可追溯至公元前2.5万年。雕刻里的维纳斯侧面朝向一只角,这只角被她的右手举着,她似乎正想喝什么东西。她喝的是什么呢？为了什么目的而喝呢？角中装的可能是植物茶、蘑菇水，也可能是含酒精的发酵饮料，如蜜酒、葡萄酒或啤酒。

在玛雅文明的遗址中，人们找到了很多描绘饮酒场景的器皿，上面描绘的喝酒者都戴着鸟形面具。人们还在世界上许多存有发酵饮料的容器附近找到了一些用鸟骨做的长笛。[2]这些长笛可能是举行葬礼时使用的，也可能属于身为音乐家或萨满的死者。有一点可以肯定，那就是酒精饮料在世界上很多地方都主宰着埋葬仪式和萨满宗教。

非洲的科夫亚人（Kofyars）中流传着一个传说，讲述了一只戴王冠的鹤帮助主角在一块祖先留下的岩石里找到了一坛啤酒，啤酒给了他魔力，使他能够进入一个装满了宝藏的山洞。[3]这里，鸟和发酵饮料的同时出现意味深长。饮料的作用和鸟的作用相类似：因为鸟与天空的关系，它让人联想到通往另一个世界的"旅行"。这让我们联想到白鸽，它象征着灵魂，还有鹳，它从天上给我们带来孩子。飞向彼世的意象由此和发酵饮料以及鸟类联系在了一起。

同样，蜜蜂从开满鲜花的田野飞向象征着"神圣中的神圣"的蜂巢，因为蜂巢中存满了蜂蜜这种生命之源。蜜蜂的飞行给了萨满灵感，他们喝下蜜酒飞到另一个世界。实际上，西伯利亚、中亚和美洲的萨满教认为蜜蜂代表着灵魂；而在埃及，蜜蜂和拉神（Râ）①联系在一起；在希腊，则和阿尔忒弥斯以及珀尔塞福涅息息相关。基督教认为冬季3个月看不见蜜蜂象征着耶稣复活之前他的灵魂在地狱边缘游荡了3天。蜜酒极有可能是人类饮用的第一种发酵饮料，它在很多宗教中都有着特殊地位：它是不死的保证、神祇

---

① 拉神，是古埃及神话中的太阳神，从第五王朝（公元前2494—前2345年）起，成为埃及最重要的神，他在壁画中的形象是隼头人身。

的饮料。

神圣的起源

发酵过程的艰难，发酵的偶然性以及大概率的失败迫使人们将发酵的诞生归功于神祇或超自然的存在。神祇的造物能力是唯一能够解释发酵成因的。克洛德·列维–斯特劳斯（Claude Lévi-Strauss）转述的在美洲印第安民族曼丹人中流传的神话完美说明了这一点。瑟劳姆神（Seul-Homme）决定在印第安人中重生。他用如下方式成功地让一位处女孕育了他：有位年轻女子在烈日下种田，她感到口渴，想去小河边找水喝，当时正在发洪水，死去的野牛的骸骨被洪水冲着走。她看到其中一只野牛的表皮裂开了，露出了牛肾。她很喜欢这种肥美的发酵脂肪，就把野牛拖上了河岸，吃了牛肾，因此怀了孕。[4]在这个神话中，发酵食物（这里是腐烂变质的肉）、神祇的馈赠以及生育的三重结合非常清晰。在印度，讲述祝圣饮料艾玛瑞塔（amrita）起源的神话还提到了另一种因造物能力而生的发酵食品：黄油。黄油在这个国家被认为是神圣的。神祇和魔鬼合作，一起在牛奶海洋中搅拌，经过了千年的努力，长生不死的饮料才终于诞生。这项工作的耗时之久、劳作之艰辛都在提醒我们生产发酵食物困难重重且极具偶然性。如果神祇和魔鬼联手协作都感到困难，那么，人类觉得同样艰辛也是可以理解的，这样创造出来的产品当然具有神圣的地位。

关于基督教成立的故事有两种发酵食品参与其中：面包和葡萄酒。基督显示的头两个神迹的其中一个是在迦拿的婚宴上，他把被认为不洁的水变成了代表纯洁的葡萄酒，另一个则是让面包增多。这两个神迹和被当作地中海文明基础食物的发酵食物联系紧密。发酵食物是那个时代的"维生所需"——即使底层人民喝的是掺水的醋而不是酒,醋也是发酵而成的。基督显示的最后一个神迹,其神圣使命的光辉顶峰,是圣餐变体,圣餐中的面包和葡萄酒变成了耶稣的血和肉。这一幕发生在他真正牺牲的前几个小时。因此在做弥撒时,神父和集会人员把圣餐中的圣祭做了改变,用面包和酒来代替。

发酵食物变成神的身体是一种已经在印度的索玛(soma)身上存在过的现象。实际上,在伊朗和印度的文献中,豪玛(haoma)和索玛指三样东西:制作饮料用的植物,饮料本身以及饮料的守护神。在伊朗,豪玛是最高主神阿胡拉·马兹达(Ahura Mazda)的儿子,他主管所有的药用植物。在印度,索玛代表着月亮,而月牙则象征着装满饮料的酒杯,它随着时间的推移被慢慢饮空,又在下一个月恢复原状。它还代表着尘世中生命的力量,能让人长生不死。每当举行圣祭时,人们献祭和吃喝的都是神祇本身:这种观点正是基督徒领圣体的依据,领圣体时人们吃代表基督身体的面包,喝象征基督血液的葡萄酒。发酵食物,也就是拥有永恒生命的食物,从本质上来说就是神圣的。发酵食物还具有生死轮回和一再重生的特质,我们可以在全世界所有和发酵食物有关的神话中验证这一点。

在西方,面包的神圣特质始终如一。即使在法国大革命时期,当权者试图用"平等的面包"来代替具有象征意义的圣餐时,面包的神圣性也没有改变。面包是生命的象征,从新石器时代到凯尔特人时期,它经常出现在欧洲各种存放遗体或骨灰的地方。人们在坟墓中发现有面包和石磨。有时,面包和死者一起焚化;有时,石磨被打破套在死者头上;有时,骨灰瓮倾倒在石磨上:骨灰象征着正被磨出的面粉,它以面包的样式重生,是生命超越死亡继续存在的证明。麦粒在被揉捏之前已经死去，之后又通过发酵获得重生。石磨不仅是一个工具，它也象征着生命的永恒：它使无限期地做面包成为可能，甚至在另外一个世界也是如此。一个可追溯至公元前7世纪的伊特鲁里亚骨灰瓮也能强有力地证明这一点。瓮上饰有浮雕，刻画了3个人物：一个面包师，一个正在揉捏桶中面团的小伙计，还有坐在桌旁拿着面包的死者。面包从其本源来说就意味着复活，象征着永恒的生命。5在关于珀尔塞福涅的神话中，死亡在故事发展中必不可少：如果女神没有被绑架到地狱，农业就不可能存在。

葡萄籽在压榨时也经历了死亡，之后发酵带给它重生，给予它"永恒的"生命。神祇为了人类福祉自我牺牲和发酵饮料的经历非常相似，一种范例由此产生，基督教对此做出了最新的阐释。我们可以肯定基督教是在重复印度、埃及、美索不达米亚、古埃及、北欧和凯尔特人的神话中以及哥伦布发现新大陆之前的美洲曾存在过的古老传统。

有时候和血液联系在一起的是啤酒而不是葡萄酒。下埃及有个神话（《母牛女神之书》①），讲述了人类叛乱的故事。拉神告诉和平、爱情和生育女神哈索尔（Hathor），地上的人类打算谋杀她。哈索尔因此大发雷霆，变身为母狮塞赫麦特（Sekhmet），开始屠杀人类。拉神看到地面的混乱景象心生怜悯，决定阻止嗜血成性的母狮继续杀戮。他用血红色的啤酒淹没了埃及的地面。塞赫麦特以为自己完成了任务，于是停止了动作，走近这种液体并开始品尝起来。它喝醉了，忘掉了可怕的报复行为。多亏了啤酒，它变回了

---

① 在埃及的历史上，神具备人形是后期的事了，古代埃及的神都以符号、植物或动物的形象出现，如女神哈索尔是一头在榕树上栖身的母牛。母牛女神即指哈索尔。

和平女神哈索尔。每年夏天，尼罗河都要泛滥并溢出河床淹没地面，给地面盖上一层红色淤泥，丹德拉（Dendérah）的哈索尔神庙一定会为此举行庆祝活动。每逢此时，都会有大量的啤酒供人们饮用。[6]

在埃及，奥西里斯（Osiris）才是葡萄酒的发明者。根据相关神话的第一个版本，奥西里斯为赛特（Seth）所杀，被藏在箱子里扔到了象征另一个世界的海中。箱子在比布鲁斯（Byblos）附近搁浅，停留在了黎巴嫩的一棵雪松下面，雪松在箱子周围不断生长。有位国王派人来砍树，因为修建宫殿需要柱子，神的尸体就这样被发现了。最后，奥西里斯的姐妹伊西斯（Isis）使之获得新生。黎巴嫩在这个故事中并非无足轻重：葡萄种植正是在这片土地发展起来的；埃及人在引进和种植葡萄树之前，也是从这儿进口葡萄酒。[7]

在此神话的另一个版本中，奥西里斯被肢解，伊西斯将其身体的每个部分拼合起来，用神力使之重生。在这两个版本中，奥西里斯这个酒神和耶稣基督以及珀尔塞福涅一样，经历了两次生命。

在墨西哥神话中，从世界创造之初发酵饮料就参与其中了。泰兹卡特里波卡和艾克特尔-盖兹尔克阿特（Ehecatl-Quetzalcoatl）两位神祇创造了天空、夜晚、水、雨、地狱和人类之后，又发明了龙舌兰酒，以便让人类"乐于在地上生活，颂扬我们，载歌载舞"。[8]他们说服了美丽的玛雅胡尔（Mayahuel）女神牺牲自己，把女神的骨头磨碎和她的血一起撒入泥土中。从这片土地中长出了龙舌兰，它外形丰硕，叶子纤长。两位神祇收取它的汁液，酿出了一种发酵液体，它以龙舌兰酒的名字闻名遐迩。玛雅胡尔是丰产和繁殖女神，她被描绘成一个有很多乳房的女性，要喂养400个孩子。这400个孩子被叫作"400只兔子"，都是好酒的神祇。龙舌兰酒是一种白色微稠的液体，从外观上看和牛奶类似。在欧洲人到来之前，龙舌兰酒只用于仪式，使用它需要遵循一定的规则。它被提供给祭司、仪式参与者以及作为祭品的牺牲者，好让他们更加顺从。这种酒精饮料生来带着对神祇的敬仰，还具有繁殖、享乐、生命之欢、死亡和重生的多种含义。因为龙舌兰女神的牺牲，龙舌兰酒才得以诞生：如同葡萄酒和耶稣基督的关系一样，龙舌兰酒中含有女神的血肉、奶水，及其神性。这种发酵饮料因此成为生命之酒，它将人类和神祇联系在一起。

在阿兹特克人和玛雅人中有着另外一种极其重要且也和神有关的发酵饮料——可可，供祭司和国王在寺庙中举行仪式时饮用。这种饮料和龙舌兰酒一样，是在西班牙人入侵之后才"大众化"的。可可豆发酵可以做成好几种饮料。传教士非常乐意看到这些饮料走下神坛，因为这样更利于他们在印第安人中推广基督教。阿兹特克人认为可可来自北方——他们的祖先洒满热血的地方。新鲜的可可果表皮红色，里面有籽，这种相似性加强了其象征意义。此外，制成的发酵饮料还会用胭脂红上色，使之呈现为鲜红色。在将死之前，作为祭品的牺牲者边跳舞边喝下这种饮料以获得力量。他们的舞蹈和流血牺牲都是为了保证人世的秩序和宇宙的正常运转。[9]

可可和血之间在象征意义上的联系和基督教中葡萄酒和血之间的关系如出一辙。我们还可以在玛雅神话中找到类似的联系。胡恩·乌纳普（Hun Hunahpu）为地狱主宰所杀，他的头颅被悬挂在一棵可可树上，他趁机朝公主茜基可（Xquic）的手上吐了一口唾沫。"血之女"茜基可因此怀孕并生了对双胞胎：乌纳普和伊斯布兰凯。可可神的头颅吐出的口水象征着具有繁殖力的发酵饮料。双胞胎救出了父亲，使之重生为玉米神，他们则化作了太阳和月亮。后来，众神用玉米、甜水果和可可创造了人类，这三种材料正是发酵饮料之源。在玛雅神话的某个章节中，双胞胎也被砍成碎块之后又重新组合。[10]发酵饮料又一次和肢解、神祇的重生、生殖以及和生命有关的液体（口水、精液和鲜血）联系在一起。

苏美尔人则将啤酒奉为神明。啤酒神的名字叫作宁卡西（Ninka-si），意思是"正在填满嘴巴的女士"。葡萄酒神也是一位女士，名为格什廷安娜（Geshtinanna），意为"茂盛的葡萄树"或"天上的葡萄树"。她还拥有一个外号，"葡萄树之母"或"葡萄树之根"。她的兄弟牧羊人杜牧兹（Dumuzi）是以大麦这种有营养的谷物为标志的农业之神。他是丰饶女神伊南娜的丈夫，也是啤酒酿造者的保护神。发酵饮料以及作为其原材料的植物，揭示了神界的关系。神话传说杜牧兹和他的追随者——啤酒酿造者——一起被放逐到了冥界。他被拘留在地狱，大家认为他已经死去，他因此成了地狱之神。他的姐妹格什廷安娜可以救他，只是需要许下诺言每年代替他待在地狱6个月。这则神话让我们想起珀尔塞福涅的故事，发酵饮料又一次和繁殖、走向另一个世界、死亡、重生这些元素联系在一起。同时，故事的一再重复也强化了这些元素。杜牧兹代表着春夏两季，也就是大麦播种和收获的季节，同时也是啤酒的酿造季节。格什廷安娜则象征着收获葡萄的秋季和酿造葡萄酒的冬季，她在地狱度过这段万物休眠死气沉沉的时期。

希腊神话中的狄俄尼索斯，即罗马人的巴克斯（Bacchus），是葡萄酒神，也是醉酒狂欢之神。他的故事和生命之源如树汁、牛奶、血液和精液等联系在一起。有一个版本的希腊神话说他是宙斯和塞墨勒（Sémélé）所生。怀孕的塞墨勒受到心怀嫉妒的赫拉不怀好意的怂恿，要求宙斯显示神的真身，因此导致了自己的死亡。宙斯将婴儿从母亲的肚子中取出，藏入自己的大腿中继续孕育（俗语"出自朱庇特的大腿"就来源于此）。在神话的另一版本中，狄俄尼索斯是宙斯和珀尔塞福涅的儿子，永远在嫉妒的赫拉让泰坦神绑架了他，将他切成碎块并放在锅中煮。雅典娜抢救出他的心脏交给宙斯，宙斯让塞墨勒孕育他。"心脏"一词似乎是"阴茎"的另一种说法[11]，象征着生命的永存。在神话的其他章节中，情节依旧一波三折，狄俄尼索斯下到地狱，救回了他的母亲。

他的第一个恋爱对象是位叫作安普罗斯（Ampelos）的少年，后因事故身亡。狄俄尼索斯把他的身体变成葡萄藤，血液变成葡萄酒，用众神的食物来浇灌葡萄树。葡萄酒在其诞生之初就和众神的食物一样被认为是一种永生的饮料：狄俄尼索斯在他的朋友身上倾撒众神的食物，让他变成葡萄藤获得了重生。

> 少年改变了形体，由此重生，并将众神食物的香味传递给它结出的果实……安普罗斯，你用这种富有双重意义的珍贵产品创造出了美酒和我父亲的食物。阿波罗没用月桂树来做食物，也没用风信子来做饮料。色列斯（Cérès），对不起，你的谷穗没能酝酿出甜酒，我却向人类同时赠送了一种食物和一种饮料。[12]

不甜的"甜酒"由色列斯-珀尔塞福涅（Cérès-Perséphone）的谷穗酝酿而成，《酒神节》曾提到这一点。"甜酒"其实就是啤酒，在这里沦落成了"第二选择"，而当时的葡萄酒是"贵族"饮料。葡萄酒被认为既是食物也是饮料，和啤酒在古代的情况类似。

在此神话的各种版本中，狄俄尼索斯牺牲了，有时还被肢解了，经历了两次生命，还将他的母亲从地狱救回。我们总是能在这些神话版本中找到和发酵饮料有关的相似情节。

在冰岛也能找到类似的原型。在哈弗瑞（Halfr）的传奇故事中，亚拉里克（Alrekr）国王宣称将与酿造出最佳啤酒的女子结婚，由此挑起了齐格尼（Signy）和吉瑞赫尔德（Geirhildr）之间的竞争。奥丁神（Odin）偏向吉瑞赫尔德，把自己的唾液借给她当作酵母。我们已经知道，在很多文明中，唾液都是传统的酵种。由此可见，啤酒在当地是神圣的，只能和主神奥丁产生联系。奥丁也经历了重生，在把自己献祭给自己之后，他悬挂在世界之树上9个夜晚。这个场景和耶稣钉在十字架上的画面如此相似，任何人都无法视而不见。如果说啤酒在刚信奉基督教的日耳曼国家曾被强烈蔑视，那也是因为啤酒和异教有了牵连。

另外一种神圣的发酵饮料蜜酒也是由唾液作为酵母。讲述其来源的神话被诗人斯诺里·斯图鲁松（Snorri Sturlusson）记录在了《新埃达》一书中。[13]这个故事中有很多象征符号密集地出现。在阿萨神族（诸神）和华纳神族（诸神的敌人）的最后一次战役中，双方议和。作为和平的保证，阿萨神族和华纳神族聚集在一个酒桶前，向里面吐唾沫。为了不让这珍贵的液体遗失，阿萨神族利用它创造一个叫作克瓦希尔（Kvasir）的人类。此人既是诗人又是智者，没有任何问题能够难倒他。格瓦斯（kvass）一词在如今的斯堪的纳维亚语言中指果汁，而在斯拉夫国家则是一种发酵饮料。克瓦希尔在人间到处走动，向人类传授智慧。他最后为侏儒所杀并被肢解，血流如注，装满了3个酒桶。侏儒们将他的血液和蜂蜜混合，制成了神圣的蜜酒：无论是谁喝了蜜酒，都能成为诗人或智者。好多离奇的情节后，书中出现了一个叫作苏图恩（Suttung）的巨人，他成为这3桶蜜酒的主人，将之藏在山腹中，由其女儿格萝德（Gunnlod）看守。奥丁，还是他，引诱了女孩，和她共度了3个春宵，换来喝3口蜜酒的承诺。奥丁玩弄诡计，3口喝光了3个酒桶。他变成老鹰逃跑，苏图恩在后面追赶。奥丁逃到阿萨神族居住的地方时，诸神在地上摆上容器接蜜酒，而此刻奥丁快被苏图恩赶上了，因此还是在"身后"漏下了几滴蜜酒。这种掉落的蜜酒人人可喝：这就是蹩脚诗人喝到的蜜酒。别的蜜酒则由阿萨神族赐给有所成就的人，也就是会作诗的人。这就是为什么诗歌被称为"克瓦希尔的血液"或"奥丁的饮料"。现在让我们来破译一下故事的象征意义吧：因英雄的唾液酿造而成的饮料是统一与和平的标志。这种饮料带来智慧，同时还伴随神秘的醉酒感和诗兴。在冰岛社会中，诗人是非常重要的人物，堪比国王。君主崩逝时，诗人需要为他赋诗一首赞颂其永恒的功绩，国王由此才能永垂不朽。

发酵饮料和诗歌的联盟促进了古希腊交际酒会和酒神节的发展，诗歌比赛也日益繁盛，戏剧由此诞生。我们还要注意到一点，在故事中被肢解牺牲了的克瓦希尔化身为蜜酒，人们收集他的血液制成了这种饮料。乔治·杜梅斯（Georges Dumézil）认为该神话来源于古老的印欧传说。在史诗《摩诃婆罗多》（*Mahabharata*）中，双马童（Ashvin）和众神发生了冲突，于是双马童创造出恶魔摩陀（Mada）——酩酊大醉者，他能一口吞掉整个宇宙。众神把摩陀分成4块，分别是在印度被视为不祥的酗酒、女人、赌博和狩猎。[14]

在这些神话中，总是有两个对立的群体，而这两个群体总是通过一个人为创造的人物达成和平。这个人物常化身为发酵饮料或酒，一般都天赋惊人、非同寻常，要么为人类的利益牺牲，要么为另一方而献身。奥丁就是这样变成老鹰给神界带回蜜酒的：老鹰的飞行代表着去往发酵饮料所在的另一个世界的旅途，如同萨满时代那样，北方的古老宗教将它继承了下来。老鹰象征着在这个世界和神的世界之间的来回往复。饮料则有着两面：一面是世俗大众的；另一面是神圣的，是神赐的礼物。因此，饮用饮料必须带着敬意，注意力集中，以便创造出诗歌作品。饮料的神圣来源赋予了它极其

"醉人的"创作能量，打个比方，它能让人"飞翔"。

在所有这些神话中，神祇赐予的发酵物总是能为人类带来好处。拥有发酵物的人享有智慧，身份通常是祭司或能到神祇前说情的人。在靠狩猎和采摘野果为生的社会，以及在最早的农民中，部落或群体生死存亡的关键——发酵的秘密，是少数"智者"或"巫师"以及非同一般的"大师"的特长。在生和死、发酵和腐烂的矛盾中，发酵物从一开始就注定惹人注目、接近神圣、非比寻常并超越自然。

饮酒的普遍性

基督教并不是唯一拥有象征性发酵食物的宗教。我们还可以列举出凯尔特人和日耳曼人的蜜酒与大麦啤酒，哥伦布发现新大陆之前美洲的吉开酒，非洲和东南亚举行仪式时所用的啤酒，吠陀教的苏摩，以及中亚的发酵牛奶。尤其是啤酒！"如果没有啤酒，仪式就不成其为仪式"，帕特里克·麦戈文提到过的一个肯尼亚马萨伊人如是说。[15]

在犹太教中，饮用葡萄酒曾经需要在耶路撒冷的寺庙中进行。现在庆祝逾越节时，忠实的信徒必须喝下四杯葡萄酒。庆祝圣节则是用一杯葡萄酒来祝酒："愿主赐福于你，我们永恒的上帝，世界之王，创造了葡萄藤上的水果。"最为重要的仪式上都要进行此类祝酒，如安息日、逾越节、婚礼、孩子诞生、成年礼和生日。[16]

旨在向神灵献酒的祝酒仪式是最古老并流传最广的一种仪式。酒精饮料比其他任何饮料都更适合献给超自然的生命。苏美尔人每天都要向神祇们进献大量的啤酒和葡萄酒。乌鲁克安努神寺庙中有一块小板子给我们描述了仪式的细节：

> 每年每日，在安努神巨大的早餐桌上，你可以放上……18个金罐，左边的7罐，可能3罐是大麦啤酒，4罐是labku啤酒；左（极有可能是"右"——译者按）边的7罐，可能3罐是大麦啤酒，2罐是labku啤酒，1罐是nasu啤酒，还有1罐是zarbaba啤酒，另有牛奶储存在大理石罐中。[17]

除此之外，还要加上4个装满精制葡萄酒（karânu sahtu）的金罐。"晚上的大餐或便饭"中，除了牛奶被伊扎拉葡萄酒代替外，其他都是相同的内容。呈给安图（Antu）女神的是14罐啤酒，伊丝塔12罐，纳纳加（nanaja）10罐。[18]

古罗马有些节日专为葡萄酒设置。在关于埃涅阿斯的神话中，他向朱庇特允诺进献收成：凯旋后即履行诺言，设立古罗马酒节（Vinalia）。夏天的酒节刚好在罗马历的9月23日（8月19日），神父在这一天举行献葡萄仪式（Auspicatio Vindemiae）：在用一只母羊羔祭祀后，他采集当年的第一串成熟葡萄，将它献给朱庇特，祈求神灵保佑让毁灭一切的暴风雨远离。罗马历的10月11日则是酒疗节（Meditrinalia），节日期间人们用上一年的葡萄酒来给当年的葡萄汁提供酵种，当然总是要祈求朱庇特保佑。据说这种提供酵种的方法只用于保存最好的葡萄汁。但是实际上，未发酵的葡萄汁被认为是不纯的，不适合献给神祇。给它提供酵种，就是给它带来一部分已发酵物，使之配得上神祇。春天的酒节在罗马历的5月9日（4月23日），节日期间举行盛大的庆祝活动时，新酒被呈上朱庇特的供桌。[19]这里进献给神的已不仅仅是葡萄汁（直接来源于收获的未经加工的果汁），而是已经酿好的葡萄酒，发酵完成并含有酒精，因为4月23日这个日期正是发酵完成的时间。土地良好、阳光充沛是葡萄汁丰饶多产的精髓；神秘的发酵和人类加工的葡萄酒则是最高主神朱庇特的能量所在。

葡萄酒作为一种自然产物，如果我们不通过仪式将它献给神祇，不让它得到神灵护佑，它是不可能"酿造成功的"。这类仪式有祭祀性质，因此也属于文化范畴。任何一滴新酒在供上朱庇特的祭坛举行正式的祝酒仪式前，人类都不能享用。神祇享有优先权，他能在凡人之前品味新酒。

印加人也将吉开酒在很多仪式中献给神祇。当太阳节（Inti Raymi）举行时，人们用金杯装满啤酒献给太阳。在非洲，喀麦隆的法利人在葬礼用的许愿小雕塑上洒满小米啤酒。[20]在尼日利亚，棕榈啤酒在被饮用前先要洒在压实的地面上献给大地母亲。[21]在老挝，人们同样洒掉米酒献给大地和当地的鬼神。[22]塞内加尔的唐德人则将高粱啤酒献祭给超自然力量或某些年龄段的人们；高粱啤酒总是用于仪式或典礼，不能进行买卖。[23]在东南亚，混合着血液的米酒被用来庆祝新米的丰收。一罐新酿造的啤酒被打开时，第一杯总是被献给神明。在婆罗洲，在越南，在菲律宾，在爪哇岛，在苏门答腊，在泰国、缅甸、中国西藏，在印度北部，无论是米酒，还是棕榈酒、甘蔗酒、玉米酒，都和各种农耕节日以及丧葬仪式相依相伴，啤酒被认为是用于向神祇求情的祭品。[24]在日本，清酒是极具代表性的仪式用酒，在所有的祭神仪式上都会出现。[25]

酒精饮料并不是唯一献祭给神祇的东西。格陵兰岛的因纽特人在大开筵席食用发酵肉类后，会接着玩游戏、跳舞以及举行萨满仪式。肉类或发酵脂肪中的肉毒胺会在这些没接触过酒精的人们身上引起一种类似于醉酒的兴奋感。[26]日本的栗东市有一座建于奈良时期的寺庙（710—794），寺内供桌上摆放的是一块泥鳅熟寿司。①这座寺庙靠近湖泊，湖内有鱼类，如鲤鱼、鳟鱼、鳗鱼和泥鳅等，是当时人们主要的蛋白质来源。熟寿司其实是一种发酵方法，将生鱼片和熟米饭放在一起发酵，是寿司的祖先。我们很容易就能想到发酵与否是当地居民生活是否幸福的关键，在年景不好时甚至影响到人们的生存。因此，在供桌上呈上此类产品——或者方法——来获得神明的庇佑、保证发酵过程的成功，并不会使人惊讶。

在蒙古地区，发酵奶制品和茶（也是发酵物）是献给神灵、永恒的蓝天、佛陀的祭品。供在蒙古包内的佛像会收到一年内出产最早的茶和马奶酒。人类不能喝这种饮料，只能在即将到来的夜晚将它洒掉献给大自然。祭祀神灵时，要用到一种被钻了9个洞的平底勺，它一般被悬挂在蒙古包内西边属于男性的荣誉方位。妇女们可以参与用新鲜牛奶祭祀，而使用发酵牛奶的祭祀因地位特殊只能由男性包办。这些祭祀或在家庭范围进行，以祈祷神灵保佑蒙古包或家庭；或在整个群体范围进行，以求给群体带来福祉。在举行萨满仪式时，发酵牛奶被用来献给降临人间的神灵，以便在他们到来和仪式结束离去时"让道路变白"，因为白色被认为是吉祥和神圣的颜色。男主人和女主人也会敬献牛奶和茶给神灵，并分赠给参加者以供其在仪式上倾倒。[27]这些发酵食物由此获得了一种神圣性。

当基督教大步超越希腊罗马的异教时，除了将葡萄酒宣扬成基督的血之外，还急着用基督圣徒来代替巴克斯之类的酒神，用据称更纯洁的庆典来代替古老的仪式。圣·文森［Saint Vincent，这个

---

① 熟寿司（熟れ鮨、なれずし）被认为是寿司的雏形，通常是用鲤鱼、鲫鱼或其他淡水鱼类，撒上盐，一层鱼肉一层米饭地层层铺好，再用重物压实，利用米饭发酵产生的酸味来腌制鱼肉，这个过程一般长达数月，米饭也会变成黏黏的状态并散发出浓烈的刺激性气味，食用时人们会把米饭丢弃只吃鱼肉。熟寿司中最具代表性的是滋贺县琵琶湖地区的传统食品鲋寿司和鳅寿司。

名字让人浮想联翩：葡萄酒（vin）—血（sang）^①]就是这样成了葡萄树的保护者，紧随其后成为酒神的还有一大群其他地方的圣徒，数目之多让人不由得联想到异教。

在罗讷河口省的布尔邦市，每年都会在神秘的圣-马塞兰（Saint-Marcellin，真实身份已不可考）庇护下举行"神圣饮酒节"（Saint-Vinage）。节日弥撒只接纳男性，男人们进入前罗马式建筑物风格的圣-马塞兰小教堂，手里拿着一满瓶葡萄酒（市政府借机向教士提供葡萄酒）。弥撒进行时，男人们诵读《迦拿的婚礼》这个章节，在神父的示意下举起酒瓶祝酒，然后满饮一杯。这种受到赐福的葡萄酒被认为是包治百病的神药。[28]

和弗里德里克·米斯特拉尔（Frédéric Mistral）^②一样，我们可以在这种对"神圣饮酒"的推崇中重拾关于崇拜酒神巴克斯的回忆。在达尼埃尔·洛普斯（Daniel Rops）所著关于教会历史的作品中，他让人们想起了1348年为抑制败血性鼠疫蔓延而在勃艮第举行的酒神巴克斯弥撒。[29]传统神奇地坚持了下来！

为了有好兆头，发酵饮料按传统一般在寺庙内部酿造，在古代美索不达米亚、希腊和埃及都是如此。同样，从中世纪前期开始，葡萄园总是围绕着主教府邸扩展，这也不是巧合。主教的权势体现在被精心照料的葡萄园上。收获丰盛的葡萄园不仅证明了上帝的伟大，也是主教辖区俗世权力的体现。在没有葡萄生长的地方，教会则致力于控制啤酒的垄断生产。因此，修道院在北部酿造啤酒，在南方则生产葡萄酒。修道士们，尤其是本笃会修士，也是奶酪的制

---

① 法语中 Vincent 这个名字和 Vin-sang 的发音相同。
② 弗里德里克·米斯特拉尔（1830—1914），出生于罗讷河口省的马雅纳，法国诗人。1904年，米斯特拉尔与西班牙的埃切加赖同获诺贝尔文学奖。代表作品有英雄史诗《卡朗达尔》等。

造者。这种传统在之后好几个世纪传承不息。我们在此就不一一列举各种以圣徒或修道院命名的奶酪了：门斯特（munster）干酪、波特–撒鲁特（Port-Salute）干酪、西都（Cîteaux）奶酪、圣–马塞兰奶酪、圣–摩尔（saint-maure）奶酪、彭勒维克（pont-l'évêque）奶酪等。十字军东征归来的领主们带回了东方的配方，丰富了他们的作品，尤其是蒸馏法更是居功至伟，它使发酵产生的酒精能够聚集起来。至于以前存在，现在有时仍在修道院生产的酒类，我们可以列举出甜酒、药酒、烧酒等。各处事例都能证明，发酵物似乎需要神明的保护才能存在。

不死的食物

　　长生不老是各大宗教坚定不移的追求目标。希望死后拥有来生的古埃及人在这方面的信仰堪称登峰造极。他们求助于木乃伊，而木乃伊的制作过程中包括了腌渍：在涂抹香料之前，人的身体先被埋在和盐水没有实质区别的泡碱（用于保存木乃伊的碳酸钠）中。这其实就是一种发酵，它和重生的过程息息相关。

　　能防止死后肌肉腐烂的腌肉桶是在欧洲传说中大量出现的小锅（chaudron）的原型。[30]在圣·尼古拉的传说中，他正是在腌肉桶里发现了3个被杀害的孩子。他将他们重新带回人世——根据传说，他只是叫醒了他们：由此可见他们在腌肉桶中并没有真正死去。圣·尼古拉在欧洲人的想象世界中举足轻重，他是圣诞老人的原型。他的形象随着冬至传说的流传以及耶稣的诞生而改变，但总是和童年、永恒的生命联系在一起。在上述故事中，他将腌肉桶变成了"复活桶"。

　　拥有魔力能保存生命的发酵桶只能装不死的饮料。拜火教的

《阿维斯陀经》中描述了一种非常重要的仪式，就是用神圣的饮料豪玛祝酒的仪式。我们可以在印度找到同样的饮料，即吠陀传统中的索玛和印度教中的艾玛瑞塔。阿维斯陀和吠陀宗教中关于此饮料的生产和献祭仪式都非常接近。考古学家维克托·萨瑞阿尼迪（Victor Sarianidi）写道：

> 实际上，根据《阿维斯陀经》和《梨俱吠陀》记载，人们为此使用一种特殊的植物，先把它浸泡在水中，再把它放在臼中用杵长时间研磨，之后过筛，最后将它和水、大麦粒、凝乳混合放在特制的容器中。发酵后得到的混合物能使人醺醺然，处于一种亢奋状态。饮用了这种饮料的祭司变得陶醉欣快，这种状态在举行宗教仪式的过程中是不可或缺的。[31]

维克托在土库曼斯坦负责的挖掘工作使木鹿城（Merv，中国文献中亦称"马鲁"）附近的哥诺-德帕（Gonur-Dépé）遗址得以重见天日。这座古代城邦由亚历山大大帝建立，而整个遗址都建于公元前2千纪，可能是原伊朗人或印度人在迁徙过程中途经此处时建立的。对托戈洛克（Togolok）遗址的挖掘则将一座源自公元前2千纪和前1千纪之交铁器时代的文化建筑内数目庞大的祭祀用品展现在世人面前。这些用品很有可能曾用于酿造和饮用豪玛。某些祭祀用品和在波斯波利斯（Persépolis）找到的器具一模一样，它们出现在一枚印章旁，上面的画表明它们正用于酿造豪玛。

上文提到的植物是何种类，这仍然是个难解之谜。人们曾认为是毒蝇伞，西伯利亚的萨满用它来当迷幻药；也曾猜想是麦角菌，这种含有类似麦角酰二乙胺（LSD）的生物碱的寄生菌在中世纪因为"圣安东尼之火"①而尽人皆知。自从托戈洛克遗址开始挖掘以来，人们又认为更有可能是罂粟、大麻、麻黄这些能作用于神经的植物，因为在挖掘中发现了这些植物的花粉、种子、碎秆等，被占据了半个多千纪与此相邻的一些遗迹中也找到了这些东西。[32]仪式举行之前，这种植物被浸湿后碾碎。得到的液体和大麦汁或小米汁以及蜂蜜混合，有时还要加上牛奶，然后放入瓮中发酵。提到大麦，自然让人联想到啤酒，小米亦然，这些谷物在亚洲都被用来酿酒。之后在9世纪伊朗有篇文章把豪玛描述成葡萄酒的一种。当时因为伊斯兰教和印度教的共同影响，禁酒令已经颁布，这种说法只能往远古传统中去追根溯源。此外，和这些宗教有关的地区正是新石器时代葡萄酒文明的摇篮，离丝绸之路和费尔干纳谷地并不遥远。人们还在离那儿不远的地方发现了公元前3千纪到公元前2千纪遗留下来的葡萄籽，很多发掘出酿酒桶的遗迹中都有它们的踪迹。[33]能作用于神经的植物和葡萄酒有关——或者和谷物啤酒有关——这些在整个中亚乃至西伯利亚都风光一时的饮料，能够迅速高效地将饮酒者带入另一个平行世界！

与此同时，希腊也有一种和此类植物有关的发酵饮料同样被运用于宗教仪式，以便达到一种改变意识的状态。这就是荷马描写的薄荷酒（Kykeon）。它应该是一种由葡萄酒、啤酒、蜜酒制成的混合物，可能含有多种香料，还有能作用于神经的植物。在《伊利亚特》中，荷马描述了赫卡墨德（Hécamède）怎样准备这种饮料来治疗受伤的战士，以安慰在特洛伊之战中战斗的国王们：

---

① "圣安东尼之火"也就是麦角碱中毒，是受感染的黑麦或谷类被人食用后引起的机体严重中毒反应。

两位国王在海风中吹干了汗水，进入帐篷坐了下来。头发秀美的赫卡墨德为他们准备喝的……她在他们面前摆下精美的桌子，安上珐琅支腿，桌子上摆放上磨光的铜盘，里面盛有供开胃的洋葱，还有野生蜂蜜和祝圣的大麦面饼；接着又端上了一个饰有金钉的漂亮酒杯，这是老人从自己家带来的。这个酒杯有四个把手双层底座，每个把手上都饰有一对似乎正在啄食的金鸽。酒杯中倒满酒后，其他人都要用力才能举起它，但是老涅斯托尔（Nestor）轻轻松松就拿起来了。具有女神风姿的年轻女士准备好普兰那（Pramneios）葡萄酒，又用铜锉锉一些羊酪，并撒上一层白面粉。准备好一切后，她恭请两位国王饮酒；美妙的饮料，消除了他们的焦渴，国王们充分享受他们的休息时间，开始愉快地交谈。[34]

荷马在《奥德赛》中同样提到了薄荷酒：喀耳刻（Circé）制成这种饮料来控制人类，把人类变成猪。荷马留给我们的配方表明，这是一种普兰那葡萄酒、大麦面粉、蜂蜜和山羊奶酪丝的混合物。其他具有喀耳刻魔力的香料则仍是秘密：可能是药草，或者像罂粟、大麻、麻黄之类的麻醉物。加上大麦面粉暗示这种饮料属于介于葡萄酒和啤酒之间的饮品。

薄荷酒一词在希腊文中的意思为"混合物、鸡尾酒"。这种饮料在古代并不少见。我们在众多达官贵人的墓葬中都能发现它的存在，从北欧到远东一概如此。达官显贵们带着数目庞大的薄荷酒奔赴墓穴外的"旅程"。希腊人添加的山羊奶酪丝也是一种发酵产品。这种习俗解开了在公元前1千纪的亚平宁半岛上希腊战士和国王的坟墓内出现青铜锉刀之谜，比如在来福卡迪（Lefkandi）就出土过这种工具。[35]这些锉刀应该是在葬礼上打开要喝的饮料时使用的。

薄荷酒用于厄琉息斯秘仪中，仪式过程中参加者能进入通灵状态。这种仪式在两千多年内不断举行[36]，但所用饮料的酿制秘密从未公开。得墨忒尔（Déméter）颂歌的不同版本中提到了大麦面粉、水以及罂粟。专家们认为颂歌中给出的配方只是个烟幕弹，是用来掩盖这种饮料的真正成分的，毫无疑问，其原料是提前准备好的，也就是发酵过的。[37]他们认为其原料应该和制作豪玛所用的植物相同：能够侵占大麦谷穗的麦角是主要原料，此外还有毒蝇伞，或其他类似唇萼薄荷、海水仙的植物。这两种植物在生育上的作用刚好对立，因为一种有助分娩，另一种用于流产，正好象征着生与死的对立。

根据神话传说，厄琉息斯秘仪首先是由女神得墨忒尔传授给人类的。冥王哈得斯绑架了得墨忒尔的女儿珀尔塞福涅，并与之成婚，使她成了冥后。绝望的得墨忒尔跑遍世界各地寻找自己的女儿。在此期间，万物停止生长。她化身为一位女乞丐，在厄琉息斯受到了热情招待，心怀感激的女神报答了她的恩人：她揭开了农业的秘密，教授他们农耕知识，赠给他们当时还无人知晓的谷物种子。得墨忒尔最终找到了珀尔塞福涅，但在那之前，珀尔塞福涅已经吃下了一颗石榴籽，由于吃了冥界食物的人无法回到地面，珀尔塞福涅也因此不能完全摆脱冥界。宙斯出面协调，最后的结果是珀尔塞福涅一年中有三分之二的时间（夏天，万物生长的季节）可以和母亲在地面上度过，剩下的时间（冬天的3个月，大自然沉睡的季节）则在地府陪伴哈得斯。这个神话也解释了人类赖以为生的植物，即谷物的来源。它阐释了生与死之间的关联：当时没有任何人能从地府归来，但是现在，从地府返回人间的方法出现了。如果我们认为谷物首先是用来酿造啤酒、面包或发酵粥的话，那我们就能明白，在古老文明中人们早已想到生死过程和发酵密切相关。对得墨忒尔的祭祀其实就是对农耕的崇拜。这种祭祀立足于播种、生长、收获和储藏种子地依序进行，这也是啤酒或葡萄酒的发酵顺序。啤酒和葡萄酒的发酵在秋季和春季之间进行，此时女神被认为在另一个世界。厄琉息斯秘仪的高潮是禁食9天后饮用薄荷酒，之后就是仪式的机密部分，参加者在此时被传授奥义。厄琉息斯秘仪中献祭给得墨忒尔的发酵饮料和献祭给狄俄尼索斯的葡萄酒遥相呼应，它是不是一种啤酒呢？这确有可能。喝了此种饮料的人被认为能和神祇的世界发生联系，死后也不会成为在冥间飘荡的没有力量的幽灵。"被传授了这些东西的凡人是多么幸运啊！没有被教授这些神圣的东西和没有参与其中的人不会享有类似的命运，即使死后，也只能待在浓重的黑暗中。"[38]

这里神灵的死亡和重生的原因与关于豪玛和索玛酒的神话内容重合，都和发酵饮料有关。这不仅是一种让人不死的饮料，其休眠和复苏的自然循环与四季轮回及植物枯荣相仿，它也由此成了能让人死后重生的饮料。

第三章　走下神坛成为民俗

> 从呱呱坠地到走向坟墓，我们的人生就这样被发酵食物设下了路标。

也许是发酵食物神圣而久远的神话传说让我们直至如今都对之表示出敬意。基督教中面包的神圣性同样强烈影响了尘世的习俗。一家之主在切面包之前要用刀尖在面包上画十字，这个常见的习惯不久之前还存在。面包永远不会被丢弃，也不能被浪费：剩下的面包可以用来煮汤，做成面包屑或西多士。① 以前我们不能用刀切面包，而要用手撕。让面包掉在地上是一种冒犯或亵渎；反放面包则会带来不幸。有些地方的人们认为想让母鸡生更多的蛋就必须给母鸡喂面包。现在还流传着一首儿歌："墙上站着一只母鸡，它正在啄食干面包。"让我们再来回想一下和面包有关的众多法国谚语和表达，它们显示了面包在文化方面的重要性：我们说"像没有面包的一天那样漫长"，而不是"没有肉的一天"或"没有蔬菜、糕点的一天"；我们用"先吃白面包再吃黑面包"来形容度过一段美好的时期后遇到了烦恼；"在袋子里或大衣底下吃面包"则用来借

---

① 西多士，法文为 pain perdu，全称为法兰西吐司，或称法国吐司，中国香港简称西多，是一种源自欧洲的面包食品，其出现可追溯至罗马帝国时期。西多士是在面包表面涂上蛋汁后，再用食用油煎至金黄色而成。依不同地区的喜好，会在其表面加上糖浆、牛油、鲜奶油，甚至配上水果食用。西多士可作为早餐或茶点食用。

指苍蒿；当事情做得不好结果不如预期时，我们感叹"进炉子时不成形，面包长了角"；当我们不想加入一家糟糕的企业时，可以用"不想吃那里的面包"来委婉表达；我们必须当心那些"承诺的黄油多过面包"的人；"借用炉子上还在烤的面包"则指未婚先孕；死亡则是简单的"对面包失去了兴趣"。

在跑遍5个大洲寻找各地的发酵特产时，我们注意到发酵产品和上述类型的谚语、习俗、信仰、迷信、魔术以及民俗色彩超过宗教色彩的仪式都有着密切联系。在集体无意识的情况下，这些仪式显示了发酵产品原型的重要性。发酵食物使人类行为具有神圣意义：人们通过祝酒或分享发酵饮料来向活着或死去的人致敬，也用此来庆祝值得高兴的事，如孩子的出生、生日、项目成立或宣布好消息。举行婚礼的时候，我们要组织招待酒会，而不是招待水会。体育赛事获得胜利时，人们开香槟庆祝。发酵产品在生活的各种场景中都会出现，也伴随着人生的不同阶段。此外，啤酒、葡萄酒和其他发酵食品也有着"年龄"的增长，如同人类的生命一样：

> 它们（发酵饮料）的生命难道不是从年轻时混乱的沸腾中开始的吗？（当然一定要有二氧化碳参与其中……）难道中间不是经过了平静的成熟期吗？（只要有足够的酸性来维持美貌……）难道最后不是在奇异的、矛盾的、可再生的腐烂中衰败吗？[1]

从呱呱坠地到走向坟墓，我们的人生就这样被发酵食物设下了路标。

从出生到坟墓

人类出生的庆祝活动通常在某种发酵食品的支持下展开。在肯尼亚和乌干达的新生儿起名仪式上，外婆要把孩子的手指浸在啤酒中。如果他吮吸手指吞下啤酒，就表明接受了名字。[2]我们再来回忆一下亨利四世的降生：他的祖父亨利·阿尔布雷（Henri d'Albret）用一瓣蒜和朱朗松葡萄酒沾上他的嘴唇，希望他强壮过人并远离疾病。在斯堪的纳维亚，人们用班索尔（barnsöl）来庆祝孩子的出生。这个词的意思是"出生时的啤酒"，说明从前的仪式以此饮料为主。[3]诞生的概念还出现在船只下水的仪式中：人们往船身上投掷香槟酒来打碎酒瓶，好使仪式顺利进行。船只第一次航行时用珍贵的发酵饮料来献祭，这种祝酒方式既不是最近才有的，也不是地区性的。越南高原上独木舟下水时也是采用这种方式：仪式进行中，一种叫日诺（rnom）的米酒被装在发酵罐中呈上，人们用麦管来饮用它。[4]在老挝，米酒流传很广，在进行任何渔猎活动之前，都要用它来献祭护船的神灵。[5]

划分一年四季的节庆活动通常和生育（诞生或重生）的概念有关。说到此处，我们不得不提到嘉年华甜甜圈：在欧洲，这种发酵程度最重的糕点伴随人们度过一年中庆祝万物复苏的时刻。复活节和圣枝主日①是基督教徒庆祝春分的节日，也是祭祀大地母亲和祈愿丰饶的节日。人们在这些节日品尝油腻的、滋补的、象征着富足的发酵蛋糕：复活节面包或奶油蛋糕，有时候点缀上摆成王冠形状或花边形状的彩蛋。波兰人在这一天吃婆婆蛋糕；而俄罗斯人则享

---

① 圣枝主日（Palm Sunday）也称棕枝主日，基督苦难主日（耶稣在本周被出卖、审判和处死），是圣周开始的标志。

用圆柱形大面包（koulitsch）；在匈牙利，教父和教母在复活节这天要给教子送烟囱蛋糕（kalacs）[6]；还是在匈牙利，订婚后出场的是一种叫作matlalacs的蛋糕，复活节过后人们将它放在年轻女子的盘子里。这是一种环形交叉的奶油蛋糕，样子像蝴蝶形的椒盐薄饼，象征着永恒。如果女孩吃了面包，就意味着她答应经常去未婚夫家。[7]在撒丁岛，过复活节时人们烹制一种名为lazarreddu的小面包，它代表摇篮中的拉撒路（Lazare）①。

法国利穆赞（Limousin）和夏朗德（Charente）的复活节风俗向我们清晰地展示了民俗怎样和丰饶生育息息相关。当地的人们在圣枝主日时赠送并品尝一种叫作考尔努（cornue）的奶油蛋糕，其形状为"Y"形，显然象征着男人的阴茎。这种蛋糕还有女性版，叫作考尔努艾尔（cornuelle），是一个中间穿孔的三角形——我们可以辨识出这是耻骨的形状，如同该地区壁画中描绘的维纳斯阴部形象一样。举个例子，朗格兰河畔昂格勒（Angles-sur-l'Anglin）的岩壁上就刻着可追溯至马格德林时期的此类维纳斯形象。这种形状猥琐的异教奶油蛋糕由烤饼用的面团做成，其配方被面包师们秘密保存，它们也因此染上了神秘的色彩。令人惊奇的是，在基督教仪式中也能找到它们的踪迹：它们被悬挂在圣枝主日的树枝上，在教堂中和树枝一起受到祝福。在象征着贞洁的教堂中，因为"Y"和三角形都有三个尖端，这种面包也含羞带怯地变成了三位一体。

这还不是全部：在同一地区同一时代，有一种用烫过的面团做的松糕（pine）。在放进炉子烤之前，人们要先把一块块的面团放到沸水中浸泡。它的形状比dozane蛋糕（dozane一词来源于圣枝主日赞美歌，指圣枝主日祷告时的欢呼声）更容易引人遐想。这种饰

---

① 拉撒路：《圣经·约翰福音》中的人物，他死去四天后，被耶稣从坟墓中唤醒而复活。

有花纹的奶油蛋糕在一端留有一孔,以方便悬挂。让我们来考察一下所有这些饮食和仪式实践在人类学上的持续时间:它们穿越了各个时代,在基督教扩张时期延续了下来,并抵制住了18世纪里摩日主教的教化。直到今天,它们在基督教的表面下仍保留着一看即知的原始意义。

发酵食物还经常在另一个重要时刻粉墨登场:婚礼。在韩国,新婚夫妻通过喝同一个杯子里的米酒来宣布成婚;在波美拉尼亚,宾客向年轻的夫妇呈上啤酒;芬兰的沃特贾克人(Wotjaks)在教堂喜结连理时,新婚夫妻都要饮用啤酒。[8]同样,在老挝的佛教婚礼中,仪式中包括了新郎、新娘共饮米酒,然后是参加者开怀畅饮。有时人们还会把米酒浇在新人身上和祭台上。之后人们陪伴新人到新房,大家用麦管共享一罐发酵米酒。[9]在中国,有一种用糯米酿造的酒叫作女儿红。根据绍兴的习俗,如果生了女儿,就要种上一棵树,在树下埋上一罐女儿红。女儿长大出嫁时,树用来做家具,酒则成为嫁妆,在婚宴上供宾客享用。韩式料理中有一种酱叫作明太鱼子酱,是一种盐渍海鲜酱。海鲜酱由鱼类和海鲜加盐发酵制成,这种酱则是由鳕鱼子加上辣椒,再像腌鳕鱼和鱼子酱一样进行发酵。鱼子本就象征着丰产繁殖,经过发酵后就更是如此。这道菜肴要么在婚宴上食用,要么被包裹在竹盒中作为礼物送给新娘。在格陵兰岛,婚礼上出场的则是腌海雀,人们将海雀密封在海豹皮中来制作这道菜肴。在黎巴嫩,面团也能传递神谕:新娘要用力向新家的门上扔亲自揉捏的面团。如果面团在她步入新家时没能粘在门上,则很不吉利。在阿拉伯国家,人们在建房子时会把一部分酵母藏在地基中,以期房主财源滚滚,子孙满堂。在阿尔及利亚东部塞蒂夫旁的高原上,新娘进入新家时,人们会在她的掌心放上一团发酵黄油或非洲臭黄油(smen)。新娘要把非洲臭黄油抹在墙

面包舞（布班书店出版的明信片，莫尔塔涅，邮寄于 1912 年）

在旺代地区的婚礼中，面包舞直到 20 世纪初都是婚礼的高潮。该舞蹈代表着面包精工细作的习俗，象征着繁殖力的面包在希腊和欧洲被用来献给新娘。巨大的面包在做弥撒时受到祝福，在举行仪式集会时出场：强壮的男性用手抬或用头顶放满面包的支架，边走边舞。旺代面包直至如今仍是该省的特色食品

上，她用这个动作来确保家庭的财富和繁荣。很多阿拉伯传统菜肴都要用到非洲臭黄油，新娘以此来表示她对做一大家子的饭菜之类的辛苦劳作毫不畏惧。[10]在塔吉克斯坦，当一位女性结婚时，其他女性要一起揉捏装饰丰富的面包，然后在传统的方桌火盆上烘烤。在地中海沿岸、巴尔干半岛各国以及中欧地区，人们也要为婚礼烹制精工细作的面包。面包有时做成生命之树的形状，并装饰上阴茎花纹。在希腊，面包要被揉捏7次，人们只吃受过祝福的面包。有时候，这些面包还会在弥撒时被放上祭坛。人们通过仪式集会来呈现这些面包：强壮的男性用手抬或用头顶放满面包的支架，边走边舞。旺代人在过去的几个世纪中就是这样来推出婚礼面包的，现在这项活动已成为民俗。[11]

从象征意义上来说，发酵饮料是生命的载体。从旧石器时代起，人们就会在球形墓穴的四个角落放上发酵饮料。在中国、埃及、苏美尔、高加索、中亚、北欧，墓穴内一概藏有大量的啤酒或葡萄酒供死者带往冥界。在埃及的阿比多斯（Abydos）发现的蝎子王古墓可追溯至公元前4千纪，其墓葬内藏有700多罐从巴勒斯坦进口的葡萄酒，总体积超过4500升。[12]冥界拿什么来装这些酒啊！

人们在葬礼的聚餐上也会饮用发酵饮料。在科尔迪翁（Cordion）发现的可上溯至公元前750年的所谓"米达斯王"的墓室中，四散着一大套青铜酒具，其中的157件酒器，包括酒桶、酒壶、酒碗、无脚杯，都曾被用于葬礼上的宴饮。酒碗中残留的厚厚的呈淡黄色的残渣说明饮用的发酵饮料含有蜂蜜、大麦和葡萄等成分。[13]由此可见，在告别逝者的最后一餐上，人们喝得又多又好。

葬礼上饮用发酵饮料的习俗从未消失。在亚洲，越南的埃地族和嘉莱族在举行葬礼时，人们要为死者准备一罐米酒，用麦管吸取，再浇在死者身上，紧接着是家庭成员按照严格的顺序轮番喝酒。[14]在非洲，流行用小米酿的酒洒在死者身上来祭祀，[15]或者把酒浇在坟墓或墓葬建筑上，然后再在上面打碎酒罐。[16]在欧洲，类似的习俗也曾经风行，至今也未真正停止。德国汉诺威地区的习俗是在封闭墓穴前把酒淋在死者的头部、胸部以及脚上。在俄罗斯，人们边唱歌边把酒洒向坟墓。在拉脱维亚，人们在墓穴上洒上点酒。在普鲁士，人们会在墓穴中放上一个装满酒的酒壶。[17]在马其顿，第一次世界大战后，东正教神父在举行埋葬仪式时手拿酒壶，把酒浇在坟墓上，然后在十字镐或铁锹上敲碎酒壶，把所有的东西都随死者的遗体安葬。[18]

这些祭祀仪式在死者的某些纪念日需要重复进行，随之而来的就是在坟墓旁进餐，食物是面包和葡萄酒。欧洲有吃死者面包的习俗，但也有某些地方失去了这种传统。在东普鲁士，人们在最后一个空酒桶上打两个孔，放上一小块面包和一杯啤酒来安慰死者的灵魂。[19]在比利时的阿登高地，埋葬仪式后参与者一起分享一种王冠形状的面包。在加泰罗尼亚，每个人在葬礼后都要带一个面包回家，享用之前必须祷告。在中亚各国，面包被挂在枢车上，丧礼结束后由家人和邻居分食。在上阿迪杰的阿尔卑斯山区，葬礼聚餐时要吃一种叫文市高尔·帕尔（vinschger paarl）的传统面包，这种面包两两相连形成"8"字，象征着永恒。只有在葬礼聚餐时，面包的两个部分才会被分开，分离暗示着死亡。在东正教国家，死者入土那天以及某些纪念日，人们要在墓地进餐，吃一种由小麦粒和大麦粒做成的名为科利瓦（coliva）的粥，喝红葡萄酒。[20]整个服丧期都要献祭面包，面包能将尸体变成亡灵，然后变成祖先。从死亡突然到来的那天起，人们就要在尸体头上撕碎热腾腾的无酵面饼：面包上溢出的蒸汽被认为能帮助灵魂逃离躯体。死者的嘴巴内还要放上一片受过复活节祝福的面包。入土仪式举行时，人们要支起一张

撒丁岛特乌拉达（Tuerredda）地区的面包制作场景

按照传统，一般是女人们负责制作发酵食物，如面包和啤酒。最近，这种传统在西方已经发生了改变，现在更多是由男性充当面包师和酿酒师。然而在地中海沿岸，这种女性传统仍然根深蒂固。在撒丁岛，女人们团体作业，根据祖传秘方揉捏面团烤制面包。撒丁岛面包非常特别并极易辨认，其形状多变，和一年四季以及生命过程中的各个节庆相呼应

桌子来放置作为祭品的葡萄酒和受过祝福的面包。葡萄酒也要被洒在坟墓上。死者死后40天、1年和7年都要举行同样的仪式。[21]在西班牙的亡灵节，人们会在墓地内设置祭坛，放上面包和葡萄酒。在墨西哥，该节日混合了哥伦布发现新大陆之前的宗教和基督教的习俗：人们在墓穴旁敬献（和饮用）美酒，食用死者面包，即一种装饰了红糖的圆形面包，红糖象征着鲜血。在科西嘉，人们在这一天也吃死者面包。所有这些仪式上的祭品都会让人不由自主地想起新石器时代墓穴中放置的面包。[22]

我们不由得思忖：为什么世界各地的发酵食物和发酵饮料都和生命的永存有关呢？用烧煮方式进行的烹饪，其实就是用火加工食物的过程，食物因此变得毫无生气。烧煮能消毒，但也杀死了食物。发酵则刚好相反，它使食物生机勃勃。因此，发酵和贯穿生命的各个阶段都息息相关：订婚、结婚、出生、成年和葬礼。巴斯德曾从科学角度对此做出了说明：所有的发酵过程，无论是何种发酵，都是让生命参与其中的过程，也就是微生物改变食物的过程。几千年前的人类凭直觉明白了这一点，从而将发酵食物视作出生—死亡—重生之循环的象征。这种循环在过去的时间内不断持续，既呈线性又往复出现。正在发酵的食物成了独立的个体，按自己的方式存在，随着时间慢慢发生改变，就如同鲜活的生命一样，最后归于死亡：可能是被吃掉——这种情况下，它参与了进食者的生命历程；可能走向另一个极端，最终腐烂——这个星球上所有的生命概莫能外。

食物的酿造

在传统社会，女性是延续生命的保证和照看孩子的不二人选：

发酵这项任务通常"自然而然"就落在了她们肩上。在圭亚那的瓦亚纳人中流传着一种说法，据说为了喝到木薯啤酒卡西利，造物主只创造了女性。在厄瓜多尔，人们则认为是大地母亲努努伊（Nunui）将用唾液接种啤酒的知识传授给了女人，从母亲到女儿代代相传。同样，在非洲、美洲、东南亚南部和远东地区，啤酒都只由女性酿造，就像以前的埃及和苏美尔一样。在公元前2千纪的美索不达米亚，"酒馆老板之家"是苏美尔社会真正的学校：女人们在这儿兜售多余的家酿啤酒。[23]

在越南，女人们按照从母亲到女儿代代相传的配方制作酵母。[24] 在日耳曼也是如此，酿造啤酒直到19世纪在家庭内都还是女人的活。芬兰民族史诗《卡勒瓦拉》（Kalevala）提到是一位女性啤酒商酿造了第一桶啤酒。男性酿造啤酒甚至被认为非常失礼：男人酿造啤酒就像男人拿起纺锤纺线一样让人难以想象。隐修院中情况相同，更多是由修女而不是修士来酿酒。直到15世纪，"职业"啤酒酿造者中女性仍然比男性多。[25]同样的现象也发生在西欧的农业国：奶酪按照传统由女性制作，因为女性和奶有所联系；而种植和畜牧则由男性负责。在黎巴嫩与地中海南部和西部接壤的所有国家以及中亚，面包这种神圣的食物由女性负责制作，妇女是食物的守护者和大总管。发酵和烧煮过程中膨胀的面包让人想起产妇的大肚子，因此，烘制面包的过程就相当于分娩过程。罗马有一种叫作placenta（胎盘）的面包，含有奶酪和蜂蜜，散发月桂树叶清香。它在罗马尼亚的名字叫作placinta（馅饼）。在希腊，女人们将酵母借来借去，但绝不会从不孕不育的邻居那儿借。同样，人们也绝不会将制作葬礼面包的酵母用来发酵日常食用的面包。[26]

法国的面包业现在主要是男人的天下，这和地中海国家显然不同。法语中关于面包的词汇有很多具体性含义，例如圆形大面包（屁股）、花式面包（私生子）、接吻面包（两片面包在炉子中粘在一起）和面包发酵时使用的布头（尿布）。我们会说"给面团接种"，并用长长的"阴茎铲"把面包放入象征着女性生殖器的炉嘴中。啤酒发酵时，我们也要谈到"授精"。麦粒变成甜甜的麦芽汁，啤酒酿造师要用保存在"蛋"中的酵母来接种发酵。这其实是一种通过压缩空气来将酵母混入麦芽汁的机器。蛋的形状能承受发酵时产生的高压。蛋象征着重生，某些手工啤酒酿造师直到今天仍然拥有这种鸡蛋形状的机器，被用来放入麦芽汁中提纯液体。制作天然发酵的传统啤酒［如比利时贵兹（gueuze）啤酒或兰比克（lambic）啤酒］时，麦芽汁被露天置于平底酒桶中，在空气中微生物的作用下，自发的接种悄无声息地进行。[27]在巴斯德揭秘之前，人们认为这是"天赐种子"。

根据某些威尔士、芬兰和爱沙尼亚的神话中流传的说法，第一罐啤酒是用发狂野猪的唾液接种发酵的。[28]在北欧的神话传说中，野猪是一种象征丰饶多产的动物。在越南，箭猪有着相同的功能。越南人认为箭猪用自己的肚子酿造了最初的啤酒，并把酿造方法教给了人类，或者说是女人。[29]在埃塞俄比亚有一种用于宗教集会的咖啡壶，它有一个或两个形状特殊、被称为"奶头"的壶嘴。[30]咖啡从壶中倒出的场景看起来就像是奶水从母亲的乳房中流出一样。

虽然发酵的起源有其神圣性，但无论如何，发酵的过程都充满了偶然性和神秘性。发酵本身就涵盖了生命的所有复杂之处，受到各种已知和未知的因素影响，充满了问题、疾病、风险和谜题。当人们努力重现发酵过程、致力于寻找自发进行且有效的发酵方法时，得到神灵护佑、不以任何方式冒犯神灵就显得非常必要。人们甚至还要阻止可能出现的恶灵来此闲逛，以避免它们打断发酵过程。由于这个原因，直到19世纪末，梅克伦堡州的新婚夫妻在进入他们的新家之前都要进行祷告:"我们的主啊,当我酿酒时,请保佑我的啤酒,当我揉面时,请保佑我的面包。"[31]新娘最担心的是能否成功酿造啤酒和做成面包。萨莱(Salers)的康塔尔(cantal)干酪接种发酵时,在其制作室中同样伴随着赐福祈祷。制作者分配好凝乳酶,在倒入牛奶中时进行祷告并画十字。在撒丁岛,在分配揉好发酵好的面包之前,也需要在上面用刀画个十字。制作面包时,我们要非常注意自己的言行。比如,在正在发酵的面团周围,我们不能发出任何声音,就像在新生儿的摇篮旁一样。在另外一些国家,人们要遵守一些严格的程序来表达对发酵物的敬意,以及对其将成之物的恐惧。这种程序在简单的烹饪中并不存在。在黎巴嫩,女人们在开始揉面制作面包之前必须沐浴更衣。如果例假来临,她们绝对不能揉面。在韩国,在家中制作味噌和酱油时,有千百样注意事项。虎日或兔日是吉日,酿造工作可以开始;女主人必须深居简出,避免碰到恶灵,也不能看到不吉的东西。此外,女主人还必须端正言行,洁身自好,比如不能虐待狗,不能有性生活。在制作工作开始那天,人们必须仔细清洗身体,并向神灵祷告,尤其是向生活在家庭后院的培育之神(chol-lung)祈求保佑。后院正是存放酱缸的地方,储存发酵食物的罐子都放置于此,由培育之神负责照看。在整个发酵过程中,要严格采取预防措施:不能让参加过葬礼的人或刚刚分娩的产妇靠近酱缸。死亡和新生命的降临,两者都是状态的改变,和同为状态改变的发酵过程相冲。这些仪式有很多已经消失,但古老的萨满教礼仪还在焕发生机——在酱缸周围绕一条绳子,绳子上塞进各种祈福物:一些红辣椒,其颜色被认为能吓到恶灵;一块具有净化作用的木炭;一根松树枝,在萨满教中是能令人痊愈的"芳香植物";一只传统样式的白色袜子,袜子被反过来放置,以便捕捉不受欢迎的魂灵,好让它们来了就走不掉。以前挂在酱缸上的是真袜子，现在被糊在酱缸壁上的纸袜代替了。绕在酱缸上的绳子能防止恶灵进入缸中破坏发酵过程，使发酵失败。

具有祝祷意义的打结的线或绳在东南亚地区也一再出现。绳子能维护生命的完整：里面的一切完好无损，外部的不良影响以及恶灵无法渗透进去。这是奇怪的迷信，还是出于无知？这可不一定。在讲究科学的时代，我们发现辣椒、松枝、木炭都具有防腐作用。反放或粘在缸上的白袜能将光线反射到阴影中，不受欢迎的小昆虫和黑暗的爱好者就只能到别的地方去筑巢安家。

在中国，6世纪有一部叫作《齐民要术》的著作，详细描述了制造发酵食物的步骤。该书目录中列举的40多种酒类都需要预先制作由各种谷物如黍、小麦、大麦、稻米酿出的"曲"。曲分成两类："神曲"和"笨曲"，具有不同的发酵能力。制作"曲"需要一系列富含技巧的步骤，从选择谷物到烹煮、研磨和挑选的方式，一概如是。书中还对原材料的清洁度和质量做了介绍。但是酿造过程中还是有很多纯属仪式性的步骤：

> 七月取中寅日，使童子着青衣，日未出时，面向杀地，汲水二十斛。勿令人泼水，水长亦可泻却，莫令人用。其和曲之时，面向杀地和之，令使绝强。[32]

然后曲饼被按照特别的顺序放置于地，分为"曲人"和"曲王"。

> 布讫，使主人家一人为主，莫令奴客为主。与"王"酒脯之法：湿"曲王"手中为碗，碗中盛酒、脯、汤饼。主人三遍

读文,各再拜。³³

关于酿酒地点的布局和洁净度也有所规定:"屋用草屋,勿使瓦屋。地须净扫,不得秽恶;勿令湿。"

同一本书中还讲述了酱的制作方法。发酵而成的酱类是中式烹饪的中坚力量,可用肉、鱼、甲壳类动物或者榆钱、黄豆之类的植物为原材料,制作时都需要提前预备且谨慎小心。比如制作黄豆酱,最吉利的时间在农历前一年的腊月和下一年的三月之间。制作过程中最关键的时刻,搅拌时需要将黄豆酱面朝一特别的方位,以避免生蛆。酿造醋和蜜酒也都是如此:开始或结束的日期非常重要,汲水和翻搅的日子同样如此。

特别值得一提的是,妊娠女子必须远离发酵地点。因为她孕育的生命也被认为是一种酵母,会和缸中的酵母产生竞争。但是即使偶有失误,发酵的魔法也并非无法挽回。书中给出了挽救的办法:在酱缸中放入白叶棘子,或在醋瓮中放入一把车辙中的干土。³⁴

在西方国家,类似的迷信在21世纪仍被奉行。有例假在身的女子不能靠近腌制肉类的腌肉缸,也不能走近酿造啤酒的酒桶,更不能进入酿造葡萄酒的酒库。³⁵这些禁忌的产生并不是因为人们害怕的"不洁",而是因为在例假期间,女性不能孕育生命,可能会危害发酵过程中的生命孕育活动。对于发酵,暴风雨同样是个不利的因素,酿酒师和面包师都害怕它。暴风雨会打破气压、湿度以及气候的平衡,并产生热风效应等,进而影响发酵,打破发酵过程中各种营养物质的平衡,而在发酵过程中,时间的连续性是至关重要的。

时间是一种真正的原料,它使得发酵过程能够进行并达到最终目标,尤其是当目标是产品的长期保存时。新鲜状态的牛奶无法保存超过24小时或48小时，转化为奶酪后却能拥有好几年的寿命。很多其他发酵食物的情况也是如此。对于发酵食物的制作以及成熟、炼制，时间至关重要。这是一个既漫长又活跃的过程，且无法缩短，否则就会遭遇失败或失去食品中味觉的丰富性。通常导致腐烂和死亡的时间，在发酵过程中却延长了食物的生命。此时，时间不再导致衰老或毁灭，而是成熟，无论如何，它改善了食物质量。发酵是一种能让无法接受的事物——衰老——变得可以接受的方式；发酵也能让人类和自身最大的恐惧——时间的流逝——和解。

时间的另一面在发酵中表现为记忆。发酵是历史和现代文明的一部分，它从蒙昧时代走到我们面前时，仍然完好无损。发酵确实是象征性的，但也是具体的。以前机密的"配方"、操作的技巧、发酵的方法在师徒间口口相传。过去的面包师认真培养代代相传的酵母，有些老酵母甚至存在了好几个世纪。克非尔奶酒的酵种同样也流传了很多代；每个培养酵种的人都是从朋友或熟人那里得来的，朋友也是从朋友那里得来……酵种从高加索的一位牧羊人那里流传至今，已经有三千年。在韩国有个寻找和培养"母"酱油的项目：研究从古老的酱缸残渣中提取出的酵母的基因组。[36]其目的是找到并保存人们认为独一无二、珍贵无比的遗产。

人们不会为一份平常的食物采取上文所述的预防措施。在你吃沙拉、烤肉、炖粥时，没有任何迷信仪式；勃艮第炖牛肉、烤鸭、梅尔巴桃子（pêche melba）的成功秘诀中也不包含祈祷；简单的烹饪不需要仪式就能做到。与此相反，一旦发酵介入其中，情况就不同了。我们通过菜谱、产品和传统来保持一个地方的美食遗产，但发酵食物不在此列。发酵食物代表着旧石器时代以来人类关于美食记忆的顶峰，象征着食物制作的极致，从寓意上来说使我们无限地接近永恒。

第四章　好客和共餐

人类都会拿最好的食物招待客人。

发酵食物首先是团体性的，它能促进交流和社交。

在我们这个时代，"慕尼黑啤酒节"每年都使数不胜数的游客蜂拥而至；法国"新酒"节和"酸菜"节紧随其后；在荷兰，第一批腌鲱鱼桶出关时，同样也举行庆祝活动；壮观的斯堪的纳维亚鲱鱼罐头派对举行期间，人们用大型泵来打开装满发酵鲱鱼的盒子；爱尔兰人准备咸牛肉罐头来庆祝圣帕特里克节；在苏格兰，庆祝罗伯特·彭斯节则需要哈吉斯（肉馅羊肚），这些日子里几乎都有庆典；在圣诞大餐中专门食用腌鲻鱼子和鱼子酱，具有同样的象征意义。

社交美食

撒哈拉沙漠中的阿杰尔高原发现了源自新石器时代的岩画，画中呈现了众多用麦管共饮一罐酒的场景。这些岩画的出现可追溯至公元前3千纪撒哈拉沙漠形成之前。我们无法知道画中的饮料是何种成分：它可能含有蜜酒、小米啤酒、蟋蟀草或其他谷物，也可能是棕榈酒或椰枣酒，或者干脆就是发酵牛奶；相反，我们明确知道的是，在同一时期苏美尔人用同样的管子一起喝啤酒。

古代的啤酒不像现代的过滤啤酒一样清澈透明。不管采用了何种酿造方法，都会有固体残渣、杂质、谷物外壳、酵母沉淀在容器底部或漂浮在液体中。在伊朗戈丁丘遗址（Godin tepe）中，人们发现酒罐内部有划出的沟槽，因重力作用沉积下来的渣滓会被沟槽阻挡。因为液体表面还漂浮着一些渣滓，在把酒倒入杯中时，无法将杂质分离出来。因此，最好的饮酒工具是长管子，一般都是用麦管。在古美索不达米亚、埃及、色雷斯、弗里吉亚、凯尔特，啤酒就是这样被畅饮的。[1]在21世纪的中国南方及西藏地区、柬埔寨丛林、越南和非洲，人们还在用这种办法喝酒。

可追溯至公元前3千纪的无数苏美尔圆柱形图章都呈现了坐在大酒罐两侧的男女用长管子喝酒的场景。埃及的阿马纳遗址中，有一块阿赫那顿法老时期（公元前1350年）[2]的石碑也描绘了同样的场景。经考古发现，中东的乌尔遗址中也找到了呈直角弯曲的铜银制长管，并镶有青金石，饰有一根镀金芦苇。叙利亚的多个遗址中也挖掘出了不同类型的麦管。[3]在这些场景中，里面的饮料总是被人们共饮。根据各大洲的传统，人们永远不会独自一人享用发酵饮料。

考古学家在欧洲、亚洲和美洲发现的史前饮酒器皿尽显奢华，说明从远古时代起，饮酒的社会规范就已经存在了。传统的饮酒器从公元前4千纪中期开始，一个由大酒瓮、酒壶和酒碗组成的饮酒器传统就深深扎根于巴登文化，之后在公元前4千纪至公元前3千纪，"漏斗酒壶"将其从中欧延伸到了斯堪的纳维亚、大不列颠和伊比利亚半岛。曾遍布欧洲并留下了如卡尔纳克巨石和巨石阵之类建筑的神秘文明，同时还留下了为数众多的饮酒器皿，尽管后者不太为人所知，这些器皿被放置于墓穴中，应该是向死者告别祝酒时使用的。德国和丹麦的煤矿工人也发掘出了很多神奇的饮酒器皿，其中有的非常珍贵，饰有大量的金银。

这些器皿不是墓穴陪葬，也就是说发酵饮料并不仅仅用于葬礼。考古学家认为在这些地方曾举行仪式或进行集会，最后的仪式就是将饮酒器皿埋入土中。[4]此外，塔西佗、尤利乌斯·恺撒和圣·科伦巴都描述了日耳曼人和凯尔特人集会时的场景：人们聚集在盛着古高卢啤酒的大锅旁边，装满酒的牛角杯在一只只手中传递，象征着理解和共生。[5]祝酒是一种文化行为，旨在促进饮酒者之间的和谐共处。举起一杯发酵饮料进行祝酒的习俗象征着共生，该习俗发源于将发酵饮料神圣化的时代，当时人们在一起饮酒前要先将酒献祭给神祇或祖先。[6]

在凯尔特人中，分享蜜酒这种君王的饮料能在战前加强团体精神，也能用于战后庆祝胜利。在《阿内林之书》(*The Book of Aneurin*)的记叙中，战前饮用蜜酒能获得勇气。战后，装在牛角杯或金杯中被大量供应的蜜酒是对英雄们至高无上的奖赏："从未有一个大厅爆发过这样的欢呼，你的杀戮如此有力，范围如此之广。你配得上你的蜜酒，"火之印记"(fire-brand)莫里恩。"[7]青铜时代的日耳曼人则认为，战士们在举行仪式时分享发酵饮料能保证军队的团结，加强对首领的向心力。[8]

希腊人的饮酒方式和后来的日耳曼人及凯尔特人相同，而腓尼基人早在他们之前就是如此了。值得注意的是流传下来的共饮的规矩、习俗和方式，而不是随着地点和时代变化的饮料本身。对饮料残渣的分析证实北欧人喝的是蜜酒和啤酒，但他们的饮酒方式和喝葡萄酒的地区没什么两样。

在哥伦布大发现之前的美洲，用来喝玉米啤酒的器皿不会让当时的希腊人和中国人心生羡慕。包括沉析壶、酒罐、有柄酒壶、形式多样装饰奢华的平底大口杯在内的全套器皿如今都陈列在博物馆中。[9]在玛雅遗迹的饮酒器皿中，我们找到了残留有可可粉的酒壶，从公元前2千纪到西班牙人来到美洲，各个年代都能找到它们的踪迹。玛雅遗迹中还有一种茶壶，被18世纪的西班牙的巧克力壶全盘复制。玛雅人用来装巧克力饮料的其他酒壶形状也很奇特，壶嘴朝内，无法将液体从壶嘴朝外倒出。这其实是一种特别装置，通过壶嘴往里吹气就能产生大量气泡。西班牙有文献描述过，尤卡坦半岛的印第安人在节日里用可可和玉米制作美味的起泡饮料，由此可知，这些印第安人其实纯粹是在简单重现他们的玛雅祖先三千年前用奇怪的酒壶制作饮料的过程。[10]

和发酵食物有关习俗的持久性令人叹服：同样的仪式在墨西哥大地上不间断地重复了三千五百年，之后跟随胜利的西班牙人流传到了欧洲。

群体共饮的习俗不仅古老，且在各个民族都根深蒂固并源远流长。中国最古老的文献记载了在商周时期（公元前2千纪）有一种围绕发酵饮料的系统仪式。考古发现证实当时用来酿酒、存酒或饮酒的器具都异常精美。[11]

这种习俗很难甚至无法消除；直至如今，它仍然在全世界焕发着勃勃生机。肯尼亚和乌干达的伊泰索族（Iteso）人聚集在主人的房子里喝啤酒，他们分男女在酒罐周边围坐成两个同心圆，就座次序严格参照个人在家庭和社会中的重要性。每个圆内的成员各自分享麦管，群体内的新联盟和新协议就是这样形成的。由此可见，发酵饮料在社会的演变和形态中起到了积极作用。

中国台湾的卑南人只有在盛大的场合才会饮用糯米酒，比如狩猎归来或冬至夏至。同样，越南的墨侬族和芒族人也只有在祭祀神灵或招待外宾时才会打开米酒罐的盖子。在这些团体中，不是为了宗教活动或招待客人而私自打开酒罐，是不可思议的事情。泰国的马来人每年举行一次"首领宴会"，参加者仅限于精英人士，宴会期间,棕榈酒被装在半个掏空的椰子壳中轮番传递。[12]除此之外,他们一年中任何时候都不能喝这种酒。在拉达克(Ladakh)地区,青稞酒(chang)被用来款待宾客;此外,它在大部分非宗教节庆活动和喇嘛教祝酒仪式中都占有一席之地。在厄瓜多尔的安第斯山脉,科塔卡奇火山的山坡上,当地的印第安人酿造出了3种玉米酒,其中两种都对社会有着影响:最有价值的玉米酒被社群中最富有的人用来款待显要;另外一种则是劳动人民庆祝共同劳动的明加节(minga)①的传统饮料。[13]

当然还有很多其他例子可供选择,在此我们仅举法国周边的一个例子:在以日内瓦为中心,包括萨瓦、安省、多菲内和沃州在内的地区,为了宴客人们在家自制发酵饮料。这种名为"羊奶酒"(chèvre)的酒类完全没有商业用途。它的酿造开始于秋季苹果丰收的时刻;按照传统,压榨出的新鲜苹果汁被存入用厚木板制成的以铁丝紧箍的酒桶内,因为只有这种酒桶才能抵抗强大的压力——现在人们使用的则是装有开关的不锈钢酒桶。酒的配方在不同的地区和家庭之间有所变化。甜甜的苹果汁,有时是葡萄汁,其中加入香草或马尔白兰地(marc)、樱桃酒等烈酒。为了使果汁发酵,人们加入米粉或一些大麦粒,让酒桶密闭发酵。第一次品尝该酒一般在圣诞节前后,且必须一出酒桶就马上饮用。人们只需要打开开关,让轻盈的如羊奶般的白色泡沫喷入酒杯中,泡沫很快消散,美酒呈现出来。这种酒只能在冬季和初春于酒窖中饮用,当然要在人们欢聚一堂的节庆日。

极北地区的人们没有含酒精的发酵饮料,共餐的社会习俗落

---

① 明加节:南美洲的印第安人在集体劳动比如农业收获、公共建筑的建造、搬迁之后,聚在一起度过的一个节日,至今在秘鲁、厄瓜多尔和玻利维亚仍特别受欢迎。

实到了发酵的肉类身上。Migiaq、qiitsiaq和ilivitssit这几个词指的都是变质的野味,同时也是"公共宴会"的代名词。在当地昏暗漫长的冬季,食用这种肉类真像过节一般,一般由家人共享或款待路过的外宾。在如今的格陵兰岛,过节时呈上此类传统菜肴会让老人们特别高兴。意大利人在圣诞节时会一起品尝爆汤香肠(salama di sugo);在挪威和芬兰,人们于12月9日圣安娜节开始制作碱渍鱼,以便12月24日这道佳肴能够准备就绪以供享用;在切塔拉,绝对不能错过圣诞节晚餐的凤尾鱼鱼露(colatura)。这些菜肴的享用都属于团体共餐的范畴。

待客美食

我们都会把最好的食物拿来招待客人:在任何人类社会,好客的准则都一般无二。发酵食物,尤其是诱人的酒精饮料,总是被献出以飨来客。美酒能给主人增光添彩。在不同的情况下,拿出美酒款待宾客一方面能巩固友谊、缔结联盟,另一方面能给外宾和臣民留下深刻印象。

在亚马孙平原生活的瓦亚纳人和瓦亚比人中,共饮的艺术达到了顶峰。他们在举行祭神仪式时极端好客。这些族群会酿造多种以苦木薯为原料的啤酒,对啤酒不同产区的认识也很充分。[14]这些饮料有个通用名叫卡西利,在社会中有很大影响,在起源神话和某些社交仪式中也都有着非凡的地位。下列场合卡西利都会被大量供应:传授奥义的仪式、庆祝一项集体工作结束的庆典、建造新独木舟或向宾客致敬。这种营养丰富令人愉悦的饮料汩汩流出,让从老到幼的所有参与者都欢欣鼓舞。

当村庄有访客到来时,村民会请求来访者停留至少三四天。这正是妇女们酿造几罐卡西利所需的时间。村庄的日常生活似乎因此停止。所有人，甚至是酿完酒的妇女们，都从日常劳作中解脱出来，聚集在一起喝酒取乐，向来访者致敬。这几天充满欢乐，人们温柔交谈，享受摇晃吊床的悠闲时光。来访者如果在喝完最后一瓢（每瓢2升）酒前告辞的话，会被认为非常失礼。我们永远不能拒绝任何一瓢啤酒，否则就是严重冒犯了敬酒者的尊严，即使你已经喝到第十瓢了。我们必须把装酒的容器放回敬酒者的手中。所有人都要大口吐出酒，包括最年幼者在内。喝得多吐得多的人会感觉到目眩神迷，听到人们赞赏的欢呼声。在当地的文化中，独自饮酒或以酒佐餐都是极端失礼的行为。[15]

用于待客的发酵饮料并不限于美酒。在很多团体，包括我们的社会中，茶或咖啡这种不含酒精的发酵饮料同样是按照一定的礼节来招待客人的饮料。18世纪贝德福德（Bedford）公爵夫人在英国开创的下午茶风尚席卷了整个欧洲，一路传到俄罗斯帝国，演变成了围坐在茶炊旁喝茶。在日本，茶更是被万分小心、极其讲究地对待。咖啡从诞生之初就是阿拉伯人用来待客的饮料。伊斯兰教禁止饮酒的戒律促进了它的飞速发展。对于贝都因人来说，喝咖啡是一种在帐篷下进行的真正的仪式，其过程从在火炭上烘烤咖啡豆开始。家里的长子负责端上咖啡，从左往右把在座者的杯子斟满。拒绝第一杯咖啡是极端不礼貌的行为。同样，接过咖啡却不喝也会让长子的连续服务中断。我们必须在咖啡被端上来时就喝掉它，如果想要第二杯需立刻将空杯子还回去。如果喝够了，则要摇晃杯子或递回杯子，但是只有在喝完第二杯或第三杯后才能做此动作，杯子冲洗后将被用来给其他宾客上咖啡。在埃塞俄比亚，待客的礼节也包括献上咖啡，实际是三道咖啡。根据客人的重要性来决定上咖啡的顺序，同时伴随着礼貌用语和祝福的话。这种礼仪如今仍然存在，它使咖啡具有了能让社会和谐的功能，并促进了殷勤好客习俗的形成。[16]

在蒙古地区，献上发酵牛奶是欢迎来客的标志。夏季是蒙古人社交活动的高峰，家人、邻居、朋友间互相拜访，聚在一起谈论新闻、闲聊、玩耍或喝马奶酒。和啤酒一样，发酵的马奶既是食物又是饮料：其丰富的营养物质使之成为唯一不会引起营养缺乏的食物。这种饱含生命能量的神圣饮料因此被用来招待宾客，待客的礼仪一成不变，社交惯例也一定要遵守。在品尝过奶茶和淋了奶油的奶酪后（注意这些都是发酵食品），一只公用的银箍木碗或瓷碗装着马奶酒被端上来，其容积从半升到几升不等。男客一定要喝很多来显示自己的男子气概。女人们也要参与，但不强制。她们只需接过递来的碗，将嘴唇浸湿。碗在按顺时针的方向被递给下一个人之前，男主人会在碗中再添上一勺马奶酒。碗被捧在掌心举到高处，这个动作至少要重复3次。拒绝酒碗是不礼貌的，这是让自己边缘化的行为。每次捧碗时都要伴随着吟诵或祝福，夏季时一个个帐篷挨个儿拜访的访客必须懂得很多抒情诗才行。[17]我们永远不能将碗中的酒一饮而尽，一定要在碗底给下一位饮酒者留一点酒。

伴随着这种敬酒，一种馈赠和反馈赠的系统开始生效，它和马奶酒蕴含的生命能量息息相关：今天能向人敬上马奶酒，说明家庭繁荣昌盛。其他人欣赏这一点，在未来就能带来机遇。明天，我们要去亲戚家喝酒：慷慨和互助的链条在整个夏季运转，人们为此付出的劳作堪称一年之最。

在酒罐、双耳瓮或小酒锅、酒杯、酒碗或酒葫芦前按某种地理方向或社会等级高低围坐成一圈的人们，说着话，唱着歌，进行祷告或讲故事⋯⋯世界各地此类礼节的相似程度之高令人吃惊。共饮确实是一种能让个体融入集体的社会行为。

教养与分寸

当人们举行饮酒盛会时,需要严守教养遵守礼仪。在非洲,打喷嚏时必须把麦管从酒罐中抽回,也绝不能往酒罐内吹气。我们甚至不能用左手拿麦管,也不能直接朝酒罐内张望。已婚男士不能和岳母分享麦管,已婚女士也不能和公公共用。

在古希腊,人们在就餐时不能饮酒,而在餐后的会饮(symposion)中却能开怀畅饮,希腊人的会饮也就是罗马人的聚餐(convivium)。人们积极参与其中多是为了倾听歌者动人的歌唱,同时醉心于即兴创作诗歌,可以是一人创作,也可以互相应和。最好的诗歌会被人们留在记忆里,铭刻于传统中,几十年后仍被传诵。

相关的仪式总是固定不变:房间中央庄严地摆放着一个巨大的开口容器——双耳酒瓮,里面装满掺了水的葡萄酒。这个酒瓮象征着参与者之间的和谐、平衡和平等。所有人离酒瓮的距离都相等,每个人都能自己从中舀酒喝。如果我们想向某位客人致敬,就让他决定掺水的比例。该比例根据聚会的类型而有所变化。仆人们用酒罐从酒瓮中舀酒,然后倒入参与者的酒杯或酒壶中。酒中掺水能将良好的社交氛围保持更久的时间。葡萄酒能让人心思灵敏,舌头放松,远离俗世各种烦恼,还能让人换一种方式看待世界。但是人们孜孜以求的不是醉酒。喝醉可能妨碍诗歌的即兴创作。因此,酒水混合物的比例一般是三分之二的水加上三分之一的葡萄酒。在向宙斯祝酒、唱过赞美诗以及背诵过颂歌之后,娱乐活动开始了。这些活动根据集会的性质而有所不同:如政治集会、生日聚会、庆祝体育赛事胜利的聚会、婚礼宴会、尊贵客人的接风宴等。会饮在宴会之后举行,人们不进正规饮食,但会吃些让人口渴的东西,比如奶酪。最后,当聚会变得更加欢快时,场地就会移到户外,搬来双耳酒瓮，人们围绕着酒瓮跳舞，当然多少还是要顾及体面。会饮是希腊人好客的标志。当人们为一个外来者组织会饮时，其实是为他提供了融入当地的机会：分享掺水葡萄酒时，他慢慢揭开了自己的面纱，开始讲述自己的故事，背诵自己的家谱，创作自己的诗歌——之后他就能在自己家接待那些在酒瓮边倾听的人们。[18]

在上述背景之外的任何情况下喝酒都不符合规定。古希腊人认为，喝纯葡萄酒或喝到酒醉是野蛮的行为。只有狄俄尼索斯可以喝纯葡萄酒。酒壶上的肖像图描绘了森林之神、半人马或赫菲斯托斯被灌下美酒打败仗的场景。独眼巨人波吕斐摩斯（Polyphème）抵挡不住酒的诱惑在睡梦中被奥德修斯打败。奥德修斯做出的全部努力都集中在阻止波吕斐摩斯呼唤兄弟们来陪他喝酒上。只要波吕斐摩斯是一个人喝酒，他就会任凭文明人摆布。[19]由此可见，葡萄酒是社交的保证，但前提是必须遵守饮酒的规则。独饮或喝纯酒可能会导致我们失去这些共同冒险的伙伴。人类从狄俄尼索斯那儿得到了美酒及其使用方法；不遵守规定的人只会落入陷阱难以自拔。

女人们呢？只有作为服务人员和高级妓女的女性才能参加会饮。女性饮酒并没有被明令禁止，但喝酒的女人总是成为被人取笑的对象。在阿里斯托芬①的作品中，好酒的女人和贪吃、淫荡、说谎以及饶舌一样是喜剧的来源。当女性被描绘成在喝酒的形象时，她们喝的一定是纯酒：刚好证明了这些描述不实的一面。女性既不是男性成人，也不是公民，因此她们不遵守饮酒的礼仪和规定。然而，崇拜酒神狄俄尼索斯的都是女性，她们因此在狂热之舞（mania）时成为酒神的女祭司或疯狂的追随者。狂热之舞是举行仪

---

① 阿里斯托芬（约公元前448—前380年），古希腊喜剧作家，雅典公民。他被看作古希腊喜剧尤其是旧喜剧最重要的代表。相传他写有44部喜剧，现存《阿哈奈人》《骑士》《和平》《鸟》《蛙》等11部，有"喜剧之父"之称。

式时用来向酒神致敬的跳跃式舞蹈，人们舞动时犹如进入神灵附身的通灵状态。[20]除了在团体集会或宗教仪式上外，过量饮酒后的行为通常被认为疯狂、野蛮、精神失常，会给群体带来危险。

苏美尔的情况同样如此：人们就餐时或和朋友们一起消磨时光时喝啤酒，但是过量饮用会引发不良观感。人们在酒馆中用麦管从同一个罐子中喝酒，此类酒馆总是受到严密监视和严格管理。这些地方一般名声良好，是碰头的自由之地，但也可能成为革命或骚乱的熔炉。[21]阿兹特克人和玛雅人实行同样的规章制度：酒醉只有在举行仪式时才被允许，甚至被鼓励，除此之外的任何过量饮酒都不被看好。[22]亚洲、非洲和美洲的所有传统社会一概如是：独饮或喝过头的人都会声誉扫地。过度饮用酒精饮料被认为是病态的，或是一种反叛行为。

在当今的法国，人们打开一瓶香槟肯定是为了庆祝某件高兴的事情。独自饮酒或用酒止渴被认为是不合常理的行为。同样，人们聚集起来庆祝博若莱（beaujolais）新酒节、黄葡萄酒节……这些庆祝活动是聚集人们的好时机，会令人不由自主地想起古老的祝酒仪式。甚至在节庆之外的日常生活中，饮酒礼仪也规定喝酒一定要以群体的方式进行：在英国、北美、德国，人们聚集在酒吧一起喝啤酒，这些地方通常是社会生活的黏合剂。在法国的小村庄，失去唯一的咖啡馆意味着村子走向了穷途末路。

集体生活方式

发酵食物在制作过程中成为集体共同劳作的对象。在大洋洲有一种叫作卡瓦（kawa）的饮料，由和胡椒非常相像的卡瓦胡椒的根部制成。这种饮料能令人兴奋，具有刺激作用。人们将卡瓦胡椒的根弄碎，置于阳光下曝晒几个小时，然后与水混合。从夏威夷到澳大利亚，以及在汤加、斐济、萨摩亚群岛，都有人喝这种饮料。以前，其制作过程能引发群体的大集会，人们为此进行程序复杂的仪式。集会时的排位规则由礼仪决定。人们在正把卡瓦胡椒根部弄碎的年轻人周围围成圆形。根据礼仪，首领们按照自己的地位列于圆圈中央，指导制作过程中的各项操作，吩咐人们把饮料分发给路过的游客。[23]

除了节庆日之外，这些岛上的所有居民还会聚集起来腌制植物的块茎，他们把腌制品存储在一个个地坑中，以便能长期保存，由此来应对可能出现的饥荒。在欧洲，葡萄收获季和葡萄酒的酿造也是人们聚集和庆祝的好时机。腌酸菜的制作同样在村庄中由人们集体完成，从白菜的收割到腌渍完成一概如此。在日本，围绕着渍物（日本泡菜）的制作也上演着同样的场景。这些乳酸发酵的蔬菜在各种场合的餐饮中都占据着一席之地。

在韩国，冬天腌制泡菜从近代到20世纪80年代，甚至直到现在，在乡下都是由集体合作完成。因为人们需要汇聚所有人的力量和能力来储备食物，以对抗严寒的冬季。泡菜既有社会影响，又富含营养。过冬所需泡菜的庞大数目迫使人们集体作业。靠近11月底时，家人邻居和亲朋好友齐聚一堂，在节日般的劳动气氛中开始处理大批的蔬菜。之后泡菜缸将在家里的庭院中静静发酵。其制作过程充满欢乐，同时也给人们提供了一起开怀畅饮的机会。在这种情况下，游客还能看见男人下厨和女人喝酒这两种在韩国社会中不常见的景象，节日气氛也因此进一步加强。[24]

在西班牙，制作腌菜（encurtidos）也有着类似的过程。这些用醋腌泡的蔬菜在西班牙人的日常生活中无处不在。食用它的人不分阶层，无论是在家里，还是在餐馆、酒吧，都能寻觅到它的芳踪，任何小摊上都有它的一席之地。人们根据传统菜单烹饪的腌菜和一些前卫餐馆做出的腌菜一样好，尽管这些餐馆从21世纪初就以伊比利亚美食著称。西班牙泡菜也经常被当作小吃和零食（tapas）单独享用，或者作为下酒菜。尤其值得一提的是，这些腌菜在西班牙社会的各类事件、所有节庆日、任何聚会中都会出现。它们被认为能够开胃，吃的时候需配上一杯葡萄酒、赫雷斯白葡萄酒或简单的啤酒。在西班牙，当亲友聚会时，总是用一杯发酵饮料和一份零食来开启序幕，而零食中总是会出现一种腌制蔬菜：这种食物代表着西班牙的社交。蔬菜的收获和腌菜的制作过程，完全和朝鲜的泡菜一模一样，也同样会引发集体的大规模聚会，信奉同一宗教的所有家庭都要参与其中。为防别人觊觎，腌菜的制作方法被一代代秘密保存，据说该秘方可追溯至10世纪阿拉伯人到达之时。

这些蔬菜——洋葱、小黄瓜、蒜瓣、刺山柑花蕾和刺山柑、小茄子或小辣椒，当然还有橄榄——都被浸泡在盐水中进行乳酸发酵，然后再用醋渍，加入辛香调料和植物香料：芥末籽、百里香、月桂、牛至等，其功能主要是提升食物的味道，但同时也具有杀菌作用。西班牙腌菜的种类众多，每个省份都有自己的特色腌菜。它们在西班牙美食中的地位举足轻重。某些腌菜声名远扬，甚至入选了地理保护标识（IGP），或进入了慢食运动协会的排名。

在亚洲的传统社会，啤酒、棕榈酒、米酒同样采用了集体酿造的方法。这既是从实际出发，也是出于仪式方面的考虑。发酵饮料的制作需要很多的时间和精力，一种互助体系由此发展而来。当收获季接近尾声，阁楼被填得满满当当，村民们有了空闲时间后，他们开始为庆祝某些节日来酿造啤酒。在越南高原上，有一种啤酒被专门酿造用来庆祝稻草节。这种酒被叫作yoo reh，意思是"用麦管喝"；当最后一背篓稻子在热烈的节日气氛中被运上阁楼时，稻子的收割也就全部结束了。[25]这自然让我们想起法国乡下庆祝"最后一捆麦子"和"最后一串葡萄"的节日。

在时间和空间上都相隔甚远的人群间却存在着相似的习惯,这一点使人震惊。希腊的会饮和瓦亚纳人的集体共饮仪式非常接近:在这两种情况下,人们都要诵读传统诗歌或高声唱歌,就餐时都不喝酒,也不能独饮。在用手接过装了发酵牛奶的碗后高歌的蒙古人身上,或者拿起咖啡杯唱歌的埃塞俄比亚人中,我们也能注意到这种相似性。在世界各地,发酵饮料都和社交息息相关。

只是在近代进入工业化社会后,人们才开始单独或在私人范围享用发酵饮料,由此产生了众所周知的上瘾问题。在传统社会,哪怕存在上瘾,问题也没那么严重,因为发酵饮料总是以集体共饮的方式被饮用。与其说是有人监督健康,不如说是集体组织产生了作用。这种饮酒方式实际上在社会的建设方面影响巨大。从围坐在酒罐边交换和分享美酒开始,待客的礼仪和社会关系的章程开始形成;同样,一个集体内部或不同集体之间相互应尽的职责也开始明确。这一点影响深远:很大一部分社会、经济和政治生活在发酵食物的制作和食用过程中形成,经过千锤百炼后被固定下来。

发酵食物不仅将人和神联系起来,还在人与人之间建立了联系。

— NI CRU NI CUIT —

第二部分

到处

都有

人类

— Partout Où il y a Des Hommes —

第五章　肉食品、贮存品和腌制品

> 食用稍微变质的肉类，从一开始的生存问题最终变成了口味的选择。

哪种食物是人类历史上最早的发酵品，这个问题至今只能靠猜测来解答。我们甚至可以追溯到最蛮荒的时代，即农业产生之前、人类尚未定居、还在猎捕野兽的阶段。在此时期，人们的全部心思都花在肉类和肉制品上。

贮存品的味道

人类在成为食肉的捕猎者之前，也就是制造狩猎工具和武器的技术发展到位之前，曾是吃腐尸的采集者。他们或许能够捕到小型的哺乳动物，但捕捉大型哺乳动物仍超出他们的能力范围，因为后者更快更强。当时人类的大型猎物主要是从食肉动物那儿偷来的，或者是偶然发现的自然死亡的动物尸体，比如干旱时饿死、穿过河流时陷入泥沙淹死的动物，还有搁浅在沙滩上的海洋哺乳动物。生活在距今三十万年前的南方古猿食用很多植物，也吃死去的动物：

> 根据考古得到的数据和生物地理化学方面的分析，粗壮种和纤细种的南方古猿是非洲人科最早的代表。它们是善于抓住

机会的杂食动物,饮食包括植物、无脊椎动物,还包括极少量的哺乳动物。这些最早的人科动物已经能够组织起来从食肉动物那儿窃取仍然留有不少肉的猎物,并将其带回贮存石器的地方或住处,肢解猎物后大快朵颐。[1]

动物骨架上的肉当然能够趁新鲜供人食用。然而,当时的人类牙齿远不如食肉动物尖利,他们不得不用工具来切割动物尸体。在此类工具发明之前,贮存肉类至稍微变质也是一种使其变软的简单办法。贮存肉类是一种天然的预先烹饪,几天之后变质就会自发开始,从而改变肉类的质地和口味。

几千年过去了,狩猎用的武器被制造出来,狩猎得到发展的同时,人类的食腐行为仍然存在。[2]公元前3万年至公元前1.5万年,智人在各大陆上大肆啃食着马、鹿、大象、猛犸、披毛犀的尸体。多亏了他们用来切割肉类的燧石的碎片,我们才能发现他们留下的踪迹。

食用稍微变质的肉类从一开始的生存问题最终变成了口味的选择。尼安德特人和克罗马侬人在食用前主动让肉类腐烂,美洲印第安人、土著人种和西伯利亚人的猎手在之后的几千年直至如今都做着同样的事情。对重口味的追寻是人类饮食固有的特点。我们的埃波瓦斯(époisses)干酪或蓝纹的洛克福羊乳奶酪让美国人见之色变,其实它们的气味既不比变质的肉香,也不比它更臭。据证实,发酵食物中含有一种令人兴奋的物质。[3]这也许能解释美国人对蓝纹奶酪的恐惧。

贮存肉类至稍微变质在世界很多地方仍然流行。直至20世纪初,北美的曼丹人仍会等待汛期到来,去水底寻找被河流冲走而淹死的野牛的尸体。他们喜欢这种野牛超过现杀的动物。汛期过后,他们习惯把野牛肉悬挂起来,直到其腐烂掉一半。[4]在澳大利亚,当地土著喜欢把一块块肉挂在树枝上，等着肉块膨胀，变成绿色，直到经过时能听到肉中气体发出滋滋声才会取下。之后，他们把肉块浸在流水中两天，然后用树叶包裹肉块，用泥炉煮肉，得到的熟肉似乎非常鲜美。在《人类学家的厨房》一书中讲到如上场景的人类学家伊索贝尔·怀特（Isobel White）还补充说：

> 有位兽医朋友后来跟我说，吃"吹哨牛排"是非常健康的。他说，会毒害人类的杆菌只存在于刚开始腐烂的肉类上。当肉类变绿时就没有毒了。水和火同时摧毁了杆菌和气味。[5]

探险家约翰·邓达斯·科克伦（John Dundas Cochrane）在19世纪初曾讲过，西伯利亚的雅库特人极其钟爱"快要变质的"驯鹿肉。[6]一个世纪过去了，喀麦隆的传教士们仍在努力反对多个民族对于腐烂肉类的偏好。[7]在这个国家的北部，人们仍保留着在树枝上晒肉的习俗。一旦肉开始变质，就会被用来做成加盐的肉酱，各种香草和香料都会参与其中，还包括一种碾碎的臭虫。西伯利亚的楚科奇人曾酷爱将驯鹿的血倒入羊皮袋中发酵后制成美味，他们还会在羊皮袋中加入鹿唇、肾脏、鹿肚儿、肝脏、动脉、肌肉、耳朵、春天充满血的鹿角，甚至还有经过火烧的鹿蹄。他们把羊皮袋缝合起来，将其置于阳光下两个星期到一个月时间。这份美味将在驯鹿节时出场。令人遗憾的是，这项美食传统已经被废弃了，因为后来苏联的医生们认为该食品会传播巴鲁氏菌病。[8]实际上，这种疾病是通过猎物传播的，和腐烂与否没有关系。

火地岛的海豹数目庞大，火地人在吃海豹肉前会先将其悬挂起来，一直到海豹头脱落为止。格陵兰岛的人们也做着同样的事情。因纽特人曾经（并一直）钟爱烂透了的肉类，不论是海洋哺乳动物、一般肉类还是鱼类。他们的饮食中包括了很大一部分生食，还有同样不经过烧煮的腐肉。这些食物需要漫长的制作时间，在炎热的季节持续好几个月。安马沙利克的因纽特人在夏末时捕到的海豹，如果不去除内脏，任由肉质在表皮下腐烂，就叫作llivitsiit。如果海豹在冷冻之前被生食就叫作migiaq，冷冻后再吃就叫作qiitsiaq。为了加速发酵过程，人们把肉、内脏、血、肥肉和海豹油、植物、浆果一起封闭在经过重新缝合的海豹表皮下，就成了immingaq，经过这样的处理，动物肉既能避免日晒雨淋，又能保持空气的流通。动物的肝脏和脂肪混合，被封闭在羊皮袋中悬挂起来，就叫作krongalouk，这样的肝脏经过发酵变成滑腻的浮渣，它的香味让人想起洛克福羊乳奶酪。

腌海雀是一种格陵兰岛美食。其制作方法为：把不去除内脏的海鸭或海雀连着羽毛、爪子和鸟嘴一起封闭在海豹皮内，然后挤出皮袋内的空气，将皮袋重新缝合密封，涂上海豹油脂来隔绝空气。皮袋上压上石头，在厌氧状态下发酵至少7个月。腌海雀在北极的冬季中抚慰人们的味蕾，在婚礼之类的仪式上大放异彩。[9] "曾品尝过这道美味的丹麦探险家皮特·弗洛尚（Peter Freuchen）认为胸脯肉尤其细腻柔嫩，肝和肫味道辛辣，肠子的涩味让人想起啤酒的苦味。"[10]魁北克的因纽特人有一种美食叫作puurtaq，是用倒翻过去的海豹皮做成的，也就是说毛皮朝内。人们把动物肉和脂肪填进皮袋，再浸渍几个月。此外，三文鱼鱼子和鱼头、海狸尾巴、海豹鳍一起发酵制成的美味是阿拉斯加的传统佳肴。在上桌之前，上述食材需被埋入土中好多天，还要在上面覆盖草秸使之处于阴暗中。

人们经常在食用前将肉类埋入土中，南非人以前处理鲸鱼肉的方式也是如此。甚至在中世纪的欧洲，将野味埋入土中也比悬挂起来更加常见。[11]这种处理肉类的方式并未远离我们的时代，直至今

加香料干鸭脯肉
法国

<u>4人份</u>
* 一块重450—500克的鸭脯肉，去除不需要的部分，整理干净
* 几株百里香或迷迭香
* 4勺混合胡椒粉

这道法国西南地区的鸭脯肉非常容易制作。它能保存很长时间，且越久越香。

在凹陷的盘子上平铺一层盐，将鸭脯肉放置其上，并裹上一层盐。轻轻夯实鸭肉，用一块干净的布包起来，在常温下放置12小时。12小时后将鸭脯肉从盐层中取出，并用清水仔细冲洗。用吸水纸将水吸干。切开鸭肉的表层，并将百里香或迷迭香填入缝中。在研钵中将胡椒碾成粉，覆盖在鸭肉的表面。用一块干净的布将鸭脯肉包裹起来，并将之置于冰箱冷藏室中，接下来的2到3个星期不用管它。等待的时间越久，鸭肉就越干越紧实。需要注意的是，不能将它放入密闭的容器。食用的时候，可以将它切成小片用来配开胃酒，或者放在沙拉中、比萨上……

日，它在北极地区仍然流行。

欧洲有种独一无二的特产，其配方源自旧石器时代：用肠衣包裹的香肠。这是一种用动物自身的肉作为馅料填满其肠衣或胃袋的艺术。填好的香肠会被悬挂起来晾干，有时还会接种上乳酸菌。其发酵持续时间从几个星期到几个月不等。这是个大家族，成员包括干香肠、里昂玫瑰猪肉香肠、里昂耶稣香肠、萨拉米香肠和西班牙辣味香肠，等等。我们无法在此一一列举。在细细品尝这些香肠时，我们甚至没有意识到自己吃的是发酵肉类，然而在海豹皮内老

化的海豹肉其实和香肠系出同门。

意大利的爆汤香肠是费拉拉地区的特产，它得到的第一份评价需要追溯到15世纪。其碎肉馅中含有猪脸、肩肉、猪舌、猪喉、猪肝、盐、胡椒、肉豆蔻，有时还要加上丁香、桂皮以及红酒，然后被放入猪膀胱中密封发酵。这样制成的香肠呈球形，需要在潮湿的地窖中至少保存12个月来慢慢成熟，直到其外表遍布黑色霉斑为止。香肠成熟所需的地窖越来越难找了：我们需要一栋带地窖的老房子，地窖由石头建造而成，地面则是压实的泥土。成熟后的香肠被悬挂在沸水锅中烧煮，香肠不能碰到锅的底部，烧煮时间为4到6小时，具体时间取决于其大小和干燥时间。去掉香肠外皮后，要趁热享用这道美味，不过在此之前则需小心饮下香肠内部流出的汁水。一般用土豆泥搭配这道菜肴，因为后者可以中和其浓烈的味道。这种香肠还有位苏格兰表兄——哈吉斯，其实就是在羊胃中填入羊的内脏、油脂和之前就发酵过的燕麦糊。有了这些菜肴，我们也就不觉得极北地区装满肉类和油脂并放在野外等待成熟的羊皮袋遥远而陌生了。

直到19世纪，食用开始腐烂的肉类和野味在西欧仍然非常流行。19世纪的医生马让迪（Magendie）曾这样评论说：

> 在先进的文明中，讲究奢华的餐桌上是否就不会出现开始腐烂的肉类呢？众所周知，雉鸡要想得到美食家的高度评价，就一定要在死后存放一个月，如果是山鹬，则需要两个半月。略微变质的肉类和完全腐烂的肉类之间区别并不是很大；但是从美食角度出发，它们之间有着天壤之别。[12]

蒙田建议人们让山鹬腐烂至"味道改变"为止。布里亚-萨瓦兰不会对未腐烂的雉鸡做任何评论，因为只有差不多完全腐烂的雉鸡才配上美食家的餐桌。他建议人们将雉鸡保留羽毛，一直贮存至其腹部开始发绿。格里莫·德·拉雷尼叶（Grimod de La Reynière）则宣称拎起雉鸡头部其身体会自动脱落才是腐烂得恰到好处。在忏悔星期二杀掉的雉鸡可以在复活节时享用。雉鸡不去除内脏和羽毛，可以防止外来细菌的侵害；此外，没有刀口也能避免幼虫和昆虫的骚扰。

过去的好多个世纪内贮存腐烂食品都备受赏识，在当今的西方文明中却风光不再。人们注意到，食用过量的腐烂食品会诱发诸如痛风之类的疾病。尽管如此，所有的肉类在屠宰之后投入市场之前还是会在冷藏室内存放2到4个星期等待成熟。这其实也是一种贮存腐烂，只是比较节制。此外还有些特例存在。在法式烹饪中，制作山鹬萨拉米时仍然不去除内脏。其内脏可用来给调味汁勾芡，或者碾碎涂抹在烤面包片上，这样可使面包变得美味。

尽管人们放弃了贮存发酵技术，或者至少抛弃了"成熟"过程中的极端行为，发酵肉制品在21世纪都一直存在着，并呈现为两种形式：干肉（加盐或不加盐）或腌渍肉类。

肉干

切成薄片且制成干肉的肉制品的发酵过程和旧石器时代狩猎采集者让肉类发酵的过程如出一辙，且仍然在如今的各个大陆上持续上演，其形式和过去别无二致。美洲印第安人会将肉类弄干，制成粉状，然后在食用时加入油脂和浆果。这道富含营养的菜肴就是干肉饼（pemmican）。马达加斯加的炸牛肉（kitoza）或南非的干肉片（biltong）都是在干燥加盐的肉类中添加香料发酵制成，有时还

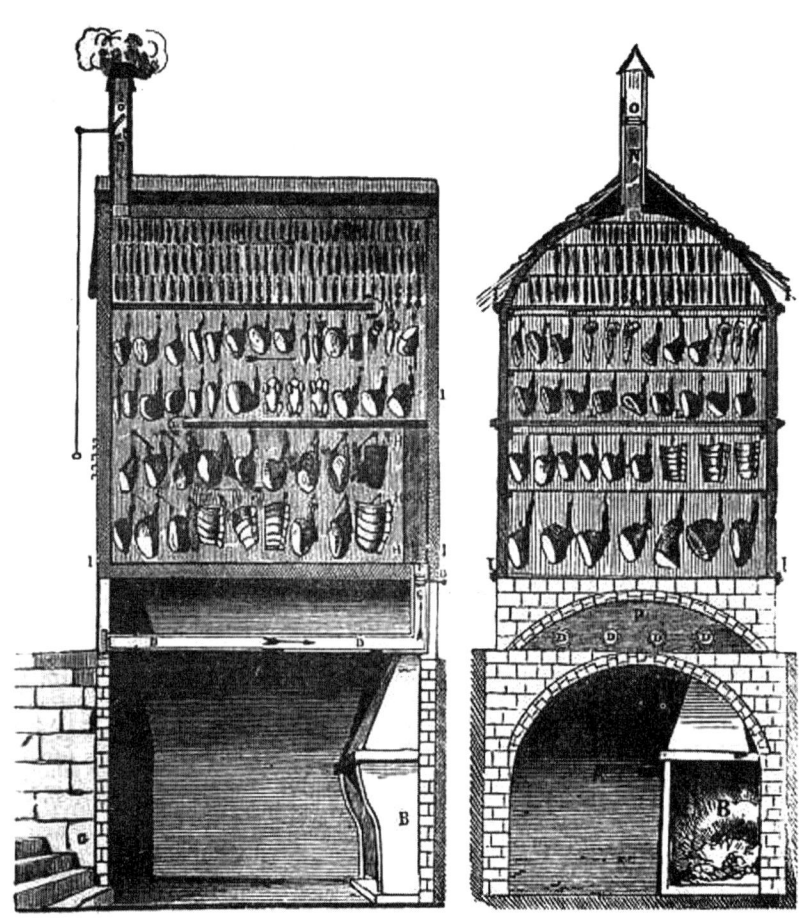

17 世纪一个生产各种熏肉的烟房的示意图

烟房下面烧火,使其不完全燃烧产生烟气,上面摆上各种需要熏制的火腿、香肠,最上面是可以开闭的烟囱,以让烟气留存尽量多的时间

油炸牛肉片（sine heng）
老挝

4人份
* 500克牛肉，块状嫩肉，待烤
* 1株香茅茎 * 30克新鲜生姜 * 2汤勺酱油
* 2—5汤勺鱼酱（鱼露） * 1—2咖啡勺糯米粉（或者碎糯米） * 盐
* 食用油

处理这些牛肉片的传统干燥方法是将之串成肉串，在35℃的阳光下曝晒24小时，在此过程中要蒙上一块布防虫。一旦肉串经过油炸，就会变得非常松脆。这种牛肉干通常被当作备用菜肴。

将牛肉切成7厘米x3厘米的小片。将肉片放在生菜盘中，淋上酱油和鱼露，然后搅拌。将香茅茎柔软的部分和生姜细细剁碎，然后将它们放入研钵中碾磨，再加入糯米粉。将这些配料和牛肉片混合，仔细搅拌。根据口味加入盐。将肉片放入开小火的烤箱内烤干，烤箱门半开，肉片放在盖了一层干净布料的烤架上，烤制6到12小时。肉片一定要干燥，不能有潮湿的痕迹，但仍需保持柔软。

将肉片放入油中，炸1分钟，可在喝开胃酒时食用，也可就着米饭或沙拉食用。

要用烟熏来提味。在土耳其，人们将薄薄的牛肉片或羊肉片在加盐后进行干燥，做成当地人在旅途中以洋葱佐食的佳品。在蒙古和中亚各大平原，人们将肉切成薄片，然后在接种乳酸菌后使之干燥，就像佛兰芒旅行家纪尧姆·德·卢布鲁克（Guillaume de Rubruquis）在其游记（这本游记可比马可·波罗的还早五十年）中描述的那样：

他们毫不在乎地吃各种死去或被杀死的动物的肉。因为他们拥有的牲口成群，不太可能没有动物自己死去。夏季时，他们有奶酒和马酒可饮，也就不操心其他食物。因此，当有牛羊死去时，他们会使之干燥，再切成小片，然后置于阳光下或风中。这样肉类就会慢慢干燥，不用加盐，也不会有任何难闻的味道。[13]

老挝人的油炸牛肉片和卢布鲁克描述的肉片非常相似：都是将牛肉片干燥后悬挂暴露于空气中。泰国的曝晒牛肉干（neuadad deo）和越南的香辣牛肉干（thitbokho）都是其变种。在印度尼西亚和菲律宾，牛肉干（boeuf dengdeng）作为小吃或主菜两者皆宜。在遵循同样传统的马来西亚、新加坡和中国香港，华人用牛肉、猪肉或羊肉制成肉脯（bakkw）。在韩国，加盐咸肉干（yuk-po）的原材料取自各种动物：牛、家禽、雉鸡、马或鹿。加勒比人的猪肉干（jerk）遵循同样的发酵过程；唯一的不同点在于他们的猪肉在空气中晾干后要加一道烟熏的工序。在东南亚，人们将猪肉细细剁碎，加入盐、大蒜、辣椒和糯米淀粉（用来加速乳酸菌的生长），然后使之发酵。以前人们还会将拌好的猪肉揉成小团，包裹在芭蕉叶中。经过几个星期猪肉团子就会成熟，能够供人们食用了。在老挝这种猪肉团子被称为som mou，在越南则被称为酸扎肉（nem chua）。

这些肉干的配方都承继自古时候的干燥和发酵实践，当然，现代技术要比狩猎采摘时代的技术更加完善；植物香料和辛香调料的加入旨在提味，但同时也能防止不受欢迎的腐烂发生。

普遍的腌制法

除干燥法外，腌制也是保存肉类的最古老的方法之一，它涉及乳酸发酵。在干燥或烟熏之前，肉类可能先在干燥的状态下抹上盐，比如生火腿；也可能被浸泡在盐水中，然后在烹饪食用前再去盐。在史前时期，人们给肉或鱼加盐的方法可能就是简单地将它们浸泡在海水或天然含盐的水中。根据传说，巴约纳（Bayonne）火腿就是这样产生的：一头猪掉入了萨里-德-贝阿恩（Salie-de-Béarn）的一条天然含盐的溪流中，在水中浸泡了很久后肉仍能食用。如果传说中包含了一部分事实，那么，这个事实肯定在别的地方、别的时间发生过无数次。这个故事确认了一个事实：很多发酵方法的诞生都是出于偶然。

在公元前3千纪，苏美尔人习惯通过腌制肉类或制成肉干来保存肉类。"我正努力养肥牲口，好得到肉来腌制肉干"，让·博泰罗（Jean Bottéro）曾引用过当时某位官吏说的这样一句话。[14]这里提到的牲口指牛、羊、猪，但并不仅限于此。向尼普尔（Nippur）的恩利尔（Enlil）神庙供应肉类的发货人在发货清单中指明"供应给神庙两只羚羊幼崽，已经经过腌制，请密封贮存（随后提到用法）；同时还有16头羚羊将被立刻送往神庙的厨房"。苏美尔人会好多种腌制技术：肉可以抹上盐，或浸泡在盐水中。有时他们还会切开肉，将盐撒入切口。这些咸肉用原汁肉汤炖煮时遵循的配方极其现代，并一直流传至今。

在古代，根据希波克拉底①和阿比修斯（Apicius，提比略皇帝的厨师）的看法，希腊人喜欢将肉或鱼在醋汁中腌泡；埃及人则喜欢腌制蹼足类动物、鹌鹑和其他小型鸟类的肉；在4世纪，考色恩

---

① 希波克拉底（公元前460—前370年），古希腊伯里克利时代的医师。在其生活的时代，医学并不发达，他却能将医学发展成为专业学科，使之与巫术及哲学分离，并创立了以他的名字命名的医学学派，对古希腊之医学发展贡献良多，故今人多尊称其为"医学之父"。

人（亚历山大大帝征服波斯时生活在山区的一个族群）腌制食肉动物的肉[15]，西西里的狄奥多罗斯①曾讲述过他们的习俗；斯特拉波证明在美索不达米亚，人们腌制并食用蝙蝠肉；普林尼记载，在埃塞俄比亚有一种食蚱蜢者，耶柔米（Jérôme de Stridon）②则补充说这种人在利比亚也存在，他们收集在春季成群斗殴的蚱蜢，用烟熏死，然后腌制，蚱蜢是他们唯一的食物，因为他们既不善耕种，也不会畜牧。[16]

这些资料都说明了原料的丰富多样。至于烹调法，老加图③（Caton l'Ancien，公元前234—前149年）是给我们留下关于腌制和烟熏火腿"配方"的第一人。这是一份非常现代的配方：

> 当您的火腿买来后，切掉顶端的骨头。每只火腿都要配上一个大桶，里面装满捣碎了的罗马盐。在桶或缸内底部铺上一层火腿：将您的火腿铺成一层，皮朝下，然后放上第二层盐。再铺上第二层火腿，用同样的方式铺上盐。注意肉和肉之间不能相互接触，都要用盐隔绝。当火腿全部装入桶中后，在上面再铺上一层盐盖住火腿，并将盐弄平整。火腿埋在盐粒中5天后，带盐取出。然后将原来在桶上层的火腿放到桶底，铺上盐，像前面一样一层层叠放。12天后再取出火腿，抖落盐粒，在流通的空气中放置两日。第三天，用海绵擦拭火腿，涂上油；悬挂在烟上熏两天后拿走。再在火腿上涂抹油醋混合汁，

---

① 西西里的狄奥多罗斯，公元前1世纪古希腊历史学家。
② 耶柔米，天主教译作圣热罗尼莫或圣叶理诺，也译作圣杰罗姆（约340—420），是著名的圣经学者。
③ 即马尔库斯·波尔基乌斯·加图（Marcus Porcius Cato），通常称为老加图或监察官加图，以与其曾孙小加图区别，罗马共和国时期的政治家、国务活动家、演说家、拉丁语散文作家。

盐腌牛肉

爱尔兰、美国

6—8人份
* 3千克牛肩肉

盐卤制作
* 1升水 * 120克粗海盐 * 1汤勺硝 * 2汤勺匈牙利辣椒 * 1汤勺碎黑胡椒粒 * 1汤勺碎芥末籽 * 1汤勺多香果 * 1汤勺干百里香 * 4—5颗丁香碾碎 * 1瓣蒜压碎 * 3片月桂叶弄碎

烹饪
* 1个洋葱插上3颗丁香 * 1个香草束 * 胡萝卜 * 萝卜 * 1棵白菜 * 1棵葱 * 几个土豆

初冬是腌肉的好季节。因为当春天回归时,肉已经休息了整整一个冬天,并且鲜嫩的白菜也在菜园里发芽了。圣帕特里克节,也就是3月17日,我们就能品尝盐腌牛肉配嫩白菜了。

冲洗肉块并擦干,用一根锁针或金属签戳肉块,各个地方都要戳到,随后将肉块放入一个大小合适的容器。将水煮开再冷却。盐和香料混合,加入水中,等盐溶于水后,再把液体浇在肉块上。加了香料的盐水要完全没过肉块。在容器上放上一个盘子或一块木板,再添上有分量的东西(比如装了1升水的广口瓶),好让肉块一直淹没在液体中。将这些东西一起放于冰箱冷藏,静置15天到一个月。定期确认肉块是否一直处于盐水水平线下。在准备大餐的前一天,仔细清洗肉块,然后将之放在冷水中4—6小时去盐。之后将肉块放入一大锅没有加盐的水中,加入1个香草束和插了3颗丁香的洋葱,加热沸腾,煮3小时。然后再加入各种蔬菜继续煮,直到蔬菜变软。将肉块切片,配上蔬菜趁热品尝。上菜的时候搭配辣根菜或芥末。如果在圣帕特里克节品尝这道菜,一定要喝上一杯健力士啤酒。

> 悬挂在食品储藏室中:它们既不会受到飞蛾骚扰,也不会遭受
> 蚊虫袭击。[17]

当然我们现在的腌制已经远非猪肉碰巧掉入含盐的水中这么简单了,但是如今制作火腿的方法其实跟古代并没有本质的区别:抹上盐,擦干,干燥,挂在空气流通的干燥室中,覆盖上猪油,然后在接下去的几个月中静静等待成熟。

干燥、腌制和发酵肉类同样存在于阿拉伯国家。在这些国家,人们会在宰羊节腌制羊肉。土耳其的生熏肉片(pastirma)和中东的腌牛肉片(bastourma)都是干燥过的长条肉片经过持续不断的多次腌制而成的。波斯有种将剁碎的肉保存在醋中的腌肉法流传了下来,在意大利叫scapece,在西班牙叫scabeche,在法国叫香糟肉(escabèche)。[18]高卢人在制作腌猪肉方面很有研究,其秘法甚至流传到了罗马。杜省和汝拉省的猪肉食品、腌制法以及烟熏法在21世纪名声大噪,其根源可以追溯到古代居住于现在的勃艮第和弗朗茨-孔泰大区的塞卡尼人,他们因为其腌制猪肉的方法而闻名。塞卡尼人的腌制产品以及部分烟熏产品包括五花肉、猪肩肉、火腿、猪血肠等,曾用来供应罗马人及其军队。比利时人同样向意大利大部分地区供应腌制肉类,伊比利亚的塞雷坦人则从出口火腿中获益颇丰,他们的火腿味道鲜美,丝毫不逊于坎坦布里火腿。这些猪肉腌制食品成为人们孜孜以求的美味,是因为古人发现猪肉是所有肉类中最有营养并最易消化的。[19]

伊比利亚猪肉和其他的肉制品如今的声名并不是始于昨天:早在古罗马时期,这些美味就已经是美食家们的最爱了。

巴约纳火腿、帕尔玛火腿,以及所有其他各国的火腿都历史悠久。意大利的柯隆纳塔猪脂和阿道香肠声名卓著。出产于奥斯塔河

谷的阿尔纳德腌肥肉味道纯正，是在橡木桶、栗木桶或松木桶中加入各种香草发酵3个月做成的。直到如今，这些美味都属于稀有而奢华的食品。我们也不能忽略著名的格里松腌肉，这道瑞士佳肴是将牛肉加入香料静置几周待其成熟，再悬挂风干制成的，弗朗茨-孔泰的烟熏干腊肉是其双胞胎兄弟。

腌制并经过烟熏的肉类如今仍是北欧国家的特色食品。这些长期被森林覆盖、庇护了捕猎（或是近海的捕鱼）文明的地区，已经习惯于食肉的饮食制度。在这些地方，腌制家猪、野猪、驯鹿、绵羊甚至是蹼足鸟类的传统流传了下来：在萨米我们能品尝到盐渍驯鹿，冰岛的腌羊肉和丹麦的咸鸭也是当地特色。欧洲的腌制技术同样流传到了美洲大陆，并在当地发展出了我们认为源自美洲的特色腌制品：盐腌牛肉。它并不只是难吃的密封罐头食品，也可以用牛肉盐腌和发酵来制作。传统的盐腌牛肉是由爱尔兰移民在19世纪带入美国的；而制作灵感类似的五香熏牛肉则是由犹太移民带来的。

百年蛋

亚洲大陆有种特色食品，对此一字不提绝对是种遗憾，因而在这章中我们总算不再围着肉打转了。我们要说的是被叫作"百年蛋"的发酵蛋类。这个名称并非暗指其保存时间久，而是因为其对健康大有裨益。中国有皮蛋、咸蛋和糟蛋，还有各类名字好听的变种，如彩蛋、松花蛋。这些名字都说明了它们的非凡美味。

经过证实的最古老的百年蛋配方可上溯至16世纪。生蛋被包裹在泥灰混合物中好多个星期，最多5个月。其他制作方法还有：将蛋裹上一层加盐的糊状物，糊状物中含有茶叶、草木灰、米糠等，或者用谷物的汁液覆盖生蛋，或者将蛋浸泡在卤水中（就像西方腌肉一样）。这里用到的蛋主要是鸭蛋。鸭蛋在腌制后颜色变深，纹理变密集，形成多油的固体物质，产生新的味道。喜好皮蛋的行家们认为其质地及口味与鹅肝类似。皮蛋在历经好几个月成熟之后通常直接被拿来吃。皮蛋和糟蛋完全不过时，中国现在仍在制作和食用，并将之出口到其他国家。[20]菲律宾也有类似的制作皮蛋的方法，他们将蛋包裹在一种混合土中。在越南、泰国、老挝，人们只是简单地将鸭蛋保存在盐水中。鸭蛋在沸水中煮过后，人们一般只吃油汪汪的蛋黄，也用它来做糕点的馅料或加在炖肉与咖喱中。

第六章　海的味道

发酵鱼制品可谓从古至今的美食。

人类一向靠海为生：已发现的最古老的鱼叉和鱼钩可追溯至四万年前。来自海洋的食物和其他食物一样，经过发酵成为固体的食物和液体的汁水，既可作为调料，也能当作正式的食物。在热带国家，除此之外别无他法：没有任何鱼类能保持新鲜超过几个小时。即使我们艰难地寻求办法，并习惯于冷藏和冰冻，实际上直到20世纪，世界上大部分鱼类还是在发酵后才被食用的。

公元前3千纪，美索不达米亚人和埃及人将剖成两半的鱼放在太阳下曝晒，然后生食。在曝晒期间，发酵悄悄开始了。他们也会用盐水来腌制从尼罗河和摩利斯湖（Moeris）中捕获的鱼类。

《奥德赛》中的伊士提奥法齐人（Ichthyophages）靠红海为生，他们的名字意为"食鱼者"，这表明他们只吃海鲜。捕到鱼后，他们将鱼置于石头上在太阳下晒干，然后晃动鱼体使骨肉分离。[1]鱼肉被碾碎，做成粉末，与蔬菜混合，压制成能保存很长时间的块状物。这种粉末无论是作为人的还是牲口的食物都非常适宜。其他地方也能找到这种粉末，比如18世纪堪察加半岛的居民就会在旅途中食用一种鱼干末。[2]

一种古老的工业

在古代，黑海和地中海里各种鱼游来游去，人们大量猎捕，其方式几乎可以称得上是工业了：几千条洄游至达达尼尔海峡的金枪鱼装满了挂在脚手架上的渔网。脚手架底部装满了铅，表面则镶上了软木。光捕到鱼还不够，之后还需进行保存并经历长途运输。从赫拉克勒斯之柱到拜占庭路途遥远，唯一能保存鱼类的方式就是发酵。

希腊人极其钟爱鱼干（tarichos）。这个词起初可以统一指发酵肉类或鱼类，但是因为习俗的关系，最后演变成只表示鱼类及其衍生品。希腊人从黑海和埃及大量进口这种食物。后来罗马人在北非、伊比利亚和高卢南部也建立了咸鱼生产基地。叙利亚、泰尔、西西里岛、罗特岛和撒丁岛同样有生产点。地中海周围的城市从咸鱼商业中获取财富，而同一国家的内陆地区则非常贫困。

考古学家使位于克里米亚的一些工厂内的遗迹重见天日，这是些腌制鱼类的真正的工厂。人们还在沉没于黑海的船只内找到了双耳尖底瓮，里面装有经过腌制处理的鱼骨。鱼干的名声起于亚述海和马尔马拉海，远远传播到了生活在更北地区的斯基泰人当中。君士坦丁堡的咸鱼贸易同样规模巨大，一直到14世纪都是如此。[3]

所有可食用的海鱼或河鱼都能做成鱼干，其中最负盛名的鱼子干（omotarichon）是由鱼子制成（这让我们不由得想起现在的鱼子酱和腌鲻鱼子）。用大型金枪鱼最肥美的部分，也就是其脖子和肚子部分制成的鱼干尤其受到人们的青睐。[4]在15世纪，石勒苏益格-荷尔斯泰因（Schelswig-Holstein）出口1英尺长的烟熏腌鱼（极有可能是鲱鱼），而瑞典和挪威则出口一种1古尺（1.2米）长的merluciae

罗马尼波利斯咸鱼工厂的复原图

尼波利斯位于突尼斯,罗马人从迦太基人手上夺得了这座城市,考古研究发现,它拥有巨大的咸鱼生产基地,可能是罗马最大的咸鱼和鱼露生产制造中心,尼波利斯于365年毁于海啸

鱼，以其长度和硬度而驰名德国——其实就是如今的鳕鱼。荷兰人腌制鲟鱼，将其出口到能卖到好价钱的英国。金枪鱼则填满了市场和腌货商店，它从加的斯（西班牙）出发，经过腌制装桶，被用船运往欧洲各个国家。比利时人则负责向欧洲大部分国家运送只有平民食用的腌制三文鱼。

鱼干有3种制作方式：一种是在空气中或阳光下晾干；第二种加盐腌制（有时烟熏）并晾干；第三种则还要在盐水中浸泡。晾干的鱼硬得像木头，在食用前必须再用水泡使之变软。平民、奴隶，尤其是士兵喜欢食用这种鱼干，因为其运输简单，不需要用瓮装载。当军队需要远征时，军队首领和皇帝通常都能满足于加盐腌制晾干的普通鱼干，尽管它也非常硬，但发酵食物能调和众人的口味。浸泡在盐水中的整条鱼或分解的鱼块，被保存在瓮中，这样制成的鱼干被认为是所有鱼干中最讲究、最精致的。[5]用盐水浸泡鳗鱼或鲟鱼，其鱼肉会变得异常白皙而负有盛名。有些瓮装鱼干价格昂贵，人们只有在举行豪华盛宴或狂欢时才会享用，正如当时的鱼子酱。

是的，我们熟知的用鲟鱼子经过乳酸发酵制成的鱼子酱在古代已经存在了。公元前3世纪有位名叫狄菲鲁斯（Diphilus）的医生提到过这一点[6]，当时在罗马和希腊消费的鱼子酱是一种低等级的压缩干鱼子酱。当时的技术无法将颗粒状的鱼子酱运送到远方，除非加入大量会使之变味的盐。此种鱼子酱大部分来自于顿河、第聂伯河和黑海，并途经希腊。其所走路径和鲟鱼干的出口路径一致。因为人们在罗马和希腊就能获得高品质的其他鱼干，所以压缩或非压缩的鱼子酱当时只供应给最贫穷阶层的民众。

鱼子酱直到16世纪才在希腊普及。最受好评的是液体鱼子酱（就是现在的"低盐鱼子酱"，一直声名卓著）。15世纪法国的博物学家皮埃尔·贝隆（Pierre Belon）提到，在黎凡特地区，希腊人和土耳其人每餐都要食用鲟鱼子做成的鱼子酱："这好像是一种用鲟鱼子做成的东西（drogue），大家把它叫作鱼子酱，在希腊人和土耳其人的餐桌上很普遍，走遍黎凡特，无人不吃。"[7] Drogue一词在当时指某种天然物质，相当于"配料"。人称帕林蒂尼（Platine）的巴多托洛梅·沙其（Bartholomeo Sacchi）是意大利文艺复兴时期的人道主义者和美食家，他提及从15世纪以来就有好几份以鲟鱼鱼子酱为主料的菜谱，相关菜肴的制作过程和现在别无二致。

顿河河口盛产另一种由鲻鱼子制成的鱼子酱，它被叫作腌鲻鱼子，将鲻鱼卵囊加盐腌制、发酵、压缩并晾干而制成，之后还要涂上蜜蜡以便运输。食用时可擦丝或切片搭配面包，或用来给酱料或面条增加香味。在黎巴嫩，腌鲻鱼子被切成薄片和蒜一起浸泡在橄榄油中，食用时要放在面包上。希腊迈索隆吉翁（Messolonghi）的鱼子调味酱（avgotaracho，该词是古希腊文omotarichon的现代版本）也是一种拥有欧盟原产地命名保护标识（AOP）的腌鲻鱼子。

其名字在普罗旺斯语中被叫作botargo，来源于阿拉伯语boutharkha或bitarikha，意思是"加盐腌制和晾干的鱼子"。此名词源自动词buttarikh，即"保存在盐水中"，而动词本身则来自于科普特语outarakhon，后者源自希腊语omotarichon——"腌制鱼卵"。该词存在于这些语言中，是因为腌鲻鱼子这个物品在讲这些语言的地区广为人知。乌克兰的费奥多西亚（Théodosie）以及突尼斯城、亚历山大城和靠近马赛的马尔蒂盖都是盛产腌鲻鱼子的地方。在16世纪，已经有多位作者指出希腊人曾大量生产鲤鱼鱼子做成的红色鱼子酱销售给犹太人，因为后者不吃鲟鱼这种无鳞的鱼类。[8] 埃斯科菲耶（Escoffier）的弟子让-巴蒂斯特·雷布尔（J.-B Reboul）在1897年出版的《普罗旺斯菜谱》一书中曾列举过红色鱼

子酱的菜谱。⁹

腌鲻鱼子作为地中海国家的特色食品，一度销声匿迹，直到20世纪，因为几位大厨的推崇，才重现于大众的视野。如今，在法国南部、意大利、希腊、黎巴嫩、马格里布和西班牙都有腌鲻鱼子出产。

发酵过的腌鲻鱼子在中国被叫作乌鱼子，同样备受赞赏。在日本，人们称其为karasumi，字面意思是"鲻鱼的孩子们"。在韩国，发酵的腌鲻鱼子叫myeonglan-jeot，要用辣椒来调味。日俄战争后，腌鲻鱼子登陆日本，被叫作mentaiko，其烹饪方式也很不一样。在加拿大极北地区和美国阿拉斯加州，人们发酵和食用的则是三文鱼鱼子。

从古至今的美食

在古罗马和希腊时代，腌鱼是一顿大餐的前菜，就跟现在一样。人们生吃腌鱼，配上洋葱或大蒜，加上芥末或辛辣的植物，或者用油和醋来调味。有时候，其烹饪方法的稳定性也令人着迷。古希腊人品尝鳀鱼时，要么配着大蒜生吃，要么用油煎着吃。普林尼和色诺克拉底（Xénocrate）①都曾将腌鲟鱼背比作橡木板，这一点令人震惊，因为现在的鲟鱼干（balyk）是顿河和伏尔加河地区的特产，看上去确实和橡木非常类似。这也让我们想起日本人的腌鲣鱼，用机器帮助分割，就像切割木板一样。

在古代，围绕着鱼干创造出了一种真正的美食。很多作者——

---

① 色诺克拉底（公元前395—前315年），古希腊哲学家，一生大部分时间均在雅典学园学习研究。公元前339年起任学园领袖，直至终年。有70余部作品归其名下，但现仅有书名存世。

伽利埃努斯（Gallienus）、希波克拉底、色诺克拉底、亚里士多德、雅典娜——都曾为这种或那种鱼干大唱赞歌，他们将鱼干根据种类、来源、捕鱼季节或处理方式分门别类。他们研究鱼干的质量究竟是取决于鱼的肚子、颈背或尾部等不同部位，还是发酵初期或末期的不同阶段。意大利的帕林蒂尼和保卢斯·约维斯（Paulus Jovius）都提到过鱼干，并列举过烹饪鱼干的菜谱。特别值得一提的是有位佛罗伦萨的饕餮客发明了一种特别美妙的新菜：将金枪鱼的肚子部分加盐浸泡在醋和茴香中腌制，然后装在小桶中，引得当时的人们你争我抢。约维斯还认为经过腌制并油炸过的加尔达湖鲤鱼味道登峰造极。热那亚海岸的腌鳀鱼在15世纪仍是盛名不减。

在北欧，制作鲱鱼的方法多种多样，但都默默无闻。烟熏鲱鱼、布洛涅烟熏咸鲱，都是加盐腌制并稍经烟熏的。美味的腌青鱼（maatjes）是欧洲西北部居民在夏初时节热爱的一道美味，其材料实际上是"处子之身"的肥美鲱鱼，因为它们当时尚未繁殖后代。在制作这道菜肴时，不需把胰腺去掉，因为胰腺可以促进发酵过程。瑞典的鲱鱼罐头与其说是用盐腌制，不如说是腐烂而成。春季捕到的鲱鱼首先被装入桶中发酵两个月，之后又被装入密封的罐头盒子内，但是没有进行加热灭菌的工序，而正是在此过程中，发酵继续进行。6个月到1年之后，圆柱形盒子呈现出圆滚滚的状态，发酵产生的气体使之肚鼓腰圆。在瑞典，这种食品被认为是一种无上的美味，在各个超市都能觅得这些罐头盒子的芳踪。

鲱鱼罐头是世上现存的气味最强烈的食物。它可以和韩国的洪鱼脍（hongeohoe）一较高下，后者是一种能散发出类似氨的刺激气味的发酵鳐鱼。日本的臭鱼干（kusaya）也不遑多让，这种发酵晒干的鱼味道刺鼻，但是口感柔软。三文鱼和北极红点鲑，加入莳萝制成腌三文鱼（gravlax），现如今，人们将它们精心修饰后端上高

第六章 海的味道

雅的餐桌，食客甚至都意识不到自己食用的是发酵鱼类。腌三文鱼从字面上理解是"埋入土中的三文鱼"。从其来源来说，它和冰岛的一种腐烂鲨鱼非常类似，即冰岛干鲨，或是烂鲨鱼。这两种鱼都有一个特长，能将尿素储存在肌肉中而不是特定的腺体中。因此它们在新鲜状态下是有毒的。人们通常会将它们埋入洞穴中或沙滩的沙子里，再盖上沙砾，上面压上沉重的石头，以便使鱼体内的液体流出来。然后它们将会被放在那儿6个月到1年时间。四季交替、昼夜温差和冷冻，这些自然现象使鱼肉中的尿素得以散发。时间一到，这些鱼被挖出切成条状，悬挂几个月晾干。鱼的表面形成的一层棕色的硬皮需要除去，鱼肉被切成小块，配上用谷物制成的本地"黑死酒"一起享用。这样处理过的鱼，肉质柔软、气味刺鼻，口感类似于马卢瓦耶干酪或精制门斯特干酪。很多发酵食品的情况都是这样，口感总是比气味可人。这里我们要注意的是，各种发酵制作法总体上是统一的，在北极地区也没有例外。

碱渍鱼被证实源自16世纪，其原材料为鳕鱼。鳕鱼被晾晒到硬似木头后，再浸泡在碱性溶液中，和草木灰一起煮沸，以便使其恢复新鲜鱼肉的密实口感。该食品在上锅烹饪之前需在清水中浸泡一段时间。这道菜的分布范围包括挪威、瑞典、讲瑞典语的芬兰地区，还有靠近太平洋北海岸的美国中西部地区，此外，芬兰和挪威的移民还将之带入了加拿大。

让我们放大视野，到另一片大陆上去看看能否找到类似的习惯：老挝有一种叫作松巴（sompa）的鱼，是将鱼包裹在香蕉树叶中发酵制成的，做法和肉类如出一辙。日本的鲣鱼干则是由金枪鱼（鲣鱼）晒干、熏制和发酵制成。它就像一块木头，和古代的鲟鱼类似，可刨成木花状用作日式上汤的原料——日式上汤是一种基于日式烹饪的原汁清汤。米糠腌菜（konka-zuke）是一种将鱼类置于

腌三文鱼
斯堪的纳维亚

原料

* 1条三文鱼 * 70克粗海盐 * 50克糖粉 * 1束莳萝 * 1咖啡勺碎胡椒籽

调味汁

* 200毫升蛋黄酱 * 2汤勺甜芥末 * 1咖啡勺蜂蜜 * 1汤勺苹果醋 * 1汤勺碎莳萝

Gravlax这个词翻译成"腌三文鱼"其实不是很恰当,它的意思是"埋入土中的三文鱼"。下面的菜谱是古代发酵三文鱼的现代版本,是一种无上美味,且很容易自己制作。

请鱼商取下三文鱼的脊肉且保留鱼皮。用镊子去掉所有的鱼刺。在一个盘子上摊开第一块三文鱼脊肉,带皮的一面朝下。将盐、糖、胡椒和碎莳萝混合在一起,摊在三文鱼脊肉上。将带皮的一面翻转朝上,复原三文鱼原貌。用一块木板盖在三文鱼上,用重物压住,将之放入冰箱冷藏至少48小时。上桌之前,擦去三文鱼身上的盐层,将之切成薄片。将所有的原料混合在一起制成调味汁,配上黑麦面包和黄油即可享用。

米糠中进行乳酸发酵的方法。鲫鱼寿司、熟寿司和臭鱼干都是用河鱼或海鱼(鲭鱼、三文鱼或小鲷鱼,视供应情况而定)加盐腌制单独发酵或加米发酵制成的。追根溯源,加在鱼周围的米一开始仅仅是为了加速发酵过程。后来因为饥荒的影响,或是为了避免浪费,人们也开始食用米了。在米中发酵的鱼就是现代寿司的始祖,寿司从20世纪初才不再使用发酵法。

非洲同样有着漫长的发酵鱼传统。我们可以顺手拈来几个例子：kéthiakh是用小沙丁鱼炖煮再加盐干燥制成的鱼干；sali则是一种加盐腌制并晒干的鱼；tambadiang是一种整条加盐腌制并晒干、有时还要稍微腐烂的小鱼；kong是烟熏鲇鱼，métorah则经过烟熏并要晒干；yoss是晒干的小鱼苗，yokhoss则是晒干的牡蛎。这些食品全都有着强烈的味道，很受西非和中非人民的喜欢，是当地人们获取蛋白质的主要来源。Momoni是一种流传范围很广的调味品，其原料是各种不同种类的鱼。我们可以在塞内加尔、加纳、多哥、贝宁和科特迪瓦找到相同的东西，只不过名称不同。它的气味浓烈，可用于给汤和炖菜调味。Guedj是一种经过发酵、腌制和干燥仍保留其纹理的鱼，味道也独一无二。[10]它和lanhouin系出同门，在贝宁海湾、多哥和加纳经常被用作调料，且只能由女性制作。Lanhouin主要被用来给monyo调味，后者是一道加了调味汁、大米和油炸食品的鱼类佳肴。它在上面提到的非洲地区有着重要的社会经济影响力。[11]

鱼酱：古代的液体黄金

提到鱼类发酵的话，我们无法不讲到希腊人的garos（意思是"小鱼"），当古罗马人接受这种食物时，将其用拉丁文写作*garum*（鱼酱）。当时的人还由之创造出了另外一个版本：穆利亚鱼酱（muria），也就是阿卡德人的muratum，让·博泰罗将之翻译为"微咸的鱼"。garum（鱼酱）或muria（穆利亚鱼酱）在地中海盆地的传统烹饪中类似于越南人的鱼露：都是来源于鱼类乳酸发酵的调味汁，用于给菜肴以及某些饮料调味。

希腊罗马人曾为这种鱼酱疯狂。当时的美食家们认为品尝鱼酱是一种极乐之事。希腊人从埃及人那儿学会了制作鱼酱，而后者实则师从约公元前4千纪住在美索不达米亚的苏美尔人。在耶鲁大学的收藏品中，人们发现了一些刻有楔形文字的小板子，其起源可追溯至公元前1700年到公元前1600年。这项偶然的发现使我们能在那个落后年代的厨房中畅游。我们可以读到35份菜谱，绝大多数是肉汤或蔬菜汤，还有各种浓汤、粥和圆面包。其中还提到了一种经过乳酸发酵叫作siqqu的鱼酱，用于烹饪鱼、调清汤，或者和粗面粉或细面粉一起揉搓做成面条，再加香料和油脂一起烹饪。人们也用鱼酱来做发酵面包，或者做包裹鸟肉肉糜的馅饼皮，这种肉糜由多种鸟肉在清汤中炖煮而成。[12]其菜谱真是极其讲究，食不厌精，脍不厌细，可以毫不勉强地出现在星级餐馆的菜单上，你能想象吗，它有着四千年的历史！

我们不知道鱼类的发酵配方是通过远古时代就存在的商路从美索不达米亚传到东方，还是从东方传到美索不达米亚的。如果从美洲和大洋洲这边来看的话，配方起源的迷雾愈加浓厚，因为人们在这些地方发现了同样的发酵方法。在受到欧洲文明影响之前，玛雅人已经会将撒了盐的虾在阳光下晒干。波利尼西亚人在前西方时期已学会将发酵法用于（现在仍在运用）浸泡在海水中的虾碎上，这被称为fafaru，其浸泡的液体可被用来给食物添加咸味。这些人类所谓"最初的"实践令人惊讶的地方在于其和亚洲鱼酱以及古代希腊罗马的鱼干或鱼酱的相似性。

地中海盆地存在着多种鱼酱，档次最高的主要由鲭鱼做成。这种鱼酱是在盐中浸渍而成，其成分包括血、内脏和其他一般会扔掉的部分。最受好评的一种鱼酱叫作garum sociorum，也叫西班牙鱼酱、黑鱼酱，或贵族鱼酱，只含有鱼血和内脏。这种高档鱼酱名称中的sociorum一词指"公司"，倾向于"企业"的意思，可能是某个作坊的商标，或某个代表高质量的标牌。[13]这种近似"工业"公司

第六章　海的味道

的超前形成给罗马带来了巨大的财富，并且带动整个职业渔场和盐场向罗马缴税，由此可见这种产品的重要性。这是我们所能找到的价值最为昂贵的食品。塞内加（Sénèque）、马提亚尔（Martial）、贺拉斯、普林尼都曾在自己的作品中提到过它。其高昂的价格恰好说明了其制作所需的技巧极端高超。产地的概念也参与其中，和我们现代的高级葡萄酒情况类似，或者像昂贵的摩德纳的香脂醋。这种鱼酱被装在小罐中运往各地，罐上仔细粘贴了标签，注明了产地，就像现代的原产地控制制度一样。鲭鱼主要在毛里塔尼亚海域被捕捞，而这种鱼酱的生产中心则位于新迦太基一座叫作Scombraria的岛上，岛的名称来源于scombros，即鲭鱼。在西班牙南部同样存在此类生产中心，比如达达尼尔海峡的帕里蒙（Parium），还有庞贝。埋没在火山灰中的鱼酱罐在我们面前重见天日，正是因为罐中残留的渣滓，考古学家才能判断出维苏威火山爆发的时间：当季的鱼刚被捕捞，而鱼酱还没有完成发酵的时候。

用其他鱼类如鮈鱼、狼鱼、鲱鱼等制作的鱼酱名声没有那么响亮。穆利亚鱼酱的原材料一般取自金枪鱼，比鲭鱼鱼酱便宜，因此传播范围更广，最后或多或少取代了后者。

很多叙述鱼酱和穆利亚鱼酱制作方法的资料一直流传至今[14]，其实和现在亚洲鱼酱的制作方法别无二致。过滤后留下的固体部分被叫作alec或alex（有时也拼写成halex）。普林尼将之描述成尚未完工的渣滓[15]，即鱼类在完全液化之前的状态。Alec一开始是社会最贫穷阶层的食物，也可用来当鱼塘中鱼的饲料。罗马领主用alec和葡萄酒醋来养活自己土地上的农民。[16]然而，这些固体部分逐渐受到欢迎，成为了更加高贵的食物。阿比修斯描写了一份非常讲究的alec菜谱，原材料为极受罗马美食家推崇的绯鲤的肝脏，制作时将绯鲤浸泡在高级鱼酱garum sociorum中闷死，然后掺入一些葡萄酒——一款极其鲜美的调料就这样产生了。

另外一种alec也是精工细作而成，原材料全都极受推崇：牡蛎、海胆、各种甲壳类动物以及火鱼的肝[17]，混合之后就能使味蕾体验到极致的享受。可别像传教士一样一下就想到日本的盐辛，虽然后者也是由海里的动物如海胆、海参、枪乌贼和海鲜的内脏经过乳酸发酵制成，这种食物在日本对于美食行家来说意味着真正的高雅精美。

红酒煮鸡蛋和鱼露

中世纪的阿拉伯大餐中含有一种乳酸发酵的鱼酱：muri，派生自muria一词。其制作方法是通过一篇名为《餐桌上的极乐》的论文来到我们面前的。这篇主题为农学的论文写于13世纪，作者为伊本·拉辛·图吉比（Ibn Razin Tujibi）。当时还另有一种鳀鱼鱼酱，和一般鱼酱稍有不同，因为酒精发酵也介入了其形成过程。新鲜鳀鱼和同样数量的葡萄汁混合，经过搅拌、过筛，其滤液被置于瓮中发酵，直至"其喧嚣声静止下来"。作者暗示这种食品其实是被禁止的。我们可能会对伊斯兰文化中存在这种含有酒精的鱼酱感到惊奇，但是实际上13世纪的阿拉伯-安达卢西亚社会是多元的。西班牙的葡萄酒酿造极其活跃，如果说那里的人们酒量很好，那么恰好证明了当地人热爱享用美酒。[18]

希腊鱼酱和穆利亚鱼酱在地中海东部盆地直到16世纪仍然很常见。皮埃尔·贝隆提到过，在君士坦丁堡，鱼店里的鱼捕捞时是新鲜的，出售时却是油炸过的，其内脏和鱼鳃被浸泡在盐水中以便制成鱼醋（liquamen）：

>   有些地区的希腊人和拉丁人用盐腌制鱼，此举有着双重好处：将内脏和鱼鳃取出后，加盐放入瓮中，之后就能做成古人称之为"鱼酱"的卤水，在日常生活中用作调料，就和我们现在用芥末做的酱作用相同。[19]

实际上，皮埃尔·贝隆谈到鱼醋似乎是出于好奇，而这种好奇心产生的前提是该产品在文艺复兴时期在西欧已经日薄西山了。

然而，在法式烹饪中也有一份菜谱保留了关于穆利亚鱼酱的记忆。这份菜谱用法语记录了我们在勃艮第地区和卢瓦尔河地区可以品尝到的红酒煮鸡蛋——把鸡蛋放在红酒中煮，配以咸肥猪肉丁（和浸泡在盐水中效果一样）即可。红酒沙司（meurette）一词来源于古法语muire，意思就是"盐水"。这个词的意思令人费解，因为"盐水"沙司可没有任何意义！15世纪初有种说法指出加鱼红酒沙司是一种"可以在里面煮鱼的沙司"。在现代菜谱中，红酒煮鸡蛋是在葡萄酒中煮，而不是在盐水中。但是当我们将这种红酒沙司和穆利亚鱼酱做比较时，我们就能明白这里的盐水并不是简单的加盐的水，而是一种以发酵鱼为原材料制成的调料，可用于烹调多种菜肴，在如今的东南亚仍是如此。在戈德弗罗伊（Godefroy）的《古法语字典》[20]中，我们可以读到如下定义，"红酒沙司，一种沙司：鱼醋、加鱼红酒沙司"。由此可见，红酒沙司在15世纪以前并不是一种用来给鱼调味的沙司，而确确实实是一种类似鱼醋的鱼酱。这可不是一回事！在勃艮第方言中，"闻红酒沙司者"影射食客，即希望得到邀请去做客的人。其最初的含义是指跟在军队后面的仆从、行人和冒险家。如果我们知道罗马军队总是随军带着珍贵但气味难闻的穆利亚鱼酱来给伙食调味，并且加水稀释后还能作为饮料，我们就能了解勃艮第方言中"闻红酒沙司"的讽刺意味了，它

牡蛎酱（蚝油）
新加坡、中国

制作50毫升需要

＊40克牡蛎干（一种亚洲香料）＊两打2号牡蛎＊2汤勺中国米酒或日本清酒 ＊1/2咖啡勺海盐＊1咖啡勺粗红糖

这种酱以新鲜牡蛎和牡蛎干为基本原料，浓缩了海味精华，可以保鲜好多个月，甚至越陈味道越好。

将牡蛎干冲洗干净并沥干，浸入250毫升水中，放入冰箱冷藏一个晚上。

打开新鲜牡蛎，去壳取肉，准备好250克牡蛎肉。将新鲜牡蛎肉放入搅拌机中快速打碎，但不能打成糊状。将碎肉倒入平底锅。

再将牡蛎干细细切碎，将之和浸泡的水一起倒入平底锅。加入米酒、盐和粗红糖，烧开，锅盖半开，沸腾15分钟，时不时摇晃一下。锅内有灰色泡沫产生，不需去除，牡蛎酱的味道都蕴含在其中。

将锅内的混合物倒入另一只平底锅，用一柄细孔漏勺猛压锅内的残余物，以便提炼出全部的鲜香味液体。开火将牡蛎汁煮沸，直至其浓缩为原来的四分之一。

液体原本混浊、呈灰绿色，煮沸之后呈棕色，（且或多或少）变得半透明。将得到的液体倒入一只小瓶子，密封放入冰箱冷藏。

如果瓶内有沉淀物，请在使用前摇晃瓶身。

几滴牡蛎酱就能完美地提升鱼排的口感。我们也可以紧跟亚洲风尚，在米饭甚至烤鸡上加入牡蛎酱调味。漏勺内的固体残渣也别扔掉，可以用它做小方饺，或将之混入鱼肉馅中。

隐含着"闻到就是赚到"的意思。红酒沙司从本源上来说可能就是在穆利亚鱼酱中煮鸡蛋。

这份菜谱是已知的第一份红酒煮鸡蛋菜谱，公元2世纪时由盖伦（Galien）[①]带到欧洲，7世纪时被保罗·德·伊纳（Paul d'Egine）[②]修改完善。这份菜谱和如今的法式小盅炖蛋比较类似：先将鸡蛋打在一个盘子里，浇上穆利亚鱼酱和一点橄榄油，隔水蒸蛋，时间要短，防止蛋成糊状或蒸过头。有一点必须注意，即鸡蛋一定要呈柔软状态。现在我们如果要复制这份菜谱，只需用鱼露代替穆利亚鱼酱即可。由此我们对古罗马人的早餐有了概念。

穆利亚鱼酱和鱼酱并未消亡，应该说离消亡还非常遥远。到了21世纪，我们在希腊和土耳其的某些地区还能找到这种鱼酱。这是一种稀有的产品、非同寻常的幸存物。意大利的切塔拉鱼酱产自萨莱诺附近的切塔拉，是一种直接继承了鱼酱制法的古老食物，由渔夫们代代相传。以前这是穷人的食物，现在则成了备受推崇的高品质名牌商品。

尼斯鳀鱼酱（pissalat）的名字来自peis salat，意思是"咸鱼"，也是鱼酱的直系继承者。这种糊状沙司的做法是用腌制的鳀鱼加上多种香料放入瓮中发酵制成。著名的尼斯洋葱塔就是由此发展而来，它其实在古代已经是罗马人舌尖上的享受了。其做法为：在一块扁平的面包上涂上鱼酱，放在炉子上烤。从19世纪初开始，尼斯就有12个家族专门生产尼斯洋葱塔。让-巴蒂斯特·雷布尔曾在菜谱[21]中提到过此物，而他的制法和普林尼的配方[22]惊人地一致。现在，这种产品已经成了只有爱好者才知道的秘密食物。大众喜欢的

---

① 盖伦（129—200），古希腊的医学家及哲学家，出生于别迦摩，逝世于罗马。他的见解和理论在他死后的一千多年里是欧洲支配性的医学理论。
② 保罗·德·伊纳，公元7世纪时的希腊医生，出生于埃伊纳岛（Egine）。

腌鳀鱼
地中海盆地

1升广口玻璃瓶腌鳀鱼需要
* 500克新鲜鳀鱼
* 500克灰色粗海盐
* 月桂叶、丁香,根据个人喜好可准备辣椒

这是古代希腊人在每餐开始时品尝的tarichos鱼干的现代版本,需加入洋葱和醋,浸泡一年后流淌的棕色汁液就是鱼酱。

必须选择非常新鲜的鳀鱼,颜色要发亮,眼睛要凸出。拧断鱼头并扔掉,以便取出一部分内脏和腹部的两个微型鱼鳍。留下剩余的部分,千万不要冲洗鱼身。在广口瓶底部铺上一层厚度为1厘米的盐,然后放上第一层鳀鱼,鱼身肩并肩,鱼尾朝中央。在瓶中间放上一条卷曲的鳀鱼,再铺上一层盐,接着加入香料,最上层也是一层厚厚的盐。每层鱼都要压紧,结束时也要再次压紧:不能在鱼和鱼之间留有空隙。在接下去的48小时要多次用手按压,之后才能盖上瓶盖。

几天之后,鳀鱼就会出水。如果表面有一层油,需要将之去除,否则会产生馊味。接下去鱼就会浸泡在大量的液体中。

让鱼浸泡至少3个月。鱼存放的时间越久,其味道就会更加醇厚,也会更咸。需要经常观察瓶内,保证液体总是盖过鱼身。

腌鳀鱼可保存好几年。在食用之前,需冲洗鱼身,剖开鱼身去除鱼骨,将之浸泡在凉水中30分钟去盐。

尼斯洋葱塔仅仅由一块鳀鱼泥做成，已经和传统的尼斯鳀鱼酱大相径庭了。

相反，贝尔湖的特产鳀鱼鱼苗酱（melet）则完全保留了原来的味道。这种鱼酱由3月到5月末捕到的鳀鱼家族的小鱼苗制成。其制作过程和鳀鱼酱别无二致，仅仅是香料有所差别。这是一道味道鲜美的过节佳肴。

从原始苏美尔人的siqqu开始，鱼类的乳酸发酵开始了其漫长的征程。在亚洲，人们用同样的方法制作出了虾酱，也被叫作belacan（马来西亚、新加坡）、terasi（印尼）、kapi（老挝）。在老挝这片对发酵有着真诚信仰的土地上，还能找到蟹酱（nampou）。鱼酱的液体形态在越南被叫作nuoc-mâm（鱼露），在泰国被称为nom pla，在缅甸则是nga pi。柬埔寨的prahok，泰国的pla raa，马来西亚的bu du，韩国的gochugalu都与此类似。日本的ishiri或ishiru，也是一种声名远播的鱼酱，其原料来自于枪乌贼或沙丁鱼的内脏。和alec一样，老挝的padek鱼酱也分固体和液体两部分。在菲律宾，人们把鳀鱼发酵形成的液体部分叫作patis（鱼露），固体部分叫作bagoong（鱼酱）。在如今的埃及，埃及咸鱼（fesikh）以鲻鱼或其他鱼类为原料制成，可用来当调料（埃及、苏丹）。在波斯湾沿岸国家，有一种叫作mâyawah的发酵鱼酱和鱼露非常类似。

鱼酱的最新变种是一种叫作伍斯特郡酱（worcestershire sauce）的英国调料，这是英国殖民亚洲时期留下的记忆。其原料包括发酵鳀鱼，可用于提升鞑靼牛肉和血腥玛丽鸡尾酒的口感。

第七章　发酵饮料的世界

> 发酵饮料跨越历史的长河，在现代世界无处不在。

发酵饮料可能含有酒精也可能不含，其基础原料是谷物、水果、蜂蜜，甚至还有牛奶。当然我们也不能忘记茶、咖啡和巧克力饮料也都属于发酵饮料的范畴。发酵饮料跨越历史的长河，在现代世界无处不在。原始人类怎么会想到让这些不同的原料发酵，以获得能让生活更加愉悦的饮料呢？

加州大学伯克利分校的达斯廷·斯蒂芬斯（Dustin Stephens）和罗伯特·达德利（Robert Dudley）观察到巴拿马一座岛屿的丛林中有只猴子醉酒，由此在2004年提出了《对猴子醉酒的假设》。这只猴子享用了油椰树上已经成熟的一颗果实，20分钟后就表现得像喝了两瓶葡萄酒的人类。成熟的水果、谷物的谷粒和所有植物都含有糖，自然也就能产生酒精，因为它们的表面会出现野生酵母。如果天气炎热潮湿，发酵就会更加迅速、更加高效，热带地区情况正是如此。酒精是一种能很快在空气中扩散的轻分子，通过嗅觉很容易被察觉。这样的话，猴子们就能通过嗅觉找到那些恰好成熟的水果，绕过那些对它们来说还没达到理想的成熟阶段的果实。因此，嗅觉的灵敏以及对乙醇气味的迷恋成了定位食物的有效方法。猴子们每天都要食用好几千克已经开始发酵的成熟水果。它们比较偏好已经含有一点酒精的水果，因为这种水果还有剩余的糖，而未完全成熟的水果中糖尚未形成，熟透的水果中糖则完全转化成了酒精（熟透的水果酒精含量可达4%）。酒精是一种难以捉摸的物质，也就是说其含量不高的话对人有益，含量过高则有害健康。

人类的远古祖先基本属于植食动物，那么它们是否曾发展出对乙醇的嗜好呢？这种嗜好是否又随着人类的演化流传了下来呢？有着这种嗜好的人是否能比其他人更好地养活自己，并且因为这种嗜好更加安全地存活下来呢？这些假设有待验证。从一项研究结果来看，现代人类对于酒精的爱好源自基因。[1]在人类演化过程的早期，人类可能感觉到了自然形成的酒精饮料的诱惑。[2]事实显然如此，那么，为什么如今人类对于酒精的嗜好不是天生的呢？人类感到口渴会更倾向于用水来满足需求：人类聚居点总是建立在水源或绿洲附近。此外，人工凿井的历史也很悠久，可以追溯到旧石器时代，这恰好证明了邻近水源对于人类一直非常重要。此外，孩子一般不喜欢酒精的味道，任何阶段的人类社会都是如此，成人是在经过启蒙之后才饮用酒精饮料的。

无论如何，对于醉酒猴子的观察说明人类对发酵水果的追寻可能开始于其演化史上极早的时候。可能是在品尝了熟透的水果之后，原始人类学会了陶醉于酒醉醺然的状态。这种状态他们可能在品尝某些蘑菇或者能作用于神经的植物时已经有所体验。我们经常能在史前古墓中发现这些植物的种子。之后，他们可能希望复制这种状态，直至近代，在乡下，人们依然在酒瓮中存放掉落的熟果来酿造某种果汁或果酒，而这些熟果在树下时就已经开始发酵了。制作"老服务生果酱"时，我们一层层叠放所有的夏季水果，加糖，有时还要加上白兰地。其做法其实借鉴了上述方法。在现代添加的白兰地使我们不由得联想到"化石般的"发酵法。我们是否能由此断定，某些史前实践延续了下来呢？

各种传说都认为酒精饮料的起源是出于偶然，或者是在观察到某种自然场景之后。老挝的酒诞生传说非常在理。有一天，有个叫作苏拉（Soula）的猎人发现了一棵树，树干上有3个树杈，树干中间有个洞，里面积满了雨水，从中长出了一些罗望子树和索马（Sômma）树，后者的果实掉在洞中。来洞中喝水的鸽子的嘴中掉下了从田野中啄来的米粒。几个月之后，在炎热的季节，猎人发现来此饮水的动物在树底下昏睡不醒，看上去似乎很愉悦。他感到好奇，也去品尝了树洞中的液体，觉得味道不错。很快，他就体会到了醉酒的效应。他将这种液体带回家，进献给国王，国王所求甚多，而他疲于奔跑，就尝试着自己制作这种饮料：他将罗望子树的树皮、索马树的果实以及米粒放在水罐中发酵。这就是人类制造出的第一罐酒。[3]该传说并未违背考古学的最新发现——最早的发酵饮料是混合的，其成分有谷粒、水果，有时还要加上蜂蜜和香料性植物。

从蜜酒到史前鸡尾酒

新石器时代以前的人类在任何气候条件下都拥有含有多种可发酵糖的原材料，如浆果、野生水果，还有诸如棕榈树、枫树、桦树之类树木的汁液、蜂蜜以及牛奶。这些原材料中有些是季节性的，这就涉及储存问题。比如说，我们知道在北欧，人们在初春收集大量的桦树汁和枫树汁。一部分汁液被直接使用了，还有一部分则被保存在用皮革、木头或石头制成的容器中。在小亚细亚，取自野生葡萄树的葡萄汁被储存在酒瓮或羊皮袋中。在热带地区，人们收集保存的是海枣树汁液。在美洲，则是可可豆的果肉和玉米的甜秆被保存起来。

很可能是在一个特定的时间，这些果汁或树汁在储存过程中开始发酵，因为浆果的表皮和植株上天然存在着酵母菌。[4] 含有糖的所有植物、水果、种子或茎秆都是这样。以各种植物为基础原料的传统发酵饮料直至今日仍在生产，而其起源可追溯至旧石器时代：白蜡树汁是将白蜡树的树叶煎熬得到汁液，因为蚜虫留下的树蜜中含有糖分，汁液就会自动发酵。桦树汁和枫树汁的发酵方式也是天然的。

第一种特意生产的发酵饮料很有可能是蜜酒。旧石器时代人们就已经开始饮用蜜酒，而且蜜酒是最容易制作的发酵饮料。蜂蜜不会自动发酵，但是如果将70%的水和30%的蜂蜜混合，几天之后就会产生一种低酒精饮料。其产生过程可能是有蜂巢从树上掉落，雨水填满了蜂巢。之后几天，蜂巢内储存的蜂蜜开始天然发酵，如同老挝的苏拉传说描述的一样。人们品尝了这种饮料，喜欢上了这种味道，然后将液体蜂蜜密封在羊皮袋中复制了其产生过程。在所有的大陆上，我们都能找到蜜酒在史前就存在的痕迹。

能找到的考古遗迹中最古老的发酵饮料都是混合饮料，含有蜂蜜、谷物、葡萄或其他水果、植物。现在世上已知的最古老的酒精饮料来自亚洲，在中国河南省的贾湖遗址中，在一个可上溯至公元前6200年到公元前5600年的墓地内有一副男人的骨架，周围有一些陶罐。经过分析，有一个陶罐内的淡黄色残渣被证明来自一种含有蜂蜜、大米、葡萄、山楂的发酵饮料：这是一种介于葡萄酒、啤酒、蜜酒之间的混合饮料。[5] 类似的以水果和谷物为原料的混合饮料在亚洲大陆一直存在着，并坚挺地延续到了我们这个时代。这些饮料通常混有各种植物，或多或少含有如芸香、大麻和罂粟之类的精神药物。在土库曼斯坦、中亚大草原和安纳托利亚进行的考古发掘让我们能够做出如下假设：混有这些植物的以水果、蜂蜜和种子为原料的发酵饮料在新石器时代就开始被饮用了。[6]

蜜酒或泰吉酒（tedj）
埃塞俄比亚

<u>1升蜜酒需要</u>

＊300克蜂蜜　＊700毫升非氯化水

这种发酵饮料是最普遍和最容易制作的。我们还可以在里面加上如柑橘片之类的植物性香料、香草或调味香料。

将蜂蜜和水混合倒入一个长颈瓶中，用橡胶密封，用金属起子封口，不要装得过满。用布覆盖瓶子，放在一个温度较高的空间内，每天搅拌一到两次。5到7天之后，就会有小气泡形成，混合液体将散发类似于"葡萄酒"的气味。用金属起子密封瓶口，以防空气进入。让液体发酵差不多4个月后，将之装入酒瓶，用金属起子密封酒瓶瓶口，不要装得过满。时不时将起子拉开几秒以减缓瓶内的压力。这种蜜酒需要趁口味比较淡的时候喝：装瓶之后3个月，就能产生一种酒精含量很低的、有香味的冒泡酒。我们也可以让它在地窖中继续成熟，但是时间过久的话，我们将会得到一种味道古怪的醋。

这种有着九千年历史的饮料在中国被发现，意味着文明仅仅开始于近东这种观点受到了质疑。贾湖遗址所发现饮料的制作过程极其复杂。实际上，要让米中所含的糖发酵，必须让淀粉转化成单糖。有好几种办法可以做到这一点。麦芽制造，也就是在焙烧之前的晶体形成过程，是一种如今仍用于所有工业啤酒和手工啤酒酿制的方法。将淀粉转化成糖所用的最古老的方法是咀嚼：唾液含有淀粉酶，可使谷物糖化。因此，古代的啤酒以及现在很大一部分传统的现代啤酒曾使用并仍在使用咀嚼种子或碎块茎之后再吐出的方法。吐出的物质几天内都在发酵。安的列斯群岛的派乌里酒（paiwuli），亚马孙地区的木薯吉开酒，圭亚那的卡西利和卡拉鲁（calalou），原料为木薯和紫山药，都是用这种方法酿造的。[7]巴西的图皮人生产的一种啤酒以昆诺阿苋为原材料、由妇女咀嚼这种原材料来酿制。皮斗酒（pito）则是一种依靠妇女咀嚼软木薯来酿造、酒精含量极低的属于亚马孙地区阿拉拉人的饮料。[8]在日本和中国台湾的某些地区，我们碰到一些围坐成圈的老年妇女，她们正在咀嚼饭粒并将之吐到一个容器中。容器中的米酒发酵之后将用于结婚典礼。在非洲，人们如今还是用这种方法来酿造传统的高粱啤酒和黍酒。[9]直到19世纪，这种技术在欧洲和中亚边界仍然占有一席之地。

随着时间的推移，谷物和水果类混合饮料渐渐让位给了纯谷物饮料，后者或多或少会用植物或松脂来增加香味。中国人给饮料的发酵技术带来了一种特别的贡献：使用酵母来对谷物进行糖化。这种叫作曲的酵母由曲霉、根霉或红曲属的各种真菌构成，可以简化发酵过程，使带来糖分的水果或蜂蜜再无用武之地，甚至让麦芽制造和咀嚼也失去了原有的意义。这种方法出现于公元前6千纪到公元前2千纪之间，随后传播到了整个远东地区。这种酵母可能是由昆虫无意中带来的，或者是木梁上的积年灰尘凑巧掉入了酒瓮。它需要以大米或小米为基底来培养，这两者是史前时期中国特有的谷物。现代中国的米酒和日本的清酒还是用这种方法来酿造。

史前鸡尾酒中浸泡的植物或多或少具有药物性，大都属于精神药物范畴。这种鸡尾酒以我们的眼光来看似乎是有毒的，但其毒性并非那么猛烈。诚然，如今啤酒一般只用啤酒花来增加香味，但是添加植物的饮料在欧洲一直存在着，其形式多样，如开胃酒、荷兰古开胃酒、苦艾酒等，都是在发酵饮料中浸泡各种各样植物和香料酿造而成。19世纪和20世纪流行的开胃酒和甜酒中常放入龙胆、当归、蒿类、甘草和金鸡纳树皮等植物，确实全都具有药物属性，甚至还有些能作用于神经，比如苦艾。苦艾酒（vermouth）一词来源于德语Wermut，意思就是"苦艾"。当我们饮着开胃酒的时候，谁还会去想手中的阿美利加诺（一种鸡尾酒）是否直接源自青铜时代初期的史前鸡尾酒呢？

从史前啤酒到现代啤酒

从公元前6000年起，实用陶器的出现使得发酵饮料填满了专门为此制造的容器。在中亚、中东和近东、非洲及欧洲，由各种种子发酵而成的啤酒从新石器时代起似乎就很常见，并且在整个古代都是如此。这种啤酒掺入了蜂蜜、香草或药草。苏美尔人酿造大麦啤酒，他们的社会各阶层都大量饮用这种美酒。啤酒是埃及人食物中很重要的一部分。我们说的是食物，因为天然发酵未经过滤的啤酒比面包含有更多的营养成分。在埃及人和苏美尔人中，啤酒都被认为是一种"液体面包"。修建金字塔的工人可以额外得到一到两块面包以及每天4—5升的啤酒，我们觉得这个配额很高，但对于这些体力劳动者来说是必不可少的。啤酒是一种再普通不过的饮料，从法老到升斗小民，社会各阶层都在饮用。在非洲大陆，啤酒到现在依然比水更加有益健康，且被当作一种完全独立的食物，当地人摄取的热量一半来自于此。

在离苏丹和撒哈拉以南的非洲不远的上埃及，有很多非常古老的啤酒厂。在希拉孔波利斯（Hiérakonpolis），一家始建于公元前3500年到公元前3400年的啤酒厂内有一个加热装置，还有好几排大型开口容器用于麦芽制造和麦芽汁生产。所需原料浸泡在持续保温的热水中。帕特里克·麦戈文认为在当时这些设备可以每天产出超过1000升的啤酒。[10]这些设备靠近生产面包的炉子。因此，在公元前4千纪，已经存在集体组织来处理谷物，从收获、储存直到变成面包和啤酒都有安排。[11]在阿比多斯，人们曾将类似的机构集中在一起。追溯至公元前3100年左右，啤酒厂内出现了同样的可装500升酒的大型酒瓮，被放置在砖砌炉子上。最有意思的地方在于，和这些史前啤酒厂一模一样的设备如今仍在布基纳法索被继续使用。[12]

埃及学家称为zythum或zythos的啤酒的发酵方法和凯尔特人的大麦啤酒发酵方法完全不同，凯尔特啤酒和现代啤酒所用方法类似，即或多或少呈液态的谷物发酵糊经过麦芽制造和焙炒。在古埃及，把小麦和大麦的谷粒捣碎或研磨，加入适量的水揉成面团，接种酵母（一块隔夜发酵的面团），然后放入炉子中低温烘烤，仅烤表面，内部仍需保持湿润以防酵母和酶被破坏。所得到的面包之后又要在水中搅碎得到糊状液体。糊状液体过滤后倒入热热的酒瓮，最后得到的麦芽汁被转移到发酵瓮中。人们有时还要通过向瓮中加入葡萄或者之前的一点啤酒来得到天然酵母进行接种。

在我们这个年代，布扎（Bouza）啤酒正是以同样的方式来生产的。这种啤酒在开罗、苏丹和摩洛哥的市场上仍有销售，19世纪的旅行家也曾对之进行过描述。[13]这种厚重的淡黄色饮料有一股酵母的气味，口感微酸，因为在酒精形成之前有过一段乳酸发酵。其酒精含量很低——3%—5%，差异在于发酵时间的长短和是否过滤。这种流行饮料有着众多品种，这一点在现代和五千年前是一样的。探险家布鲁斯1805年在埃塞俄比亚、苏丹、西非和南非等非洲好几个地区都曾见证其生产过程。[14]

现在在这片大陆依然存在着各式各样的本地啤酒，以黍、高

图卡拉（Tugala）的祖鲁人，正在酿造啤酒的妇女，19 世纪的插图

撒哈拉以南的非洲一直以来都是啤酒之乡。啤酒在那儿诞生，并往北传播到埃及地区。当地浸泡和烧煮啤酒的大型酒瓮和在希拉孔波利斯发现的酒瓮一模一样，并且有着超过五千年的历史。现在情况依然如此，当地几百种啤酒的原料都是本地的谷物或者块茎，最近使用的原料则是玉米。这些啤酒总是由妇女酿造，酿酒秘方由母亲传给女儿，或者经由某种奥义传授仪式进行传授。在流传范围最广的啤酒中，高粱啤酒（kaffir beer）在南非酿造，而红高粱非洲啤酒则产自中非。后者的酿造者都是妇女，她们形成一个强大的团体，并得到社会的尊重

梁、木薯、蟋蟀草、玉米、小麦、香蕉、番薯和其他仅在当地才有的块茎为原料，或者和其他香草香料混合，由此催生了大量的经济活动。我们无法一一列举，因为这些原料种类实在过于繁多，18世纪的旅行家认为有几百种。[15]我们可以选取几个例子，比如布基纳法索的红高粱非洲啤酒（dolo）就是妇女们在大型陶器中酿制的一种红高粱啤酒，这里使用的陶器和古埃及的陶器相似程度如同姐妹。乍得有一种啤酒叫作bilibili，而喀麦隆则称为bilbil。Urgwagwa则是乌干达一种用香蕉酿制的啤酒。在南非，高粱啤酒也被叫作班图啤酒（bantu beer），原料为高粱，酿造方法则让人想起比利时浓啤酒的天然发酵方式。这种啤酒可以饮用时还处于发酵过程当中，颜色混浊并起泡。每个地方都有酿自当地可用植物的啤酒。非洲同样盛产棕榈酒、香蕉酒、海枣酒，以及其他各种以蜂蜜和植物为原料的饮料，比如埃塞俄比亚的泰吉酒。[16]这些酒精饮料的"配方"很有可能是从撒哈拉以南的非洲传到了埃及，又在史前时期，从埃及传播到了美索不达米亚。

伊朗北部公元前4000年的戈丁丘证实了古代苏美尔人和埃兰人会用当地出产的谷物酿造大麦啤酒。这种啤酒因为加入了蜂蜜而口感更柔和，加入了植物气味更香醇。在阿卡德语中，这种啤酒被叫作sikaru，意思是"醉人的液体"。在苏美尔语中，它被称为kas，该词来源已不可考。这个和酿造有关的词语并非土著语言，我们由此可以猜想，其酿造技术也可能来自他处。[17]我们无法不注意到这个词和俄罗斯单词kvass（格瓦斯）的相似之处，后者据考证从10世纪起就专指一种现在在东欧仍以家庭方式生产的啤酒，其原料为麦芽和黑麦面包，发酵之后过滤，酿造方式和古埃及人、苏美尔人的做法完全一致。让·博泰罗认为，在美索不达米亚存在着好几份酿酒秘方，可酿造出各种啤酒，其口味、能量含量和质量参差不齐。

格瓦斯
俄罗斯

两瓶格瓦斯需要

＊500克黑麦（或小麦）面包　＊3升沸水　＊10克新鲜的面包酵母　＊60克糖或蜂蜜　＊6粒葡萄干　＊2株薄荷（或根据喜好选择一种植物性香草）＊有机柠檬片

以面包为原料酿造格瓦斯的方法继承自古代苏美尔人和埃及人。我们可以得到一种气泡很多、酒精含量很低的饮料。酒精含量大约在2%。

将面包切片，铺开放在一块板上，将烤箱调至180℃烘干面包片，面包片变色时取出。将烤面包片放在一个大型容器中，倒入沸水，常温下放置8小时。将此液体透过一层滤布倒入另一个容器，用力挤压以便挤出所有水分。取几勺水调配酵母，并加入一勺糖，静置20分钟倒入面包水中。加入一株薄荷，然后用一块布盖在容器上，常温下（20℃—25℃）放置48小时发酵。准备两个750毫升陶瓷盖的酒瓶和机械起子。在容器内放入3颗葡萄干、2片薄荷叶和1片柠檬片。过滤好格瓦斯，将之倒入酒瓶，不要装得过满。密封酒瓶，常温下放置3天到4天。当葡萄干浮至液体表面时，将酒瓶放入冰箱。美酒至此酿造完成，可供饮用。一般可保鲜几个星期。

这方面有点和我们现在的葡萄酒类似，既有大型葡萄种植园出产的名酒，也有普通酒。这些酒的名称不同，人们曾找到过完整的清单。[18]

古希腊的国民饮料曾是二粒小麦啤酒，时间为将近公元前3千纪葡萄酒被引入之前。欧洲其他地方的情况也是如此：从新石器时代起很长一段时间内，以蜂蜜和谷物为原料的发酵饮料在整个欧洲大陆风行一时。这些饮料和中亚的史前鸡尾酒一样，加入了可作用于神经的植物，有时还添加了可致幻且有毒的成分。在西班牙巴塞罗那周边（肯萨杜尼山洞、吉诺、科瓦戴尔奥山、泰吉雷阿山丘）和中亚地区（昂布罗纳山谷和南部高原）多个遗迹中的酿酒桶和平底大口杯中发现了大麦啤酒和小麦啤酒的残留物，时间跨度为公元前5千纪到公元初年。这些饮料有时添加了蜂蜜或单粒小麦面粉，有时也会添加艾蒿之类的植物。

位于苏格兰法夫大区的阿什格鲁夫（Ashgrove）墓地内发掘出了一些完好无损的酿酒桶，可追溯到公元前1750年到公元前1500年，桶底残留的黑色渣滓经分析被认为来自蜂蜜或类似欧石楠之类的植物的花粉，而欧石楠是用来给啤酒增香的传统植物。[19]离此地不远靠近泰赛德（Tayside），位于斯特拉斯艾伦（Strathallan）的巨石阵中，发现了源自公元前4千纪中叶容积为100升的发酵桶，以及一些用来进行厌氧发酵的桶盖。泰赛德发现的残渣中含有谷物、天仙子、颠茄、一些有毒植物和精神药物的花粉。这些精神药物不久之后因成为巫师所制香膏的原料而变得众所周知。英国考古学家安德鲁·谢拉特（Andrew Sherrat）认为这些饮料中还含有大麻和罂粟壳汁液[20]，就像公元前2千纪土库曼斯坦的饮料一样。

在奥克尼群岛梅恩兰岛上的巴恩豪斯、阿伦岛（公元前1750—前1500年）以及赫布里底群岛的拉姆遗址中都有类似的发现。这些发现表明人们消费以蜂蜜和谷物为原料、用各种植物增香的发酵饮料，这种饮料有点类似于中亚的史前鸡尾酒。爱尔兰有种奇特的青铜时代前凯尔特建筑，叫作fulacht fiadh，可能就是用来酿酒的[21]，啤酒也是当时陆地上的凯尔特人的饮料。加图的记载让我们确认了名字衍生自谷物女神色列斯的古高卢啤酒是高卢人的国民饮料，普林尼强调这种啤酒有很多变种。在5世纪奥罗修斯（Orosius）写的关于伊比利亚半岛的故事中，描述了一种和现代方法极其接近的用谷物制造麦芽的酿酒技术。[22]塔西佗描写的日耳曼人饮用一种用大麦和燕麦酿造的饮料，恺撒则明确了他们喝酒使用的器皿是牛角杯。德国泥炭土中的考古新发现给科学家们提供了机会，使他们得以分析这些牛角杯中遗留的残渣。人们在杯中发现了蜜酒和啤酒，其中啤酒的原料是制造麦芽用的谷粒，接种使用的是野生酵母。[23]

尽管葡萄酒占据优势，中世纪的人们仍继续饮用啤酒。一开始啤酒由妇女在家中酿造，慢慢地，啤酒生产变成了手工操作，转而成为男性的工作。当教会逐渐控制啤酒的生产和相关商业时，很多修道院开始专攻酿酒技术，可以接触到描述希腊和埃及酿酒技术的古老手稿的修士们由此增进了学识。[24]教会对发酵饮料的控制引发了真正的政治和宗教冲突。

在古代以及中世纪时期，啤酒还没开始用啤酒花调味。凯尔特人部落酿造的古啤酒，原料为大麦和混合麦（由小麦和黑麦混合），有时还有燕麦，还要添加各种植物，但是其中没有啤酒花。不列颠群岛的淡色啤酒是其孪生姐妹。这些植物的混合体被称为gruit、materia或pigmentum，它们所用到的植物极其多样，我们可以列举出好几十种组合。每个酿酒者都有自己精心保存的秘方，能酿出自己独特的味道。gruit的组合可以在肉豆蔻、桂皮、茴香、薄荷、生姜、当归、苦艾、牛至、刺柏、葛缕子、云杉、枫树汁等众多植物中选择。在这些无害的植物中还可添加其他植物如罂粟、天仙子、香桃木、锯齿草等。这些添加的植物也有药用功效，甚至有魔力般的作用。gruit能加强饮料的醉酒效果，同时还能作用于神经。这些混合物因其刺激作用而出名，曾被当作性兴奋剂使用。

加洛林王朝时期，国王垄断gruit的销售权，而非独占啤酒酿造

第七章 发酵饮料的世界

权，这两者的效果是一样的。未经开垦却长出了香桃木的土地成为皇家财产，任何需要使用gruit酿造啤酒的人都要支付使用费，这是国王的一项重要的特权。随着时间的推移，对gruit的垄断权出让给了某些辖区的主教。[25]渐渐地，先是修道院，然后是城市，慢慢拥有了类似垄断gruit生产的权利。在999年乌得勒支主教辖地大量生长香桃木之后，马斯河边的博梅尔城大步跟上，多特蒙德城和迪南城也不甘落后。通过授予这项权利，皇帝强化了自己的权力以及对领土的控制。

从11世纪初开始，主教和领主们就从中得到了可观的收益：任何想要酿造啤酒的人都必须向宗教或世俗机构购买gruit。自己制造gruit是不可能的，因为其配方被精心守护，有点像现在的可口可乐！

同样，人们认为酿酒时不用gruit也是不可能的。它就是"酵母"的同义词。当时那个年代，人们不知道酵母的作用，认为是添加的植物使液体发酵。在整个10世纪，修道院因此成了欧洲东北部控制啤酒厂的主要机构。到12世纪，日耳曼人的神圣罗马帝国当权者拒不接受这种垄断，这项权利从此仅归领主所有，并引发了各种抵抗活动：使用啤酒花就是一种抵抗形式。当啤酒花开始被大规模使用时，天主教会曾尝试发出禁令。1364年，乌得勒支主教禁止啤酒花的使用，理由是未遵循传统。科隆大主教在1381年4月17日颁布法令，要求任何想要酿造啤酒的人都必须在主教府购买gruit，禁止从附近的威斯特伐利亚引进使用了啤酒花的啤酒，并禁止在科隆地区酿造和饮用此类啤酒，违者将遭受极端严厉的处罚。我们得明白这并非玩笑：饮用一杯啤酒就有被逐出教会的风险。

为了应对教会对酿酒的控制，宗教改革加速了啤酒花的使用。一方面，改革反对天主教神职人员通过为人们提供真正的毒品获取财富；另一方面，又鼓励合理利用这种植物，因为相对于其壮阳或刺激性作用，其镇静和催眠效用更加显著。加入啤酒花这种防腐剂可以酿造出酒精含量较低的啤酒。约翰一世（1371—1419），也就是无畏的约翰（Jean sans Peur），勃艮第公爵、佛兰德和阿图瓦伯爵，曾致力于推动宗教改革——细节并非微不足道——规定在其统治省份必须使用啤酒花。佛兰芒酿酒商因此不必再支付gruit的使用费，并由此摆脱了天主教修道院的控制。此外，他还曾将啤酒花当作徽章，并于1406年成立了啤酒花行会。[26]

15世纪，这种植物的使用流行开来。尽管主教抗议，啤酒酿造者还是逐渐赎回了gruit的古老垄断权，以便能够放弃gruit，并用啤酒花来酿酒。[27]1516年颁布的著名《啤酒纯净法案》规定啤酒的原料只能是大麦、啤酒花和水。这项法案使巴伐利亚大公威廉四世重新控制了啤酒厂的税收。此后，类似的法案遍地开花，比如1736年斯特拉斯堡的啤酒法案就是其中之一。[28]1871年巴伐利亚重归德意志帝国时，提出的条件之一就是保留其特别的《啤酒纯净法案》，以便在和德国其他地方的竞争中保护当地的啤酒酿造商。直到1906年，该法案才在德国全境推广。第二次世界大战后，该法案因为欧洲条例开始有所松动，尤其在涉及出口的啤酒时。然而，当地很多啤酒酿造商仍然严格遵守这项法案，将之视为质量的保证，同时也是为了让酿自其他谷物如玉米的外国啤酒相形见绌。现在绝大多数啤酒用啤酒花增香，其实是因为教会和政府之间、天主教和新教之间的对立关系。

啤酒是世界上传播范围最广的一种饮料。欧洲人将工业啤酒带到了他们所到之处：美洲、非洲、亚洲、澳大利亚，啤酒由此代替了当地的传统饮料。被证实没有酿造啤酒传统的地方只有撒哈拉沙漠以南、埃及东部、阿拉伯半岛以及地球上的极冷地区——美洲

第七章 发酵饮料的世界

和亚洲的极北地区。几乎没有研究可用来证实发酵饮料来过澳大利亚，澳大利亚的土著人同样没有酿造啤酒，但在波利尼西亚、新西兰、塔斯马尼亚岛，经查证都有以树液或块茎为原料的啤酒存在，这一点比较奇特。帕特里克·麦戈文认为，一种饮料流传范围越广，其历史就越古老。我们可以肯定，啤酒的起源和人类的历史起源纠缠不清，难分先后。

葡萄酒征服世界

从技术上来说，任何含糖的水果都可以酿成酒。"用苹果酿成的酒"就是苹果酒，如今在法国整个西北地区、德国和加拿大魁北克地区依然流行。酿造醋栗酒、大黄酒的传统在法国东部仍然存在，而以前整个欧洲北部都流行酿造以各种浆果为原料的果酒。葡萄是含糖量最高的浆果，且极易发酵，也许这就是葡萄能代替其他所有浆果的原因。

旧石器时代的人类已经开始食用欧洲野葡萄的果实。这种野生藤蔓植物结出的黑色浆果，被发现与五十万年前的人类定居点有关。[29]在人类出现之前，野生葡萄树已经在地中海周围、西亚生根发芽。自从莱夫·埃里克松（Leif Erikson）在1000年登陆被他称为文兰（Vinland）的土地（很有可能就在加拿大的新斯科舍省）之后，它也在美洲生根发芽。

2007年，由爱尔兰、美国、亚美尼亚考古学家组成的团队在亚美尼亚的阿雷尼内遗址（site d'Arenine）发现了一块保存完好的颅骨、吃人肉的痕迹以及装满葡萄籽的器皿。我们由此可以做出假设：世上最古老的葡萄酒酿造在六千年前就已经发生了。这项惊人的发现驱使美国国家地理协会在2010年投资启动了新一轮的发

阿雷尼内洞穴遗址的全景图

  该遗址位于阿雷尼镇附近，沿亚美尼亚南部的阿尔帕河分布。这个洞穴是世界上最古老的酿酒地，也发掘出世界上已知最古老的鞋子

掘。完整的葡萄酒酿造建筑群因此重见天日，其历史可追溯到公元前4100年到公元前4000年！在阿雷尼-1（Areni-1）山洞中，有一个用作舂砂器的黏土盆外部覆盖着花青素，一种赋予葡萄酒红色的颜料。[30]这个设备上有道沟，液体可由此流入容积为54升的发酵桶。人们在此地找到了葡萄籽、碾碎的葡萄残渣、风干的葡萄、李子、坚果、陶器以及角状杯和其他含有葡萄酒残渣的陶器，它们可能是用来喝酒的。[31]遗迹下面的阿雷尼村现在仍以其葡萄酒酿造而出名。根据找到的葡萄籽形状，可以断定它们属于种植的酿酒葡萄。公元前5千纪的设备就已经非常完善，直到19世纪，在地中海盆地人们还在使用类似的设备，不过他们使用脚踩的方法来榨葡萄。

  在阿雷尼内遗址发现的压榨机并未能使在哈吉菲鲁兹丘（Hajji Firuz Tepe）发现的容量为9升的6个酒瓮相形见绌。该村庄位于伊朗、伊拉克、土耳其边界的扎格罗斯山上，是世界上最早的酿造葡萄酒的地方。对酒瓮内残留的淡黄色和浅红色物质的分析，表明里面的葡萄酒酿造于公元前5400年至公元前5000年这一时间段。研究仍在进行，目的是确认黄色和红色色素是否属于白葡萄酒和红葡萄酒。在这个位于普通居所内的史前"厨房"中，保存着至少54升的葡萄酒，相当于72瓶，这对于一个现代人来说是一份很好的窖藏。哈吉菲鲁兹丘位于野生葡萄传播区域的西部边界。这里储存的大量葡萄酒（遗迹内所有的房子都有储存，总量有5000多升）证实了该地区人民曾驯化葡萄树，因为野生植物难以提供如此多的产量。

已驯化的葡萄被移植到中东约旦河谷后不到一千年的时间内，葡萄酒的酿造在迦南人和腓尼基人的努力下成了一种真正的工业。公元前4千纪，杰里科高地、加沙地区、约旦河谷、贝卡平原遍布葡萄园。罗马人到来之后甚至在贝卡平原修建了一座巴克斯神庙。在古代，约旦河谷是葡萄酒最大的生产中心。

腓尼基人在将近公元前4千纪末的时候把葡萄种植技术传播到了埃及人中间。在阿比多斯前王朝第一任法老蝎子王一世陵寝的一个墓室内，有着700瓮葡萄酒，相当于4500升。这些酒并非产自埃及，因为当时葡萄在埃及过于干燥的气候中还未种植成功。实际上它们来自约旦河谷，可能是加沙或佩特拉地区，酒瓮上的黏土和封闭酒瓮的封盖的来源地证实了这一点。在某些酒瓮中能找到葡萄，或者无花果。在葡萄酒中加入新鲜水果或许是为了增加糖分，或者使发酵过程更加容易，因为在水果表皮中含有天然酵母。当时的葡萄酒同样还用风轮菜、密里萨香草、芫荽、薄荷、番泻叶、鼠尾草、石上藕、百里香之类的植物增香调味。

葡萄酒之后又征服了克里特岛、希腊以及地中海周边所有地区，而且并未就此停止征程。葡萄种植于公元前500年出现在印度，而2世纪的中国人就已经会品葡萄酒。至于我们的祖先高卢人，则是希腊人在公元前6世纪将葡萄带到殖民地马赛时才认识了它，随后罗马人在高卢的各个省份推广葡萄酒，高卢人也参与了葡萄酒的扩张大业，他们培育出了抗寒且能适应北欧气候的葡萄品种。此外，他们还发明了木桶，直到今天人们仍将之用于葡萄酒的发酵和陈酿。葡萄就这样来到了卢瓦尔河北和莱茵河畔。

葡萄酒醋：葡萄酒的最后命运

我们可以想到，葡萄酒醋的生产和葡萄酒的酿造一样古老，因为前者是后者"生病"的结果，或者更确切地说，是发酵的最终阶段。葡萄酒和空气接触，混入了杂菌，乙醇因此变成了乙酸。从发酵开始的时候起，人们就在用各种方法，如加入树脂或保存在密闭容器内，阻止葡萄酒向葡萄酒醋演变这个不可避免的过程的发生。对哈吉菲鲁兹丘和阿比多斯留下的葡萄酒残留物的分析，证实了葡萄酒中曾添加了大西洋黄连木的树脂。这种树脂来自于一种地中海地区常见的树木，有药性，能防腐，并且抗氧化。希腊人后来用它作为一种葡萄酒的防腐剂。

古代的人类发现葡萄酒醋能减缓或阻止食物的腐烂。苏美尔人证实了它的这种效用，《圣经》中好几次提到古埃及人知道这一点。顺便提一下，克里奥帕特拉曾用它来溶解珍珠，以迷惑马克·安东尼。罗马人不甘落后，他们将之用作调料或保存野味。

人们用香草、香料或花朵来给葡萄酒醋增添香味。加水稀释后，它就是古代人最常饮用的清凉解渴的饮料。老加图在其《农业志》中记载了采摘橄榄的人得到的报酬是一定数量的葡萄酒醋和盐渍橄榄。甜葡萄酒中掺入海水和葡萄酒醋，在一个酒桶中保存10天，得到的就是人们在冬季互赠的饮料。[32]罗马军队喝加了水的葡萄酒醋来解渴；这种清凉解渴的刺激性饮料被称作波斯卡（posca）。日本武士也喝过类似的东西。十字架上的耶稣基督要水喝时，人们给他的可能就是一种原料为葡萄酒醋的饮料。

在公元前218年汉尼拔穿越阿尔卑斯山的传说中，葡萄酒醋也粉墨登场。困在山里的迦太基人点起大火来给岩石加热，随后倒上葡萄酒醋，岩石就爆炸了。这纯属无稽之谈，因为葡萄酒醋作为一种被稀释了的酸，根本无法侵蚀一块山石。所以故事里人们想象需要大火来做到这一点！这个传说可能来源于抄写时的一个错误，将酸（acetum）和钢（acies）搞混了。应该是火和钢穿透了岩石。[33] 然而，我们还需注意一点：对于讲述这个传说的提图斯·李维和尤维纳利斯来说[①]，军队在行进途中带着如此之多的葡萄酒醋并不反常。

不含酒精的发酵饮料

我们爱吃的巧克力也是一种发酵食物。六千年前的美洲印第安人既不生产板状的巧克力，也不制糖，更不会制造加奶和糖的热饮料，但是他们确实用巧克力制作了一款酒精饮料。可可树的果实包含白色多汁的果肉，富含糖和脂肪，这一点吸引了众多野生动物，如猴子和鸟类等。但是它苦涩的味道以及具有收敛功能的种子（可可豆）则让动物们退避三舍。它们吃下果肉，将豆粒留在地上生根发芽，长成一棵新的可可树。

熟透的可可果掉到地上时会开裂，果肉开始自动发酵，然后

---

① 提图斯·李维（公元前59—公元17年，拉丁文名字为 Titus Livius），古罗马历史学家，著有《罗马自建成以来的历史》。尤维纳利斯（拉丁文名字为 Decimus Junius Juvenalis），公元1世纪晚期到公元2世纪的古罗马讽刺诗人。

可可豆的发酵

发酵往往在可可生长地进行,时间为 2—8 天,气温、湿度和当地微生物情况对可可的发酵影响很大,甚至能决定最终的巧克力的口味

变成液体。西班牙的编年史作者们记述了危地马拉人民会用捣碎的可可果肉制作一种饮料，他们将果肉放在独木舟内停滞不动的水中发酵，由此得到一种清凉解渴、味道微酸的饮料，其酒精含量可达5%—7%。[34]正是受到这种饮料的诱惑，最早的美洲人才开始驯化可可树。该饮料的最早遗迹发现于墨西哥的埃斯孔迪多（Escondido）港的一个陶罐中，可追溯至公元前1400年，当时该地区生活着奥尔梅克人。[35]而在现代人的认知中，附近的于乌拉山谷（vallée d'Ulùa）恰好是驯化可可树的摇篮。

在征服者的描述中，玛雅人和阿兹特克人喝起泡的可可。这种饮料用胭脂树红增色、用蜜增加甜味、用包括辣椒和香草在内的植物香辛料增加香味。

贝尔纳迪诺·萨阿贡（Bernardino Sahagún）在其《新西班牙诸物志》[36]（1540）中曾写道：

> 美餐过后，人们端上了精心制作的好几种可可饮料。有用嫩果做成的，味道极好；也有加入蜂蜜的；还有一种加入了钟摆花（cymbopetalum penduliflorum），另有一种加了嫩香草；有红色、石榴红、橙色、白色等几种颜色。

那个时代的饮料是否仍然含有酒精呢？我们无法做出肯定的回答，但是可以作此猜测，因为萨阿贡修士曾经这样描述："如果果实新鲜，喝得过多就会使人酒醉，饮用节制则清凉解渴。"[37]

征服者们找到了符合自己口味的饮料，将之带回了西班牙，从此，可可进入了我们所知的繁荣时代。在21世纪，为了获取特殊的香气，巧克力饮料总是要经过发酵，即使现在的饮料已经不含酒精了。从阿兹特克人开始，巧克力饮料就被加入香草以增加香味，香

接骨木花冒泡酒
法国

两瓶750毫升酒需要

＊4朵中等大小的伞形接骨木花簇 ＊2升水 ＊200克糖 ＊2个有机柠檬

这种接骨木"香槟"清凉解渴，可在春季接骨木花盛放的时候酿造。这种酒气泡多（开瓶时要当心），可保存多年，且时间越久口味越佳。

不需冲洗接骨木伞形花簇，将之放入广口瓶，加入切片柠檬和糖。倒入水并搅拌。用一块布盖上瓶口，并用橡皮带固定好。将瓶子置于阳光下5到6天。这段时间过后，就会有小气泡产生。过滤液体，将之倒入配有瓶塞的酒瓶，瓶塞要有橡胶垫片，另外还需配备金属起子。将酒瓶置于凉爽处避光保存，在饮用前需放置至少两个月。

草芙经过发酵，能够散发迷人的香气。

至于咖啡的来源，我们几乎一无所知。它可能来自于埃塞俄比亚。野生咖啡树从中部非洲到塞内加尔都有生长。据一份15世纪的手稿上所写，它"古老得无法追忆"。[38]

饮用咖啡的习俗一直到15世纪才通过也门传播到阿拉伯。这就解释了为什么东征的十字军不知道咖啡。在信奉伊斯兰教的国家，咖啡得到了迅猛发展。它先到达君士坦丁堡，威尼斯商人从红海上的摩卡港口引进这种饮料，在17世纪后半叶传到了西欧。[39]后来法国人又将它引入了留尼汪，然后是圣多明各。后者的黑人贸易使得咖啡种植非常有利可图。19世纪初，咖啡才传到了巴西，20世纪传入哥伦比亚、中部非洲和东南亚。尽管其传播过程比较缓慢，但如今全世界的人都喝咖啡。

另外一种享誉世界的饮料——茶饮，也可通过发酵制成。从茶树上摘下茶叶后，露天铺开，在炎热湿润的环境下，就能通过发酵使茶叶变黑，其香味也会慢慢散发。茶的颜色越黑，说明其发酵得越充分，绿茶是没有经过发酵的茶。

对茶饮料追根溯源，它应该是出现于公元前2世纪的中国，虽然有些传说将它的饮用又提前了两千年。起初，茶叶被磨成粉，然后压实形成茶砖。人们根据需要将茶砖弄碎，放在水中煮沸，加盐，有时甚至加香料。喝茶用的是一个公用大碗，依次传递。茶砖可用做交易的货币，这就是为什么茶在蒙古地区可用于交换马，此地喝茶总是要煮沸加盐，另外还会加入牛奶。

之后约在10世纪或12世纪时，中国人开始推崇搅拌溶解在液体中的细茶粉。日本文人将这种饮料引入了日本，在日本人现在的茶道中，仍需要搅拌茶水。直到1391年，明朝的建立者才颁布法令，规定必须使用茶叶，人们从此才开始泡茶喝。正是在这个时期，出现了茶壶、茶碗和个人使用的茶杯。在此期间，茶通过丝绸之路到达了俄国和印度，但是这两个地方并未种植茶树。在16世纪，葡萄牙人通过殖民地澳门将茶引入了欧洲。直至16世纪，茶叶才到达英国，通过葡萄牙公主凯瑟琳·布拉冈斯（Catherine de Bragance）和英国国王的婚姻，茶叶在英国流行开来。公主在嫁妆中带来了成套茶具和一箱箱茶叶，教会了宫廷中的贵妇葡萄牙的饮茶习惯。

然而，茶叶的作用并不仅仅限于社交和满足人的味蕾，它是世界上众多经济政治冲突的关键诱因。整个17世纪和18世纪，英国人和荷兰人为了垄断茶叶进口一再起争执，而这项权利本来就是他们从葡萄牙人手中抢夺来的。伊丽莎白一世成立的东印度公司将茶叶贸易的垄断权保留到了19世纪。英国在中国建立了一个利润丰厚的鸦片和茶叶的三角贸易体系，由此引发了两次鸦片战争，迫使中国向西方打开大门，并使得香港成为英国人的囊中之物。在19世纪，同样也是英国人，在失去了从中国进口茶叶的垄断权之后，转而在印度引入了茶树的种植。对茶叶的钟爱还有着其他无法忽略的政治影响：1773年在波士顿茶商集会上，北美移民将英国人运来的茶叶箱扔入大海，以此抗议税收政策。这个事件拉开了美国独立战争的序幕。

第八章　从爆米花到面包

> 21世纪做面包的方法和四千多年前并无不同。

对于大多数人类来说，6种谷物构成日常生活的基本食物。这就是小麦、大麦、黑麦、燕麦、大米和玉米。前4种生长在气候温和的地区，后两种则长于炎热地区。这些谷物食用时可不经加工，也可以发酵饮料或固体食物的形式供人选择。

最早被人类驯化的谷物似乎是大麦，其种植并非源于中东，而是在更东边，靠近中国西藏的中亚地区。[1]最早的大麦田慢慢被其他禾本植物侵占，这些当地的野草现在被我们叫作小麦、燕麦和黑麦……很多世纪过去，谷物发生了杂交、突变，随着大麦种植传向西方，人们渐渐驯化了这些谷物。

粥：食物之母

我们可能永远无法确切知道人类何时懂得从谷粒中提取面粉，然后开始以后者为原料制作面包的。在直接食用天然的谷粒与通过簸扬、将谷粒碾碎或磨成粉、过筛得到面粉、制成面团后再上炉蒸煮之间，有着各种复杂的步骤。考古学家在世界很多地方都发现了焙炒过的谷粒。这一点让我们想到，人类食用谷物的最早形式可能就是爆米花：为了去除谷粒难以咀嚼的外壳，人们不得不将之放在炉子上烘烤。谷粒爆裂开来，咀嚼起来就容易很多。生谷粒的涩味也通过这个步骤去除了。通过焙炒，同样很容易就能去除未发生爆裂的谷粒的外壳，这让随后进行的磨粉更易操作。类似的实例在印度、美洲、苏格兰都存在。[2]在中东，有种叫作shawi的绿色小麦粒，经烘烤后可在节庆和娱乐场合供人享用，如同美国的爆米花一样。

人类随后想到可以捣碎焙炒过的谷粒，在得到的面粉中加入水，以期获得一种可以喝的粥，或可以吃的糊状物。人们能用面粉做不发酵的饼，后来又学会做发酵面包。如果不是在热板上烹煮粥，怎么能得到做薄饼或煎饼的方法呢？谷物最早进行的发酵既不是做了面包，也不是酿了啤酒，而是做成了粥，也就是糊糊。做粥需要的设备极其简单，不需要炉子，也不需要大桶。如果在烹煮前把这种粥置于和周围环境相同的温度中，它就会自动发酵。如果天气炎热，比如在肥沃的新月地带或中亚，发酵就会更加迅速。

无论是由谷物还是块茎煮成的粥，都是新石器时代的典型食物。它穿越了许多世纪来到我们面前，并未经历什么深刻的变化。巴尔干半岛的科利瓦是一种由小麦粒碾碎加入干果的粗粥，如今专门用在和死亡有关的仪式中，丹·莫纳（Dan Monah）认为这个细节可以证明其古老，在新石器时代晚期（公元前7千纪到公元前6千纪）的容器内发现的硬皮就是粥的遗迹。[3]有一点很明确，现在的葬礼上人们需要使用不发酵粥[4]，这恰好表明在日常生活中，粥会在发酵后被食用。

布格麦（boulgour）的制作方法与此相同，首先将小麦粒煮开，然后在阳光下晒干，最后碾碎。在中东，它被放在水中烧煮，煮出的粥由颗粒状的流质构成。如果在其中加入酸奶并发酵好几周，就能得到一种叫作kishk的混合物。后者需晒干后食用，弄碎后可放入汤中使其变稠。

在美洲，哥伦布发现新大陆上的印第安人食用的是呈发酵粥样态的玉米。夏威夷的稀芋泥（poi）是一种发酵的芋头（一种块茎）粥。新西兰的毛利人让玉米发酵好几个星期，然后将玉米粒碾碎，做成一种叫作kanga pirauet的粥，这种粥备受毛利人欢迎，一般在早餐时食用。在远东地区，大米浸泡整晚再长时间烧煮就成了大米粥（congee）。印度的ambali则是一种将小米与大米混合的发酵粥。菲律宾有种叫作米糕（puto）的发酵糕点，用米团经蒸煮制成。[5]苏丹的aceda则是一种高粱粥。肯尼亚常见的uji是把玉米、小米、高粱或木薯发酵做成的一种稀粥，人们用葫芦瓢舀着来喝这种粥。

玉米经常会取代非洲当地出产的谷物，西非的ogi是一种用玉米、高粱或小米做成的粥。fufu和gari都是用木薯发酵熬成的，木薯未经发酵时有毒，在非洲、南美洲、加勒比海地区和亚洲有几十种烹饪的方法。[6]南非有种叫作mahewu的饮料是用玉米发酵做成的，在加纳，kenkey和banku是一种将玉米粉发酵搓成小球裹在玉米苞叶内的食物，它们让人联想到墨西哥的波瑟尔，一种以灰化的玉米为原料做成的粥或饮料。在委内瑞拉那些因为海拔过高没法进行完美烹饪的地方，人们会在烧煮之前先将大米发酵。

在古代地中海地区，人们食用很多的粥，中欧地区亦然。细细碾碎的面粉糊在新石器时代中期（公元前5千纪）就已经出现了。让我们回想一下，历史上希腊人曾将罗马人叫作"食粥者"，其实他们自己也会做大麦粥。根据老普林尼的粥谱，方法如下：

> 人们用多种方法来做粥。希腊人用水浸湿大麦，晚上阴干，第二天烘烤，再碾碎。如果烘烤过头了，就要再添少量水浸湿，干了之后再碾碎……有一种用来做波伦塔（polenta）的

麦片粥
苏格兰

两碗粥需要
* 80克片状燕麦
* 500毫升非氯化水
* 2汤勺天然酸奶
* 1小撮盐

这种燕麦粥按传统一般在早餐时食用。可用新鲜奶油、蜂蜜、糖、枫糖、桂皮和新鲜水果来搭配。

将片状燕麦、250毫升水和酸奶混合。盖上一块布,将其置于温暖的地方发酵24小时。加入剩下的水和盐,倒入平底锅内,使之煮沸并不断搅拌。将火关小,继续煮5分钟直至粥变稠,再加上任意选择的配菜静置5分钟上桌。如果想定期食用麦片粥,最好保留一份粥,用作以后烹饪的引子。将上述分量加倍,保留混合物的一半(在加盐和剩下的水之前取出),在常温下放入罐中。下次再煮粥时,加入燕麦和必要的水(酸奶已经没用了),按照同样的方法使之发酵。别忘了每次都要取出一部分用于下次烹煮。

方法,需要准备20升大麦、3升亚麻籽、半升芫荽、一醋瓶盐,混合在一起后先烘烤,然后再碾碎。如果想将粥保存更长时间,可以将粥和面粉及麸皮一起装入用新土烧制成的罐子内。[7]

直到19世纪,荞麦粥仍是法国西部乡村地区的一种重要食物。布列塔尼人更偏爱yod kerc'h,这种夜间发酵的燕麦粥在20世纪仍受人们青睐。其他类似的食品世界各地都有,包括俄罗斯的荞麦饼kacha及意大利的波伦塔玉米饼——在玉米传入之前是用小米做成的,就像法国西南部的玉米饼millas和汝拉省的gaudes一样。所有这些食物都是养活了苏美尔人的粗面粉粥的直系后代。

在大不列颠群岛，麦片粥是将燕麦米碾成片状做成的。按照当地的传统，在烧煮之前，人们要将燕麦片浸泡至少一个晚上。由此产生的发酵赋予了燕麦粥一种颇具代表性的微酸味。在加那利群岛，15世纪西班牙人到来之前，关契斯人（Guanches）会煮一种以黑麦和小麦为原料的粥gofio，这种粥是关契斯人的日常饮食。这种源自柏柏尔人的食物在今天的摩洛哥同样有人烧煮。遵循同样发酵模式的braga或zur在整个西欧传播开来，从波兰到巴尔干地区，一直到西伯利亚都有其踪迹。在过去，这种食物是将小米的米粒浸泡在水中，形成一种一定程度上呈流质状的面团，加热后再发酵24小时。这样制成的饮料或混浊的浓汤在过滤后要马上饮用，它含有极少的酒精，浓度为1%—2%。当时的每家每户都有一个粗陶罐子来发酵zur。罐子用后不清洗，以便让底部留下一点残渣用于第二天的发酵。在罗马尼亚和巴尔干地区，以黑麦为原料发酵制成的zur，现在被用来给汤提香增味。

俄罗斯的其塞尔（kissel或kisiel）如今是一道以水果为原料、用淀粉增稠的甜点，它起初其实是一种比zur更加浓稠的发酵谷物粥。撰写于1111年的《内斯托编年史》在叙述一件发生在997年的事件时第一次提到了这种食物。在这本编年史中，作者指出其塞尔是由燕麦、小麦、麸皮浸泡在水桶中制成的。[8]它的名字来源于俄语kisly，意思是"发酸的，有酸味的"，zur也一样。我们可以发现zur和法兰克语sur之间的相似性，后者衍生出德语词sauer，英语词sour以及法语词sûr。词源学显示这种食物一定是发酵制成的。这种富含营养的饮料可以被当作"啤酒活化石"，因为它是从史前时期幸存下来的，是面包和啤酒共同的祖先。[9]

从烤饼到面包

　　粥同样孕育了各种面食，这些面食在苏美尔人中就已经存在了：人们将一块厚面团弄成小块或搓成碎屑后抛入沸腾的肉汤中烧煮。[10]今天，面食遍地开花。液体状的糊糊倒在预先在炉子上加热过的瓦片或平整的石头上，就会变成——烤饼！它是布列塔尼的特产，也是欧洲乃至全世界的特色食品，从乌克兰的布利尼饼（blini）到印度的蒸米浆糕（idli）和多莎薄饼（dosa），都是以扁豆粉和大米为原料、有时加入乳清接种做成的烤饼或小糕点。[11]在法国南部，索卡豆饼（socca）或者潘尼斯饼（panisse）是用鹰嘴豆做成的烤饼。摩洛哥的千层饼（msemen）和煎饼（baghrir）都是以面粉或粗玉米粉为原料、最后涂上一层蜂蜜的薄饼。在印度南部和斯里兰卡有一种叫appa的薄饼，是由大米和可可豆做成的。[12]制作上述所有食物都需要提前发酵。

　　用浓稠的糊糊很容易就能做成烤饼，可放在炉膛内烧烤，希腊的大麦饼maza就是其古代版本。从focus（炉子）一词派生出意大利语中的foccacia（佛卡夏面包），还有我们法语中的fougasse（叶形烤饼）和fouace（烤饼）。烤饼家族拥有数目庞大的后代，包括美洲印第安人的tortilla，印度人的nan和chapati，埃塞俄比亚的enjera或kocho，斯里兰卡的appa，苏丹的kisra，中国人用米配烤鸭吃的小麦薄饼，中东、中亚和北非的口袋面包，以及德国的半圆弗顿饼（fladenbrot）和斯堪的纳维亚地区的扁平面包。

　　我们很快就能从烤饼时代过渡到面包时代。面包可能诞生于肥沃的新月地带，之后传播到了整个欧洲和亚洲大部分地区。如今的中亚仍然是世界上传统的食用面包的国家，甚至在远东地区，发酵小麦面包和传统的主食大米也是同处一室。可上溯至公元前2千纪

埃及国王谷壁画

埃及法老拉美西斯三世的皇家面包店,其中有各种类型的面包,还有的被捏成了动物的形状

多莎薄饼
印度

四人份薄饼需要

＊300克大米　＊200克红扁豆　＊1撮葫芦巴　＊1咖啡勺盐

这种薄饼可代替面包，可配蔬菜或沙拉，一般在早餐时食用。在印度，人们使用的是去壳黑扁豆，但我们也可以用更易得到的红扁豆来制作这道薄饼。

将大米用常温水冲洗干净，放入一个容器中，加入未氯化的水，水面要在大米之上5厘米。红扁豆也同样如此处理，再加入葫芦巴，浸泡整晚。第二天，分别研磨大米和扁豆以得到两种面团，为了让研磨过程顺利进行需要加入少量的水，面团以黏稠为宜。混合两种面团，加入盐，放入事先准备好的一个大容器，置于温度较高的地方发酵12—48小时，在此期间面团的体积将会翻倍。加入足够的水使面团呈糊状，在涂了少量油的铛上铺开煎熟。薄饼一出锅就能品尝，也可加上如印度酸辣酱之类的配料。

的美索不达米亚的泥板上面提到了200种不同的面包，根据面粉的类别、揉捏的方式、添加原料的种类、味道以及香味、烹饪方式等分门别类记录在案。[13]这个数字可比现在大多数面包店的面包种类多得多！我们可以确认，添加了香料、鸡蛋、动物油脂、蜂蜜、各种籽粒的花式面包和奶油圆蛋糕，早在四千年前就已经问世了。此外，口袋面包也值得关注，这种面包是将面团仔细平摊开来做成的，如今在中东乃至北非仍能找到，在这些地方，口袋面包和发酵面包共同存在。烤饼通过静置面团几个小时来发酵，而发酵面包则需加入外来的酵母，可以是一点啤酒或发酵汤，也可以是变酸的粥。[14]在印度，人们现在仍在用发酵牛奶或酸奶来给制作印度面包（nan）的面团接种。

这些烤饼可以在炉膛中快速烤熟，或在炉火灰烬冷却前直接埋入其中。最常见的是在一种叫作tinûru的黏土制成的炉子上烤制，这种炉子很大，呈垂直的圆柱体形制，是坦都炉（tandor）的前身。在印度南部，人们如今仍在用坦都炉烤制印度面包，阿富汗、伊朗、高加索地区的国家、中亚南部地区也用它来烤面包。烤面包曾使用烧过的黏土制成的钟罩式或圆顶式炉子，它是现代面包师所用炉子的先祖，从新石器时代起就在欧洲南部存在了。

世上第一块面包及其后续

有一种看法认为是埃及人发明了酵母面包。这是个偶然事件——做饼用的面团被忘在一旁，产生了发酵。在埃及考古发现的面包店遗址和面包实物表明埃及人完善了做面包和糕点的技术。他们贡献了几十种不同的面包，有时还加入鸡蛋、油脂，塞入海枣或其他水果做馅，其实物可在开罗博物馆一睹为快。这些面包可能是用天然酵母发酵制成的，制作天然酵母的方法如今在一些村子里仍然存在：将水倒入一个容器，将上次做面包剩下的面团揉成碎屑放入，再加入一些面粉捏成新的面团，在常温下让面团静置，发酵完成后就可以做下一炉面包。

添加酵母这种方法至少可追溯到公元前1500年。我们可以认为面包师是在酿造啤酒时收集到了酵母，因为面包和啤酒通常在同一地点制造。[15]古埃及面包不能像欧洲面包那样膨胀，原因在于使用的面粉不同：二粒小麦和低麸质大麦做出的面包更为紧实，而且大

荞麦薄饼（crêpes de sarrasin），布利尼饼
布列塔尼
中欧、乌克兰、俄罗斯

荞麦薄饼直到20世纪都是布列塔尼人的基础食物。人们在薄饼上涂抹蜂蜜，或按照喜好涂抹其他配料……下面是按照传统发酵方法制作薄饼的食谱，简单易操作，孩童都能胜任，需要花费较多时间，但物有所值。

＊500克荞麦粉 ＊1.25升水 ＊1咖啡勺盐

在荞麦粉中加入500毫升水，做成黏稠的面团。将500毫升水倒在大勺的背面，淋入容器中并没过面团，不用搅拌，以使面团和空气隔绝。用一块布盖住面团，在常温下静置发酵24小时。发酵完成后加入盐和足够的水，使面团变成糊状。上炉烤制形成薄饼，按照喜好涂抹配料。

其他方法：布利尼饼也是一种用荞麦粉做的较厚的小薄饼，不同之处在于它需用啤酒酵母来发酵。品尝时按照传统一般要配上同样经过发酵的熏鱼和酸奶油。

＊20克面包用新鲜酵母 ＊300毫升全奶 ＊150克荞麦粉 ＊200克小麦面粉 ＊3个鸡蛋（蛋清蛋黄分离） ＊1咖啡勺盐 ＊250克浓稠的新鲜奶油 ＊1盒天然酸奶

将弄碎的酵母加入一半的温奶中，再掺入荞麦粉。盖上一块布，将此混合物保持温热静置1小时。在此期间，将小麦面粉倒入一个大的沙拉盘，加入蛋黄、盐、剩下的牛奶、奶油和酸奶，搅拌直到面团表面光滑为止。荞麦面团饧好后，将之和小麦面团混合捏在一起。继续静置发酵2小时。开火做布利尼饼时，在面团中小心地加入打发起泡的蛋白，然后用小锅开旺火煎焙。

多数情况下需要用模子塑形。

最古老的发酵面包的考古遗迹实际上位于欧洲，出现于公元前5千纪。在铜石并用时代（公元前5千纪到公元前3千纪），从巴尔干地区到乌克兰一带，农业蓬勃发展。在罗马尼亚发现的这个时期的住所遗址内有完善的石磨、带有拱顶结构的炉子以及将近两吨的巨额粮食储备。这些谷物根据种类不同（小麦和大麦）和谷粒的大小被分别保存在不同的筒仓内。[16]

此外还发掘出了用小米做成的圆形大面包，人们在里面发现了小米米粒，这种面包是从饼过渡到面包的中间阶段。同样的圆形大面包用黏土塑形后应该是在仪式结束时使用的。还是在罗马尼亚，人们于苏西达瓦-塞雷（Sucidava-Celei）山丘内发现了一块已经炭化的面包的残渣，看上去像是一块厚厚的饼。在面包内部，可以鉴别出大麦和亚麻籽，此外，肉眼可见的密密麻麻的凹槽表明这是块发酵面包。

然而已知的最古老的发酵面包发现于瑞士纳沙泰尔（Neuchâtel）附近的蒙特米赖（Montmirail）遗址，可追溯至公元前3719年到公元前3699年，发现时已碎成多块。另外一块发现于比尔湖（lac de Bienne）附近的杜阿纳（Douanne）的面包则保存完好，产生时间在公元前3560年到公元前3530年间，原料为精磨过筛的优质小麦以及酵母。这块面包外形圆胖，是在炉子上烤制而成的，和现代面包方方面面都相似。[17]曾分析过这块面包的马克斯·瓦伦（Max Währen）写道：它的外形和制造过程并不能将它和仍然存在于阿尔卑斯山地区尤其是瓦莱省的发酵面包区分开来。[18]在同一遗址，人们还发现了大麦面包和粗碾过用来做粥的谷物。

在杜阿纳发现的面包很有可能是用天然酵母发酵制成的：一小块前一天留下的变酸的面团可用来给新的面包接种，或者也可按照

制作面包,达克拉,埃及

这些妇女制作面包的方法和法老时期以及六千年前的欧洲别无二致。新石器时代就存在的"钟罩式"或"圆顶式"的炉子直到19世纪都是传统炉子的典范,其样式应该和图中黏土所制的炉子极其相像。炉内出产的面包是发酵面包,面团通过上一炉面包所剩的面团或很早就为人所知的啤酒酵母接种。妇女烘制面包的行为是集体性的,炉子周围展开的是一场盛大的聚会

上文描述的方法使用和面缸内剩下的面屑。

希腊人和罗马人使用的是一种以葡萄汁为原料的发酵剂。普林尼曾给出过配方：

> 制作酵母，可以将小米用葡萄汁揉在一起，它可以保存一年，也可用细腻、质量好的麸皮来制作酵母，甚至用小麦也可以；我们用酿了3天的白葡萄汁来揉和麸皮，将它捏成一个个小饼状，在太阳下晒干，以便做面包时再次调配……这种类型的酵母都只能在葡萄收获季时制作，而我们可以在任何时候用大麦和水来制作酵母：我们用大麦和水做一些蛋糕，总重量要有两磅；在热炉子上烧制，或放在土制盘子内埋入灰烬内或火炭中，直到它们变红：这样就能做成酵母，使用时再进行调配。[19]

他们全凭经验发现，葡萄表皮上的菌群中含有酿酒酵母。这种酵母和啤酒酵母、面包酵母并无二致。

然而，天然酵母同样也被使用，普林尼补充说：

> 现在酵母甚至可以用面粉制作：加盐之前将面粉揉好，煮至粥的稠度，静置一边直到它变酸。但是一般来说我们甚至都不用烧煮，只要用前一天保存下来的面团就可以了。

最后这种方法被欧洲所有的面包师采用，直到18世纪都是如此，现在又回归了。凯尔特人使用从发酵桶中收集的啤酒酵母，普林尼对这种轻软的面包大加赞赏："高卢人和西班牙人用别处出产的小麦以及凝固的酵母来制作饮料；这些地方的面包也比其他地方的更加轻软。"[20]制作啤酒酵母的技术在基督教化后就消失了，当然

酿酒酵母的扫描电镜照片,其细胞呈球形或者卵形,直径 5—10 微米

酿酒酵母是与人类关系最广泛的一种酵母,不仅因为传统上它用于酿酒和制作面包与馒头等食品,而且作为真核生物的代表,在现代生物实验和研究方面有着很高的价值

在一直以家庭方式酿造啤酒的日耳曼国家除外。这种技术在12世纪亨利四世和玛丽·德·美第奇联姻时又回到了法国,并引起了论战。这种酵母的使用引起了人们对面包是否有益健康的怀疑,甚至受到法国国立医学科学院的劝阻。发酵面包被称为"软面包"或"王后面包",它比传统的发酵面包更白,发酵更彻底,干得也更快。和更酸更紧实且不那么白的普通面包相比,它被视为豪华面包。

从古代到现在,面包业的进步微乎其微:21世纪做面包的方式和四千年前并无不同。酵母、酵母的使用方式、已经存在的面包种类,什么都没有改变:圆的、长的、塑形的、用一种谷物或混合几种谷物的、扁平的或是发酵的、夹心的、卷成团的、加籽或水果的、加油或油脂的、加蜂蜜的,都没有太大变化。唯一的革新发生在做面包的设备上:电动和面缸、温度可控的温室。当然,我们这里讨论的是手工面包,工业面包除其他东西外还包含各种添加剂,用来给面包增白。

奶油圆蛋糕已经存在两千年了:"有些人在揉(面团)时加入鸡蛋和牛奶,甚至加入奶油;这是和平的民族关注各种类型的面包时进行的发明。"[21]老普林尼放弃了在他的百科全书中列举所有存在的面包种类。我们也无法做到这一点,因为世上的面包种类繁多,数目庞大。从法式面包和花式面包,从北方按传统方式发酵的面包和南方的发酵面包,到马格里布和中东的扁平面包(未发酵),实在难以一一列举。几千年来,面包传播到了印度,传到了有多种扁平面包和发酵面包、喜欢加入奶酪或肉类为馅的中亚。面包的烘制方法同样传到了中国,他们的面包是发酵的,并用酵母接种,通常用隔水蒸的方式来烹饪。距今更近的时期传到了日本,日本人会做一种软面包,独一无二且异常松软。美洲大陆也没被漏掉,美洲移民创造了自己的面包传统并在当地保留下来,如旧金山的发酵面包、波士顿面包和用来做汉堡的小圆面包。

第九章　奶酪或奶制品的辉煌

奶酪和酸奶的品种式样有数百种，比一年365天都多。

发酵食品的极大一部分由奶制品构成。根据1981年安德鲁·谢拉特创造的"副产品革命"理论，可以认为对畜牧业副产品，即无须杀死动物就能利用的产品（如羊毛、牛奶、蛋，还有用于牵引和载货的畜力）的使用应该发生在公元前4千纪的美索不达米亚，在公元前3千纪传播到了欧洲、北非，后又传到了亚洲。也是在这个时期，农耕、轮子的发明、马或驴的使用出现在了中东，然后传播到了欧洲。[1]然而，实际上还有更古老的遗迹存在。

饲养奶牛之前怎么喝到奶？

直到最近几十年，研究饮食的历史学家似乎都不认为奶在新石器时代之初就已被利用起来了，原因有好几条。首先，奶牛、山羊、雌骆驼照具体情形来看，并不能在未孕育下一代时产奶；其次，奶牛似乎不可能有足够的奶同时供应人类和小牛，小牛需要不断吮吸才能让奶牛持续分泌乳汁；此外，畜牧所需的知识和组织能力，非当时的人类所具备。

这条人们确信的真理却被最近的考古发现打破：有五千年历

史的干酪沥干器和凝乳石磨在中东重见天日。发现于欧拜伊德（El Obelid）的苏美尔浅浮雕描绘了"在奶牛场的弗里斯（Frise a la laiterie）"，可追溯至公元前3500年，展现了给奶牛挤奶的场景。[2] 埃及第十一王朝的卡乌伊特（Kaouit）[3]石棺和在卢浮宫博物馆可以看到的美特第（Météti）墓穴绘画表现了相同的内容。在巴基斯坦，人们对一处可上溯至公元前3千纪的住所进行了挖掘，找到了一些包含山羊奶残渣的穿孔器皿。[4]在安纳托利亚和利比亚，考古挖掘同样给人们呈现了可追溯至公元前6千纪和公元前5千纪的奶渣，但是还不能确认奶渣是否转化成了奶酪。[5]

从这些发现开始，西欧一些更加古老的遗迹慢慢浮出水面。洛桑大学物理化学学院着重研究了在公元前4千纪的一个"农场"遗址中找到的瓷器上的牛奶、山羊奶和绵羊奶残渣。我们甚至可以证明奶曾在这些容器中被加热过，有的是纯奶，有的添加了谷物来煮成粥之类。在布列塔尼发现了大量可追溯至公元前5千纪的奶制品残渣，而喀尔巴阡山脉的遗迹则源自公元前6千纪。在汝拉山脉位于瑞士的部分——罗马尼亚、匈牙利，我们找到了公元前6千纪的陶瓷干酪沥干器，里面留有奶酪的残渣。布里斯托尔大学有项研究同样追踪到了公元前6千纪波兰的奶酪生产。[6]由此可见，人类食用奶制品的历史已经有八千年。

还有一点更加让人难以置信：人类喝牲畜的奶可能早于吃它们的肉。在位于巴黎-贝尔西地区的一处新石器时代的遗址内[7]，研究人员通过对动物的骨骼进行研究以确定它们被宰杀时的年龄，发现这些牲畜常常死于四五岁，对于用来吃肉的动物情况尤其如此。但是还有大量的骨骼属于极其年幼的动物，其年龄大概在6到9个月之间。它们被杀于夏季，也就是哺乳期刚结束的时候。小牛臼齿的牙质在喝奶和吃草时不同，这个区别恰好能证明它们的年龄。这种持续不断宰杀幼崽的行为引起了研究人员的疑惑。实际上，当时的奶牛在幼崽被夺走的情况下是不会产奶的：因此在从春天到秋天的哺乳期内，人们让小牛留在妈妈身边（现在人们给奶牛喂激素，它才会整年产奶）。哺乳期结束时，人们就会宰杀"无用的"小牛、羊羔或小山羊。人类不容许自己喂养一无是处的动物。得到的肉通常会通过腌渍保存起来，以便获得食物储备来对抗严酷的季节——现在乡村里的人们仍然这样做。

由此可见，饲养山羊和绵羊以获得羊奶的方式，从公元前8千纪就在地中海沿岸的塞浦路斯、中东地区得到了验证；在欧洲则是在公元前6千纪初。当时村庄内通行的饲养体系是混合的：既是为了奶也是为了肉，我们并未找到仅仅为了取肉而进行饲养的实例。对牛的饲养可上溯至新石器时代中期，在法国、巴尔干地区、意大利、近东都有例证。当时的人类是"饲养动物的捕猎者、种植者"，而不是真正的"种植者、饲养者"。

他们当时有能力进行组织并发展出相应的技术来应对最初饲养牛羊的尝试，当时的饲养还不是真正的家庭式的。也就是说，他们知道怎样安排饲养牲畜的人手、怎样储备、怎样提前准备、怎样传播和接受新的技术手段。

这样的话，"新石器革命"前最后的捕猎者的形象就引人质疑，因为我们一般认为他们的技术方法有限。奶是为了吃肉得到的副产品的观点也受到质疑，被宰杀的幼崽的肉类是取奶的副产品，而不是相反。事实上，对奶的消费才是人类最早驯化山羊和母牛的动机，也是它们的后代遍布整个地中海盆地的根源。人类不是为了吃肉才驯化牲畜的，否则，乳制品的消费和"流行"只能拥有次要的地位。[8]

让-丹尼斯·维涅（Jean-Denis Vigne）提供了另一份证据：要

让捕猎者放弃狩猎开始养殖牲畜，后者肯定能比前者"带来"更多东西，并且要从质量上看，而不是单纯比较数量。通过研究在人类定居点周围发现的哺乳动物的数量，人们注意到和家畜相比，猎物的数量在慢慢减少。在公元前7千纪中期，家畜的数量开始超过猎物，这就表明饲养家畜首先是为了奶之类的副产品，而人类继续狩猎以满足其对肉的需求。

此外，古基因研究表明，在那个遥远的年代，人类在成年时不能合成乳糖酶。在哺乳动物身上，乳糖酶是一种产生于小肠的酶，能将乳糖转化成葡萄糖消化掉。任何人种的婴儿在断奶前都会产生这种酶，也就是说消化奶对于婴儿来说是绝对必要的。成人反倒不再产生乳糖酶，并变得乳糖不耐受。因此，新石器时代的人类在喝下第一口奶时肯定要忍受各种各样的消化紊乱。

基因突变使得乳酸酶的分泌持续到了成年阶段。估计现在90%的欧洲人都拥有来源于这次突变的基因，但在东亚人身上几乎找不到。此外，这种基因突变发生在牲畜被驯化之后，而不是之前，发生的时间则根据地区而有所不同：高加索地区和撒哈拉以南非洲的游牧民族是在一万年前；中东和北欧则要再往后。在北欧人身上最常见的突变形式来源于高加索，大概在六千年前被多次引入。科学家们认为其演变过程趋向融合统一。

另外一种基因突变发生的时间更近（距今有一千四百年到三千年），涉及的人群居住于一个特殊的地区，位于乌拉尔河以西和高加索以北。发生突变的基因在中亚（从高加索到巴基斯坦，直到蒙古）、中东和撒哈拉以南非洲都存在，也就是说存在于有着古老的奶酪传统的人群身上。对基因间区别的研究表明，经历同样基因突变的人们在历史上拥有同样的牛奶文化。拥有同样等位基因的人群饲养的动物相同并且属于同样的文化范畴。[9]

印度达西酸奶（dahi）被放置在一个曼尼普尔的陶钵中

　　酸奶家族规模庞大，从巴尔干、土耳其、中亚到印度、中国西北地区都广泛存在。酸奶的制作技术大同小异，其风味不同主要由菌种的差异决定。有名的酸奶有希腊酸奶、保加利亚酸奶、南亚次大陆的达西酸奶、中东黎巴嫩的 labneh 酸奶和北欧的 rahmjoghurt 酸奶等

到此为止，我们可以假设奶制品的生产是在基因突变后突然出现的，是基因突变后自然而然产生的结果：出于某种未知的原因，人类某天开始"突变"，开始能够消化乳糖，在此之后，开始养殖奶牛或母骆驼……事实正好与此相反：正是食用奶制品的习惯促使基因突变。然而人类是怎样做到持续食用一种使他们生病的食物的呢？（基因突变并不是一蹴而就的，从人类开始食用奶制品到从理论上能够毫无困难地消化它们，有时需要五千年的时间。）很简单，这恰好说明人类在基因突变开始之前就很好地掌控了发酵过程。因为发酵能将乳糖转化为与之极其相似却不需乳糖酶来消化的乳酸。

总而言之，早期的人类食用酸奶和奶酪开始于喝纯奶和驯化奶牛之前。发酵在开始饲养家畜之初就存在[10]，这是必需的：没有发酵，成人就无法食用奶。

游牧民族的发酵方法

传统奶酪于公元前1万年诞生于亚洲的游牧民族中，在公元前6千纪传播到了非洲和西欧地区。生产奶酪最初应用的是乳酸发酵技术。这种发酵是自发产生的，不需要添加酶来使奶凝结。奶通过空气中的细菌来接种，场所是动物的乳房或奶凝结在内的羊皮袋。人们用前一次剩下的奶酪来给下一次的牛奶接种，这个过程几乎能一直持续下去。这种方法被纳入了以狩猎、采摘、畜牧为生的游牧民族文明，而游牧民族则沿着畜群自然迁徙的路线移动。这种方法在如今中亚的游牧民族中仍然存在。易于生产、运输便利、不需储存（这一点和固体的、沥过水的、精炼过的奶酪相反）使传统奶酪成为了一种理想的食物，不仅对于亚洲的迁徙民族如此，对于非洲以及撒哈拉以南非洲的萨赫勒–苏丹地区的游牧民族亦然。曾在亚洲

脱乳清酸奶，酸奶，达西酸奶，印度酸奶（lassi），土耳其爱兰酸奶
中东、土耳其、印度

做1升酸奶需要

＊1升生全奶　＊1汤勺天然酸奶

酸奶家族规模庞大，从巴尔干地区经过土耳其、中东和中亚，直到印度都有其成员。制作酸奶的技术各地相同，但是酵母却有着地区差异。请使用市场上出售的酸奶，最好是产自农场的。请确认包装上有"酸奶"字样，而不是"双歧杆菌特制奶制品"或其他东西。

在一个平底锅中将牛奶煮沸后开到小火，继续小火煮5到15分钟（沸腾的时间越长，得到的酸奶就越坚实）。从炉子上取下锅，静置冷却至55℃。在碗中放入一杯量的煮沸牛奶，与酸奶混合，并搅拌均匀。将此酵母倒入剩下的牛奶中，并用搅拌器细细翻搅。混合好以后倒入一个容器，盖上盖子置于屋内温度较高的地方保温，静置发酵3小时，然后放入冰箱冷藏。

制作阿拉伯脱乳清酸奶、黎巴嫩脱乳清酸奶或印度奶酪（paneer），需在做好的酸奶内加上一撮盐，然后倒入盖有双层纱布的漏勺。在漏勺上压上重物，静置沥水。几天之后就会得到新鲜奶酪，其坚实程度根据沥水时间长短而有所区别。

如果要做印度酸奶或土耳其爱兰酸奶，则需将两份酸奶和一份凉水混合，再加入一撮盐。我们也可以搅拌一下以获得柔软的口感，需趁鲜品尝。

旅行过的希罗多德提到过这种营养丰富,能强身健体、振奋精神的发酵牛奶。老普林尼曾这样叙述:"以奶为生的野蛮民族好多个世纪以来一直忽略并轻视奶酪的作用;然而他们知道怎么把奶转化成酸度适宜的液体和黄油。"[11]

如果我们追根溯源至蒙古地区,就能确认其过去和现在并无差别,食物主要产自动物,夏季靠奶:发酵的牛奶和奶油、黄油和奶酪;冬季则靠肉度过,肉通常也是发酵的。根据所用奶的种类,人们将产品分成两大类:马奶和其他奶。

用马奶之外的其他奶能制作出塔日尔(tarag)酸奶。奶被部分脱脂,在加热之前用上次制作时剩下的菌株来接种。这样的菌株被沥干放在一个帆布包内,保存在蒙古包下。有些塔日尔酸奶需要发酵两次,第二次是在一个羊皮袋或用特殊木头做成的容器中进行的,里面含有野生酵母。奶要在里面放好几天,需要被晃动至起白色泡沫为止。这样得到的饮料口感较酸,并含有微量酒精。把这种饮料进行蒸馏,就能生产出一种能媲美伏特加的美酒arkhi。

用马奶能制作出一种更加具有象征意义的产品:马奶酒(aïrag)。这种酒精饮料如今在蒙古地区仍然流行,它至少从公元前1千纪起就已经存在了。[12]这是种"奶酒",或者不如说是"奶香槟",因为它会起泡。用野生乳酸菌株接种的奶开始凝结后,被放入用动物胃做成的皮袋中,在厌氧状态下发酵。人们每天都可以往皮袋中倒入奶,随时可以取出一些用于日常饮用。这是种永无止境的发酵,菌株也一直不变,我们只需时常摇晃皮袋以保证发酵良好进行。皮袋被放在蒙古包的入口处,每个进来的人都有责任用总是放在袋中的搅拌器搅拌奶。得到的成品是一种清凉止渴、略带酸味的发泡饮料,含有微量酒精,既能当作食物,也能当作饮料。当地的孩子从断奶后就早早地饮用它了。

马奶酒的近亲有产自俄罗斯的koumis、戈壁沙漠的unda和khormög，都是用骆驼奶发酵制成的酒精饮料。在土库曼斯坦，人们饮用的chal，在哈萨克斯坦则被称为shubat，制作方法是用上次剩余的酒进行接种，让骆驼奶在皮袋或土瓮中发酵。我们还可以用这种饮料制成agaran——一种会浮在水面上的奶油。高加索地区的人们则用酸奶和微咸的水制成乳状的爱兰酸奶，库尔德人称之为dawé，亚美尼亚人则把它叫作tahn。牧羊人用野生菌株来发酵存放于密封保存且永不清洗的羊皮袋中的奶。他们不断往袋中加入鲜奶。随着时间的推移，羊皮袋内壁上形成了富含活性微生物的蛋白质和聚糖颗粒，可用来给新加的奶接种，甚至在常温下都能成功发酵，同时还会产生很多二氧化碳：这种发酵奶一直呈液体状，并且冒出很多气泡。这些颗粒从古至今代代相传，被叫作克菲尔。

以发酵奶为原料，蒙古人也会制作一种名为arts的固体压缩干酪。人们将之保存在肠衣中，直接食用，冬季则冷冻储存。Biaslag是一种类似乳清干酪或瑞士白干酪的绵羊奶酪或山羊奶酪。用酸化的山羊或绵羊凝乳做原料，加入酸乳清，在加热、沥干、使劲挤压，并在太阳下晒干后，蒙古人制成了口味微酸且比较硬的两种奶酪aaruul和erzgii。趁新鲜食用时，蒙古人把它们叫作huruud，意思是"手指"。[13]晒干时经历的二次真菌发酵赋予了它们特别鲜明的味道，奶糊中混入的芳香植物和辛香料也能加强这种味道。它们可以像面包一样作为主食，供人们每餐食用，也可擦丝或磨碎，有点类似于意大利的帕尔玛干酪。

这些历史悠久的硬干酪在整个中亚地区都存在，并且一直传播到了阿富汗地区。指代这些饼状蒙古奶酪的khurüd一词在蒙古语中一直存在，但在以前是中亚硬奶酪的统称。发酵奶、硬奶酪、黄油、微酸的发酵奶油帮助人类度过雌性动物不再分泌奶汁的整个冬季。

让·弗洛克（Jean Froc）给我们展示了中亚游牧民族或半游牧民族发明的乳酸发酵技术的移动轴线。它从亚洲东北延伸至非洲西部，中间经过古波斯、奥斯曼帝国和阿拉伯地区。[14]在这条轴线内，又有不同的线路。主轴朝南延伸到了俄罗斯、安纳托利亚、土耳其；朝印度方向蔓延时则要经过伊朗、中东、埃及；朝西经过保加利亚；朝北一直延伸到拉普兰、芬兰和所有斯堪的纳维亚国家。在这些国家，牛奶通过某些细菌接种，能在常温下就产生比较黏稠的奶（和需要高温发酵的保加利亚式酸奶刚好相反）。芬兰的viili按照传统用上次制作的残奶接种，然后在18℃的温度下发酵24小时，发酵奶表面形成的霉斑对质量的影响举足轻重。这种奶制品黏性持久，甚至可以说具有弹性。此外，健康酸奶（piimä）是一种可以饮用的液体，类似的酸奶饮料还有瑞典的filmjölk，丹麦的ymer和冰岛的skyr。奶有时也需要依靠北欧国家沼泽地里生长的一种叫捕虫堇的食肉植物来凝固。Tättmjölk就是这样制作的，林奈曾在1837年出版的《拉普兰植物志》中描述过挪威或瑞典的这种黏稠酸奶。[15]

上文提到在轴线上传播的制酪技术，其所覆盖的所有国家都生产乳酸发酵奶酪，并且属于同一文化圈。众所周知的酸奶就是这种技术的直接传承者。印度有一种浓稠的酸奶用于烹饪，可用来腌泡肉类，或者稀释后做成酸奶饮料lassi。此外还有其他例子，如希腊的菲达（feta）奶酪也是通过添加其他酸性食物使奶凝结的。在巴尔干地区、土耳其以及东地中海的大型岛屿上，人们也生产很多类似的奶酪。在中东，leban、laban、labneh都是液体状的奶，用布沥水后会变得更加浓稠。地区不同，制作奶酪的方式也会有差异。

在埃及，人们过去习惯将凝固的奶放在苎麻（一种白色的荨麻）布中过滤，而苎麻布会带入自己所含的微生物。值得注意的是，苎麻用来做制酪布的传统持续了好几个世纪。得到的奶团被搓成球、做成饼或固定在羊皮袋中，如同安纳托利亚的人们所做的那样。波斯奶酪touloumpeynir、土耳其的tulum，以及匈牙利的hurut都是用同样的方法制作的。tulum的意思是"皮袋"，而peynir则是"奶酪"，paneer（印度奶酪）一词正是由此派生。克里特岛有一种与此非常相似的奶酪touloumotytikritis（touloumi在克里特语中同样指"皮袋"，tyti则是"奶酪"）。这些奶酪都很柔软，并且不会有哈喇味。做奶酪的奶团一般放在密封的皮袋中隔绝空气保存。使蛋白质水解的发酵过程要归功于两种存在于皮袋内的酶，发酵后奶酪就有了强烈的味道，口感变酸。在《奥德赛》的第六章，独眼巨人波吕斐摩斯在将羊奶放入皮袋中静置好几天后，吹嘘自己成了第一个制作奶酪的人——我们由此再次重温了关于发酵食品的共同传说。

在非洲，放牧人群同样有着古老的制作奶酪的传统。在萨赫勒、非洲之角以及整个非洲大陆的南部，奶都要被发酵并且在搅乳器中搅拌。在撒哈拉以南非洲的萨赫勒-苏丹条状地带，牛奶或者小型反刍类动物（山羊和羊）的奶都被用来制作奶酪，可以用一种，也可以用好几种混合。当地人把这种产品叫作"凝乳"。这种叫法很具欺骗性，因为会让人想到用酶发酵的固体状"凝酪"。但是实际上这种发酵奶制品无论加热与否，都是用奶中天然存在的细菌来产生酸味，或者是在挤奶后加入酵母来发酵。在埃塞俄比亚有一种白色的粒状奶酪ayeb，是按照传统方法通过加热发酵乳清制成的。arera是一种用搅拌过的奶制成的奶酪，而ergo的原料则是全奶。在塞内加尔，同样有katch或kossamkaadam这种全奶奶酪和m'bannickau这种搅拌奶奶酪。在乍得，阿拉伯语中的rouaba在颇尔语中被叫作pendidam，也是由全奶制成。此外，马里有称作fènè（巴姆巴拉语）的发酵奶油，类似的食物在塞内加尔和贝宁称为kétoungol（颇尔语）。发酵奶可用于制作黍粥，比如马里的degue（巴姆巴拉语）和塞内加尔的lakh（沃洛夫语），还可用于制作黄油。制作黄油时可以用搅拌器搅拌奶，或者搅拌通过沉析得到的奶油。

因为气候的原因，当地通常售卖液体黄油，被称为"奶牛的油"：在乍得称为diinbaggar（阿拉伯语）或nebbam naï（颇尔语）。在埃塞俄比亚南部，还存在一种被叫作ititu的集中发酵而成的奶制品，肯尼亚北部的chekanwaka也属于此类。脂肪含量低的新鲜奶酪aoules则来自阿哈加尔高原位于萨赫勒的部分；脂肪含量高的奶酪则有源自苏丹的gibnaboyda和wagassi。[16]

前面列举的所有奶酪都来源于乳酸发酵。很长时间以来，撒哈拉以南非洲只有两个地区用酶发酵来制作奶酪：一个是苏丹，另一个则是使用反刍动物皱胃的图阿格雷地区。马里以北出产的奶酪tamachek就属于此类，人们用棍子在取自小山羊或小绵羊的皱胃中搅动，以获得凝乳素，然后接种到绵羊、山羊或奶牛的鲜奶中。得到的凝乳用席子过滤后形成极薄的小奶酪，置于栅栏或树枝上晾晒。阿尔及利亚以南阿哈加尔高原的图阿格雷畜牧者也会制作与此类似的奶酪，用的是奶牛、绵羊或山羊的全奶，掺入来自小山羊皱胃的凝乳酶。20世纪初，福柯的父亲曾描述过这种奶酪的生产技术，它受许多种族青睐，豪萨人和颇尔人就在其中。在尼日尔有种叫作tchoukou的干酪，其原料是牛奶、山羊奶或两者的混合，靠反刍动物的胃液接种。贝宁博尔古省的颇尔人会制作两种此类奶酪：一种是使奶酸化后静置发酵——这样能得到一种柔软松散的凝乳；

非洲臭黄油
摩洛哥

制作一罐非洲臭黄油需要

＊500毫升水　＊40克干牛至（zaatar）

＊500克常温软黄油

＊2汤勺盐

非洲臭黄油被叫作"哈喇味的黄油"其实并不是很恰当。这种黄油需要用牛至水清洗后发酵一年才能制成，它在摩洛哥的厨房中不可或缺。其味道醇厚浓烈，几乎和奶酪一样。

将水煮至沸腾后加入牛至，使之继续沸腾5分钟，然后沥干冷却。用勺子背将黄油在大盘子上摊开。将盐均匀地撒在黄油表面。然后倒上冷却的牛至水，用手揉捏黄油，使水和黄油分离，黄油变成奶油状。清空盘子里的水，将黄油放入容器压实，此处用玻璃缸非常合适。注意观察，防止黄油层之间产生气泡。密封保存，等待一年后开启使用。用于做塔吉锅（tajine）和古斯塔斯面（couscous）时，需减少此配方中的用盐量。做好后能保存好几年，且时间越久，味道越好。

一种是用植物凝结剂白花牛角瓜做成的woagashi——这种奶酪由妇女负责制作，呈柔软的奶团状，需要经过烧煮。[17]

所有这些源自游牧民族文明的奶制品的共同特征在于它们要么是乳酸发酵，要么是用动植物酶发酵，都不需要用沉重的设备来进行生产。人们做好奶制品，有的及时吃掉，有的使之呈液体状态保存在皮袋中运输，还有的在扎营时将之弄成小块晒干。所用菌群千变万化，但都来源于游牧民族迁移过程中遇到的当地植物。

《静物与奶酪、杏仁和椒盐卷饼》,荷兰女画家克莱尔·佩特斯(Clara Peeters)绘,现藏于荷兰海牙莫里斯住宅(Mauritshuis)

除了标题中提到的物体外,画家还画了黄油、无花果干和面包圈。背景是镀金的威尼斯玻璃瓶,里面装着葡萄酒,杏仁干和无花果干都放在中国万历瓷盘子中。在桌子边缘的餐刀上,画家刻上了自己的名字。画面中的食物基本上都是发酵品

定居人群的发酵技术

苏美尔人属于定居人群，他们使奶酪生产走向工业化，当然这是相对而言。人类建立了葡萄酒厂、啤酒厂，设立了面包店来生产面包，同样，他们也在各种建筑中创立了乳品厂。

真正具有现代意义的首批奶酪由此诞生，也就是说"奶酪"一词从此意味着一种体积较为巨大，需要经过沥干和塑形，有好几千克重，呈圆盘形，一般可存放于地窖中几个月甚至几年的发酵品。这种奶酪起初纯靠乳酸发酵，后来开始出现其他方法，再后来发酵酶也加入其中。用酶发酵就是接种来自动物的酶，比如从小牛胃中提取的凝乳素；或者是用植物的酶，如无花果蛋白酶、碎米荠、木瓜蛋白酶、菠萝蛋白酶，这类酶来源于蓟草、无花果树、捕虫堇和蓬子菜之类的当地植物。

如今得到广泛传播的酶发酵奶酪是欧洲大陆上很有代表性的奶酪品种。它在山区和平原地区的制作方式不同，并得到了很好的发展。然而，原始的乳酸发酵并未完全消失：在使用凝乳素凝结奶前后，无论是自发还是受到激发，视具体情况始终需要使用细菌菌株引起发酵。现在大多数欧洲奶酪都要经历好几次发酵：首先用凝乳素或植物提取物凝结牛奶，然后用细菌、酵母或蘑菇进行不同的发酵。这让我们想起用来给洛克福羊乳奶酪、所有的绿色霉点奶酪、斯提尔顿干酪和戈贡佐拉奶酪接种的青霉菌。如今真菌孢子可从外引入，但以前它来自不断将新鲜奶放入上次残留物的污染行为。根据农场中动物的数目，人们不断将好几次挤得的奶混合，奶在被周围微生物感染后变酸。让·弗洛克引述夏普塔尔（Chaptal）的话来强调：[18]洛克福羊乳奶酪上的蓝色霉斑曾被认为是因操作不当造成的缺陷，以前高质量的洛克福羊乳奶酪是白色的。康塔尔干酪同样需要经历混合发酵。它用凝乳素凝结，但要靠栗木桶中天然存在的细菌接种。奶被放在该桶中后，发酵开始进行。随后，精炼奶酪时地窖中的细菌接过了发酵的任务。生产卡芒贝尔奶酪的现行规程则要求生奶必须在掺入凝乳酶之前"成熟"，第一次酸化发酵需在22℃下持续24小时。

欧洲还有一种独一无二的奶酪，它兼具多个古老游牧民族生产的各种奶酪的所有特色：乳酸发酵，经过挤压，用植物增香。和中亚的干酪一样，它可以用来佐食，切碎后撒在菜肴上，放在汤里，或加在黄油中来涂抹面包，以减轻其浓烈的气味，这就是萨布齐格奶酪，在拉丁语和英语中写作 *sapsago*，产自瑞士的格拉鲁斯地区。这种牛奶干酪质地坚硬，气味和味道都很浓烈，以前为了磨碎它还要用到石磨。其奶团呈绿色，脂肪含量极低，由脱脂牛奶的乳清制成，只靠一种叫作"酸"或"饵"的细菌酵母接种。精炼几个月后，奶团被磨碎，加入被磨成粉的草木犀或葫芦巴，其颜色由此变绿，在奶酪的醇厚中兼具草木的清香。最后要将调好的奶团放入截锥形模具中塑形。草木犀别名"冰塔三叶草"，是一种产自小亚细亚的植物，由十字军士兵带到欧洲，被萨金修道院的修士们种植在瑞士的高山牧场上。这种植物也可以用来给高山地区的某些黑麦发酵面包增加香味，正是它赋予了奶酪一种辛香植物特有的味道，并使其变成了青古铜色。

从遥远的公元前1万年到现代的奶酪生产，我们注意到了传统的延绵连续：靠在羊皮袋中加入酶来进行乳酸发酵的方法在21世纪仍能见到，此外还新增了在乳酸发酵时添加凝乳素的方法，这样得到的奶酪味道极富个性。

我们的奶酪是法国美食上点缀的小花，远远地将根扎在时间的河流里。从它们独一无二的根部孕育了各种各样的产品：绿纹

凝乳块（caillebotte）
布列塔尼、旺代、夏朗德

六人份需要
＊1升生全奶 ＊3粒粗盐
＊可按喜好选择的红糖
＊1/2咖啡勺凝乳咖啡
（药店或某些超市有售）
＊可选择的口味：咖啡、橙花、白兰地……

凝乳块是一种连拉伯雷都提到过的甜点。这款甜点以前是家庭制作的，在夏季用奶牛乳头刚流出的还温热的牛奶为原料，靠烧炭的木材、野生朝鲜蓟来凝乳，然后静置发酵，现在人们用的是凝乳素。做好后趁新鲜食用，它可单独食用，也可配上奶油或小型红色水果（传统上是来自森林或花园的小型水果的统称，如蔓越莓、覆盆子、蓝莓等）。在旺代，人们还会浇上加糖的冷咖啡。

让牛奶的温度冷却到37℃。加上3勺糖，再加上粗盐和凝乳素。将调好的牛奶倒入一个大盘子或一些小干酪蛋糕模子，凝结好后放入冰箱冷藏。如果之前是将奶倒在盘子中，需用刀将凝乳切成一个个格子状。乳清会浮到表面：用勺子舀掉。按自己喜好在凝乳块上浇上选好的调料，加糖也随意。

奶酪、咸奶酪、干酪、新鲜或精炼奶酪、花皮奶酪、水洗奶酪、软奶酪或硬奶酪……式样有几百种，比一年365天都多。事实上，在英国之类的其他欧洲国家，情况也是如此，尽管这一点不太为人所知。

第十章　不可思议的蔬菜水果之永生

> 从食用动物胃内的发酵草开始，诞生了腌酸菜和所有的乳酸发酵蔬菜。

观察食肉动物时，我们发现它们乐于享用猎到的食草动物肚子内的东西，当然通常是植物，有时候动物会吐出半消化的食物来哺育后代。人类在分割动物时，也会在它们的内脏中发现这种食物，可能是植物，也可能是已经消化了的小型动物。有了胃液，吃进去的植物就会产生和腌酸菜类似的乳酸发酵，并因此获得原始人类喜爱的酸味。在加拿大的极北地区，加拿大驯鹿肚子内装满了半消化的苔藓，加入血就能制成冬季唯一的植物性食物。

曾在20世纪初勘探极北地区的魁北克植物学家和人种学家让·卢梭（Jean Rousseau）讲述过这样一段经历：

> 我有一次在昂加瓦港的东北部吃到了这种可疑的黄绿色食物，散发的气味也很可疑。其味道苦涩，但我的蒙塔格奈同伴解释说这种味道来自加拿大驯鹿夏季所吃下的北极柳叶子。[1]

他还解释过野兔胃内的浅绿色酱汁能对纯肉食的饮食习惯起到纠正作用。

世界范围的"酸草"

可能正是从食用动物胃内发酵的草开始,诞生了腌酸菜和所有的乳酸发酵蔬菜。起初,腌酸菜是唯一一种抵抗住了工业化的蔬菜,但它并不仅仅是由白菜做成的。任何草本植物都能做成腌酸菜,其词源也证明了这一点:酸菜(sauerkraut)的字面意思是"酸酸的草",草在此处的含义是"叶子"。

老加图曾提到一种保存在醋中的蔬菜[2],此外根据传说,发酵白菜曾是公元前300年中国长城建造者的食物。实际上,乳酸发酵从遥远的史前时期就已经被运用在很多蔬菜、可食用的草和水果上,世界上到处都是如此。"腌酸菜"(choucroute)的词源和波兰的罗宋汤(barszcz)一致,罗宋汤是一种用发酵的红色甜菜做成的蔬菜肉汤,在俄罗斯被叫作bortsch,在立陶宛则是barščiai。解释一下,此汤的名字来源于一种草本植物"白芷"(berce)。最初人们并不是用甜菜来做汤,而是用野生的草本植物,如琉璃苣、白芷等。我们再来追踪一下腌酸菜,作为"酸草"的本源,其实就是史前时期猎人们尝到的野兔胃内的东西。拉普兰人现在仍然用发酵植物来制作"腌酸菜",就像瑞士境内阿尔卑斯山区以及凯拉山谷的人们使用的酸模草一样。[3]

在任何气候条件下,发酵都能用于在收获季以外的时间保存植物。波利尼西亚人在前殖民时代就已经熟练应用发酵技术了,他们把可可豆的果肉和面包树的果实放置在巨大的地沟中发酵。在大洋洲,各地很久以来就习惯于将块茎和淀粉类食物,如香蕉、面包树果实、木薯、甘薯、竹芋和山药等,保存在地坑中发酵。某些块茎生吃有毒,这种情况下发酵就是必不可少的。在埃塞俄比亚,有一种香蕉的变种被置于铺满香蕉叶的地坑中发酵。人们在其上放上重物挤压,以便获得一种叫作kocho的粉团,其保存期限非常长。人们可以根据需要先取出一部分，在太阳下晒干，然后碾碎，混入蜂蜜或糖以及椰奶，包上香蕉叶烧煮。[4]这种地坑发酵法可能是从远古的实践中流传下来的，因为即便是不会制作陶器的人类，也可以做到这一点。

我们甚至不一定要有盐。有些传统的发酵方法就不需用盐。在尼泊尔，蔬菜干（gundruk）被当作调料使用，或被加入各种汤中，在当地人淀粉为主的饮食结构中充当绿色蔬菜来补充营养。[5]它是由绿叶菜，如芥菜、菠菜、萝卜、花菜等被放入水中发酵，并在太阳下晒干制成的，能保存很长时间。喜马拉雅山的夏尔巴人会用一种野生植物来做goyang。在印度、尼泊尔、不丹，有一种食物叫作sinki，用萝卜发酵做成，可用来做调料或汤的底料。[6]萝卜先要清洗干净，晾晒几天，之后要么放入地坑中，要么放在密封的罐子内，在常温下静置发酵。发酵结束后配上洋葱、西红柿和辣椒油炸，然后泡入米汤中，可用来作为别的菜的配汤。在日本木曾町，人们用一种大红萝卜发酵来做酸萝卜（sunkizuke）。[7]煮过的大红萝卜可用上一年晒干的酸萝卜和一个小野生苹果来接种，不加盐持续发酵一到两个月。苏丹的kawal则是一种以决明的叶子为原料做成的食物。决明是一种野菜，可在雨季时采集。[8]将其叶子碾碎，塞满罐子，埋入土中，发酵半个月后，就会产生一股浓烈的气味。然后将菜泥搓成球状，在阳光下晒干。食用时可加入汤中或用来炖杂烩。这种食物富含蛋白质和氨基酸，有很高的营养价值。它和肉类或鱼类一样，在这个饥荒频发的国家显得非常珍贵。

腌酸菜及其化身

在各个大陆，占主导的都是同一种方法：将蔬菜保存在液体中，可以是蔬菜本身产生的汁液，也可以是加入的盐水，隔绝空气发生的酸化反应能防止病菌腐蚀原材料。我们观察到一个很有意义的现象：远东地区使用的黏土罐和阿尔萨斯所用的罐子形状相同。当然可能还存在其他发酵方法，但是这种方法经受住了几千年的实证研究的考验：它是安全和健康的。

腌酸菜的远亲们可以用白菜和各种其他蔬菜制作。韩式泡菜的别称是"韩国腌酸菜"，是韩国的国民食物。韩国每年生产的泡菜超过100万吨，大部分是在家庭内部制作的，每人每天要消耗差不多250克。韩式泡菜主要是由发酵白菜加上包括辣椒在内的香料制成，但是也有以萝卜或其他蔬菜为原料的其他品种。泰国的pak-gard-dong是将褐芥菜的叶子在阳光下晒干，然后加盐发酵制成的。[9]这种菜和中国酱菜一样，需要泡在盐水中。在中国南方，有种类似的菜叫蕨菜[10]，是将芥菜叶子放在加盐的米汤中发酵做成的。在印度尼西亚，用芥菜叶子能做出sayurasin，在马来西亚则称为kiamchaye。泰国的pak-sian-dong[11]是由草本植物白花菜的叶子发酵制成的，在马来西亚，人们用各种蔬菜来做jeruk，其中包括木瓜和生姜。在非洲和亚洲，胡萝卜和萝卜也会被用来发酵做成菜，在泰国被叫作hua-chai po，在中国则被称为大坛菜。在印度北部和巴基斯坦，人们会用紫胡萝卜为原料进行乳酸发酵后制成一种特别流行的饮料kanji。胡萝卜被切碎，加入水、盐、芥末籽以及辣椒，然后放在封口的罐子中发酵，罐子上要留有一个气孔。发酵完成并过滤后就可以在接下来的日子中饮用。日本的米糠腌菜也很受欢迎，是将蔬菜放在米糠中发酵制成的。在这个日出之国，泡菜（tsukemono）是用各种各样的蔬菜单独或混合发酵并加入香料制成的，日本人每餐都要佐以泡菜。菜花可以做成糖醋泡菜，比如印度的achartandal。在老挝，人们用一种叫作yiu cha的白菜和煮熟并切成小块的猪脚一起发酵，som phark tin mou就是这样做成的。

米糠腌菜的主要原料是含水量较高的蔬菜,比如白菜、黄瓜、萝卜和茄子

米糠是稻谷加工成粳米时去掉的外壳,米糠腌菜则是将乳酸发酵的米糠作为基底来腌制各种蔬菜。米糠腌菜流行于江户时期,由于米糠中的维生素B_1被腌制的蔬菜吸收,所以在当时对流行的脚气病有一定的抑制作用

腌酸菜

法国、中亚

四人份（两个500毫升的瓶子）需要

*1千克白菜 *10克灰色的粗海盐 *2汤勺刺柏浆果和葛缕子

腌酸菜是阿尔萨斯的经典传统菜肴，极易制作，在家就能完成，即使住在城里也可以。只要准备好有橡皮垫和金属盖的瓶子就可以动手了。不要清洗白菜：我们需要其表面的微生物来引起发酵。

确认盐是天然盐，不含会使佳肴产生涩味的亚铁氰化钾。去掉白菜周围有损伤的叶子，留出4片最完整的。将白菜切为4份，去掉硬的菜心。将白菜尽可能切细。给白菜称重，按每千克白菜10克盐的量准备好盐。按一层白菜一层盐的顺序装入瓶子，同时加入刺柏浆果和葛缕子。用力压实每层白菜，去除空气间隙。如果还有剩下的盐，撒在白菜上面。最后盖上此前留出的完整的白菜叶子，再次压实。不要将瓶子填满：在开口下方留出大约2厘米空间，因为发酵会使白菜体积增大，液体可能会溢出去。放好橡皮垫，盖上瓶子。将瓶子放在常温下两个星期，即发酵进行需要的时间，然后就会有汁液形成。之后将瓶子放入阴凉的房间内，不要放在冰箱内。如果3天后没有产生液体（如果白菜摘下太久会出现这种情况），打开瓶子，在一升水中放入30克盐配制好盐水，倒入瓶中，3个星期后即可食用。常温下，腌酸菜可以至少保存一年。我们也可以用同样的方法来腌制其他蔬菜，如四季豆、胡萝卜、芹菜、甘蓝、甜菜……

在法国，现代工业生产的醋渍小黄瓜是直接在醋中浸泡，不用预先发酵的。大多数醋渍罐头食品都出现在19世纪。其实在以前很长一段时间内，醋渍小黄瓜都需要经过发酵，就像如今非洲、拉丁美洲、中欧某些地区仍然采用的做法一样：比如著名的俄罗斯醋渍小黄瓜，需用莳萝调味。还有一种英式或美式酱汁relish也是用发酵黄瓜混合其他材料做成的，后来成为大号汉堡包调味汁的原料之一，赋予了汉堡独特的味道，由此引起了人们的疯狂追捧。尼泊尔有一种叫作khalpi的食物，是用黄瓜切片或切成小段放入竹制的容器中发酵制成的。[12]在地中海国家，橄榄、小洋葱、蒜瓣以及其他小型蔬菜都采用同样的方式发酵。在希腊和巴尔干地区，葡萄树的叶子被浸泡在盐水中保存，然后用叶子包上米或肉作为馅料来做dolmas。这种树叶食物在古代就已经用类似的方法来制作了，普林尼给了我们如下菜谱："人们也吃葡萄叶，就是把树叶的茎梢制成酱或混合其他东西浸泡在加醋和盐的卤汁中"。[13]19世纪末在意大利和里昂我们也找到了此类食物的痕迹，当时是用来喂牲口的。[14]

在西班牙，腌菜是家家户户每餐都要用到的调味品。在中东和非洲，人们将菜椒发酵制成torshifelfel，用茄子做成torshibetingen，墨西哥也有一种青辣椒做的jalapenos。在东南亚，茶叶发酵可以做成一种酸酸的调料，在缅甸，此类产品叫作lephet，在泰国则被称为miang。伊朗的torshi则是将蔬菜浸泡在盐水中做成的，如黄瓜、胡萝卜、萝卜等。这种腌制蔬菜经过漫长的旅途，一路传播到了中东、土耳其和埃及。[15]在保加利亚和克罗地亚，它们改名换姓成了turssi，原料是菜椒、番茄和甜瓜。

韩式辣白菜
韩国

装满1.5升的大瓶需要
*1棵大白菜 *100克粗海盐 *250克白萝卜（如果没有，可用黑萝卜或红萝卜） *100克葱或新鲜洋葱（头和茎都呈绿色） *1棵芹菜 *2瓣蒜 *20克生姜 *2汤勺鱼露 *1咖啡勺糖 *25克韩式辣椒粉（亚洲香辛料的一种）

这种白菜泡菜别名为"韩国腌酸菜"：它和腌酸菜不仅原料相同，制作方法也极其相似，只有调料不同。

去掉白菜破损的叶子，不要清洗，切成4份，然后去掉硬的白菜帮，将叶子散开。将盐完全溶解在1升水中。放入白菜，在其上放置一个装满水的更小的沙拉盘，使之完全浸没在水中。将白菜在盐水中浸泡6小时，不时检查以确保白菜一直被水覆盖。下面准备调料：择好芹菜，切成小段；给生姜去皮，切成薄片；将所有原料和鱼露、糖、辣椒混合在一起。常温下6小时后用清水仔细清洗白菜，再将白菜浸泡在一大盆水中，至少要换3次水。然后可以品尝一下，白菜的味道应该是咸而不涩。将白菜叶子切成3—4厘米的小段。在用橡胶垫密封的玻璃瓶中，按一层白菜一层调料的顺序放置，每层都要用手压实，以便挤出所有的气泡，不要填满瓶子。将瓶子密闭保存，夏季置于常温下5天，冬季一个星期，再放入冰箱冷藏。泡菜5—7天后即可食用，但是发酵最佳时间是在2到3个星期后。即使打开瓶子，白菜也能在凉爽的温度下保存至少1年。

水果不只是产酒

　　水果因为富含糖分，经过天然发酵就能制成美酒，但是只要在水果中加盐抑制酵母，酒精发酵就会变成乳酸发酵。在东南亚、印度、尼泊尔，人们加上香料使绿柠檬进行乳酸发酵来制作咖喱，常用的香料是辣椒。腌柠檬lamounmakbous则是由黄色柠檬发酵制成的。在北非地区，黄色柠檬同样用来发酵，却被错误地叫成"糖渍柠檬"（citrons confits），在我们的食品杂货店里则叫作msir，可用来给塔吉锅和其他菜肴增加香味。在马来西亚，人们将榴莲果肉发酵，这就是榴莲糕（tempoyak）。[16]日本人则用青梅加上紫苏叶发酵制成酸梅，此物既可用作调料也可充当药物。乳酸发酵的绿色杧果在非洲、亚洲和拉丁美洲都能觅得芳踪。这是一种备受人们青睐的辛辣调味品，其口感因加入的香料越发显酸，菲律宾人将之称为burongmangga或dalok。在印度和斯里兰卡，人们也会将波罗蜜发酵。在东欧，橘子、苹果和甜瓜一般用乳酸发酵的方式来储存。

　　水果和蔬菜混合可以产生美味的乳酸发酵调料，如糖醋泡菜、印度酸辣酱、是拉差（sriracha）香甜辣椒酱，以及其他辣酱，这个辣酱家族的最新成员是番茄酱。在印度以及整个东南亚地区，这些辣酱都非常流行，人们用杧果、香蕉、茄子、花菜、辣椒、大蒜、黄瓜和番茄来充当辣酱的原料。制作过程中需要用盐腌制，用香料调味，有时还要加入蜂蜜或糖，成品一般保存在土罐中。

　　在这个讲述酱的章节中，我们还得提一下塔巴斯科辣椒酱。此酱产自墨西哥和危地马拉，原材料为碾成泥状的辣椒，加入盐在桶中发酵制成。[17]至于以番茄和香料为原料的番茄酱，追其本源，其实是产自马来地区的一种发酵酱，名为豉油，味道酸甜。番茄酱现

番茄酱
美国

制作3瓶250克的番茄酱需要

＊400克番茄泥（用3千克番茄制作） ＊35克乳清（3咖啡勺） ＊2汤勺苹果醋 ＊2咖啡勺浓芥末酱，1/2咖啡勺肉桂粉 ＊4颗丁香；1/2个干辣椒 ＊1咖啡勺多香果 ＊1咖啡勺盐 ＊50克蜂蜜

大家平常见到的已经不是真正的番茄酱，只是工业制作的替代品。这是件令人遗憾的事情！让我们来尝试一下制作乳酸发酵的原始番茄酱吧，请一定要用有橡胶垫的罐子。

乳清是白奶酪用沥干器沥干后得到的液体，或者也可通过将酸奶放在纱布漏勺中沥干得到。备好番茄泥：搅拌好3千克番茄，将得到的番茄果肉放在筛子上，在完全沸腾的情况下煮整整3分钟，以便使果肉和水分离。将果肉倒入纱布漏勺中，将纱布四个角收拢，悬挂整夜，沥干果肉中的水分。第二天，我们就能得到浓稠的番茄泥（沥掉的液体可以留下来做汤或煮面）。将番茄泥和其他原料混合（除了2勺乳清），品尝味道以便调整调料的分量。将罐子填满，在每个罐子的表层加入1咖啡勺乳清。封闭罐口，在常温下静置发酵至少5天，然后放到阴凉的地方。三个星期后即可食用，开封后也可以保存好几年。

有的味道已经远非其原来的味道，但作为调料其用处倒是一成不变。19世纪制作番茄酱的方法是发酵几个星期，以便获得其象征性的酸甜口味。工业家们放弃了发酵法，通过添加醋来代替发酵，而醋其实也是一种发酵品。

豆科植物和亚洲

在欧洲，人们很少将豆科植物发酵，但还是有用鹰嘴豆做成的食品，比如索卡豆饼。亚洲的情况则刚好相反，用豆科植物发酵做成食物司空见惯：中东有鹰嘴豆做的油炸鹰嘴豆饼（falafels），印度用扁豆做原料，而远东则惯用黄豆。黄豆在公元前3千纪就已经种植，其发祥地是中国东北地区。一般来说，人们不会生吃黄豆，因为它含有一些难以消化的物质，尤其是酶抑制剂和植酸成分。经过发酵引入霉菌和酵母，黄豆的缺点就能被克服，此外还能增加维生素，并加强对豆子中蛋白质的吸收。这种植物的名字本就源自发酵，中文为酱，韩语为jang，日语则是shio①。用来表示豆子的中国表意文字"豆"其实就是一个有底有盖的缸：寺庙中用来祭祀的发酵缸。12世纪，日本人将酱油以shōyu的名字出口到了欧洲，其含义是"发酵的油"。该名字成了这种主要原料为黄豆的黑色酱的西方名字的始祖。

黄豆发酵可以产生好几种类型的食物：液体酱油、类似味噌的酱，还有一种保留整颗豆子形状，如印度尼西亚的丹贝和日本的纳豆。大豆最古老的遗迹可追溯到公元前2世纪的中国马王堆汉墓。中国人和韩国人就谁创造出了黄豆发酵争论不休，因为这种发酵食品在远东地区的饮食结构中极其重要。至今为止，中国人占据上风，因为中国拥有一项可追溯到公元前3世纪汉朝时期的证据。[18]据说以前在渤海国，酱油和发酵豆酱是新娘嫁妆的一部分——在大约7、8世纪时，发酵技术漂洋过海流传到了日本。

发酵黄豆在每个国家发生了自然的演变，各个国家用来称呼酱和酱油的名称也略有不同：在中国叫豉、酱；在韩国被称为ganjang

---

① "豆"的中文古称为"菽"，韩语读作kong，日语读作mame。作者所言有误。——编辑按

中国正在发酵的酱油缸

　　这张照片1919年摄于中国，展示了一栋房子的庭院中满地都是处于发酵中的酱油缸，缸上还盖着斗笠。生黄豆营养并不丰富，它只有在发酵成酱或呈糊状时才会被食用。汉字"豆"表明大豆盛放于有底有盖的发酵缸里：大豆因此和发酵密不可分，就像整个中国烹饪都和发酵息息相关一样，中式大餐的精髓就在这些不可胜数的酱上。酱油以前由家庭制作，现在也走向工业化了

（酱油），doenjang（豆瓣酱）；在日本则被叫作味噌和shōyu（酱油）。各个国家的制作过程大致相同，却各有各的食用方式。比如，韩国人和日本人把用发酵酱做的汤当作基本食物，每天都要食用。味噌是汤的主要原料，而不是调味品。在中国却没有类似的汤。此外还有一个区别：中国人食用发酵的豆腐，日韩却偏好让豆腐保持原样。日本是第一个将黄豆发酵的方法工业化的国家。tamari 酱油是一种纯黄豆酱油，而shōyu则是黄豆和小麦混合制成的。tamari一词的意思是"合并且凝滞的酱油"；该词出现在17世纪的《日葡词典》中。这种酱油被定义成用竹编漏勺过滤的液体，而古代罗马人过滤鱼露时用的是相同的工具。

从17世纪起，酱油开始由荷兰商贩进口到欧洲。在当时的欧洲，人们认为这种酱料取自肉类的提取物，菲雷蒂埃（Furetière）词典中的某些词条和狄德罗（Diderot）的《百科全书》都能证明这一点：

> SOUI或SOI，阳性单数（烹饪）。这是一种日本人制作的酱料，很受亚洲人推崇，也备受将其带到欧洲的荷兰人的赞赏；这是一种取自某一种肉类汁液的提取物，尤其受青睐的是山鹑和火腿。人们还要加上蘑菇汁、大量的盐、胡椒、生姜以及其他能使其味道浓烈的香料。这些香料还能防止液体变质。这种酱汁在密封的瓶子中可以保存很多年。还可用少量酱汁和普通汁液混合，其口味因此得到提升，口感极其宜人。中国人也制作soui，但是人们认为日本产的更加高级，因为一般认为日本的肉比中国的鲜美得多。[19]

19世纪的拉鲁斯（Larousse）字典和利特雷（Littré）所编的《法语辞典》犯了同样的错误，然而在1766年拉马克出版的《方法论百科全书》中却做出了正确的说明：

日本人用日本的第28种（黄豆）豆子做成一种酱来取代黄油，他们还制作出与烤肉搭配食用的著名酱汁，即味噌和酱油。[20]

　　这种混淆可能是因为黄豆酱富含蛋白质，也许还因为其复杂的味道中含有动物肉类的特别香气。黄豆酱在日本的大为流行和推崇素食主义的佛教的盛行息息相关。这种酱料是纯植物型的，从营养学角度来说却可以取代肉类。美极（Maggi）调味酱（配方和可口可乐、巨无霸汉堡一样是机密）出现在19世纪末，其香气产生的基础在于酸性环境中植物蛋白质的水解，这就是酱油发酵的结果。这种经济的浓缩型产品曾作为肉汤的替代品出售，很多消费者认为里面含有肉类提取物。行家们却绝不会上当受骗：这种快速生产的廉价替代品无论如何不会有和发酵好几年的大酱一样的醇香。

　　在中世纪的阿拉伯大餐中，我们找到了一种类似酱油的产品。这种叫作murî的酱原料只有植物，是将大麦、小麦之类的谷物盐渍并通过乳酸发酵制成。作为鱼露的植物版，该产品却在希腊罗马文明中默默无闻。它似乎在美索不达米亚存在过，源于阿卡德语的名字证明了这一点。这种古老的乳酸发酵的酱料和酱油以及远东地区用豆科植物或谷物发酵做成的酱系出同门。和鱼露的情况一样，此类发酵过程中也会产生液体和固体产品。这两种产品归根结底诞生在同一次发酵的作用下。人们将一只竹篮或柳条篮放入酱缸，就能一边收集液体，一边得到固体。Murî在阿拉伯人的烹饪中已经被废弃，尽管18世纪在阿尔及利亚还找到了一点遗迹。[21]我们再一次陷入迷惘：是否在史前时期酱类产品就已经为人类所接触并产生影响；其根源是否如此古老；其存在是否先于人类在地球上星散四方？无论大酱取自哪种原材料，其发酵过程已经消失在历史的迷雾中……

— NI CRU NI CUIT —

第三部分

消亡

和

重生

~ éclip se et renaissance ~

第十一章　驱除细菌，它们又飞奔回来

> 绝对掌握发酵是不可能的，发酵是鲜活有生命的。

我们跑遍世界各地，纵观各个时代，确认所有的食物原料从上古时代起就都可以进行发酵，然而，也就是近一百年来科学才对发酵食物内发生的一切做出了解释。建立在推理基础上的相关阐释分为好几个步骤。

发酵还是腐烂？

按照人们传统的想法，发酵总是和高温联系在一起，而且还会引起腐烂。"发酵"（fermenter）这个动词来源于拉丁语 *fermentare*，意思是"在酵母的帮助下进行转化"，酵母的拉丁文为 *fermentum*。这个词本身则源于 fervere 一词，意思是沸腾。正在发酵中的液体会引起气体的大量释放，液体中充满气泡，气泡到达液体表面时发生爆裂，类似于液体的沸腾。发热（fièvre）一词源于拉丁语 *febris*，和血液的发酵有关。[1] 同样的谱系变化也存在于希腊文中：酵母 zyme 一词，从词源来说是动词沸腾 zeo 和名词沸腾 zomos 的表亲。

有了几千年的经验之后，古代的作者们对发酵的起源产生了疑惑。恩培多克勒①将酒描述成"变质的水"。希波克拉底和亚里士多德明确认为不流动的水在高温条件下会变黏稠，可能会变质。[2] 发酵用高温理论来解释是当时普遍且根本的原则。正因为如此，亚里士多德将面团的发酵和鸡蛋的发育过程混为一谈："实际上，酵母使面团体积增大，因为固体部分被熔化了，液体变成了气体。这种结果通过精神的热量同样发生在生命体上，发生在通过加入其中的汁液产生热量的酵母身上。"[3]西塞罗、圣·托马斯·阿奎那②、但丁先后提到了葡萄汁是在阳光的升温作用下酿成酒的。[4]谈到正在发酵的啤酒时，以前的酿酒师也会说起汁液的沸腾。在各个传统社会，我们同样发现了这种因高温引起发酵的看法。比如说在蒙古地区，马奶酒被认为是被"内火"[5]煮熟的。古印度的吠陀文献用"烧煮"来形容神圣饮料苏罗的发酵过程。人们用如下话语来祈求获得该饮料：为了阿须云神（Asvin），请你快快煮熟吧；为了妙音天女萨茹阿斯瓦蒂（Sarasvatî），请你快快煮熟吧；为了因陀罗，请你快快煮熟吧。[6]

　　直到18世纪拉瓦锡开始进行化学分析时，人们才了解到糖可以分解成乙醇和二氧化碳。19世纪时盖·吕萨克（Gay Lussac）和布雷（Boullay）研究了气体的膨胀情况并列出了和酒精、蔗糖、葡萄糖有关的化学方程式，但是发酵的过程仍然不为人所知。荷兰人安东尼·范·列文虎克（Antoine van Leeuwenhoek，1632—1723）是

---

① 恩培多克勒（公元前490—前430年），公元前5世纪的古希腊哲学家。他认为万物皆由水、土、火、气四者构成，再由"爱"与"冲突"或合或离。"爱"使所有元素聚合，"冲突"使所有元素分裂。恩培多克勒认为宇宙本身在绝对的爱和冲突之间来回摆动。

② 圣·托马斯·阿奎那（约1225—1274），欧洲中世纪经院派哲学家和神学家。他是自然神学最早的提倡者之一，也是托马斯学派的创立者，成为天主教长期以来研究哲学的重要根据。他所撰写的最知名著作是《神学大全》（Summa Theologica）。天主教会认为他是史上最伟大的神学家，将其评为35位教会圣师之一，也被称作天使博士（天使圣师）或全能博士。

用自己制造的显微镜观察微生物的第一人,但是在1887年之前,没有任何人想到微生物就是发酵的根本原因。实际上就是在那一年,阿道莫·法布罗尼(Adamo Fabbroni)提出葡萄酒的发酵是由于葡萄汁中具有某种有生命的物质而产生的[7],但是没有任何人听取他的意见。

二十二年之后,1809年面世的《农业全书》[8](*Cours complet d'agriculture*)内有关发酵的文章中,包括最负盛名的帕门蒂尔(Parmentier)和夏普塔尔在内的作者们详细描述了制作面包、酿葡萄酒、造醋的不同阶段,但是他们没有对观察到的现象做出任何解释,酵母的作用还是没能大白于天下,整部作品也未涉及奶酪和蔬菜的乳酸发酵。作者们引用了1796年对啤酒酵母所做的化学分析,认为是该酵母中的麸质成分引起了发酵,因为在啤酒的原材料谷物中同样含有麸质。至于葡萄酒的发酵,人们则认为是葡萄籽内含有和谷物中的麸质类似的物质。

> 一般来说,葡萄酒产品数目更加可观,因为其含糖量更高;麸质在酿酒过程中似乎只充当酵母,因为当它和其他非糖的物质混合时从未产生发酵。由此可见,葡萄酒的酿造从本质上取决于糖:葡萄酒的发酵特点在于糖,但在发酵和分解时,麸质的存在必不可少。[9]

在啤酒中添加酵母的经验显示酵母也能引起葡萄汁的发酵,当然,前提是接触到葡萄汁中所含的糖。当时的人们不知道酵母是有生命的,认为是酵母中含有的麸质在产生作用,而对产生作用的原理仍是一无所知。迷雾并未散去。

在《农业全书》的1836年版本中,作者们试着根据当时的知识定义发酵。当时的科学并没有取得我们所期待的长足的进步，他们满足于描述发酵的各种效应以及发酵产生并发生作用的各种情境。但是他们承认自己不知道发酵的原因："我们对此做出了一些思考，但是不久就发现我们无法做出真正令人满意的解释，我们为此深感困扰，比如说，我们无法确定酵母真正的功能。"[10]

那我们能从中学到什么呢？作者们区分出了5种形式的发酵：糖的发酵，即将淀粉转化成糖；酒的发酵，就是产生酒精的过程；染色发酵，就是在植物发酵后产生靛蓝或菘蓝；还有制作面包时面团的发酵；生成腐殖土的腐烂发酵。归根结底，里面唯一能确定的就是"自发的分解"。由此可知，"腐烂"和"发酵"之间的细微差异，从古代以来就没能被彻底厘清。

微生物在食物的腐烂分解和发酵中所起的作用实则相同。在这两种情况下，有机物质发生了转变，从而产生了新的物质。腐烂和发酵之间的区别在于最后形成的物质以及其过程达到的最终效果。腐烂最终造成机体的毁坏；发酵则刚好相反，能使物质得到保存。如果最后得到的物质是有毒的，比如硫化氢或硫化铵，这个过程就被叫作"分解"。如果转化后的物质是有用且有益的，比如乳酸、乙醇、维生素、芳香族化合物等，这个过程就被称为"发酵"。由此看来，区别两者是根据得到的结果，其实就是一个简单的前景问题。然而，我们绝对不能忽视分解也是一件正面的事情：它保证了土地的肥沃，并构成地球上生命的基质。

直到19世纪中叶，科学界在发酵起因的问题上还是分为两派，一派认为发酵是"自然发生"，另一派则支持"活性酵母"说。当时让-巴蒂斯特·杜马（Jean-Baptiste Dumas）将酵母描述成一种有机体，并将其活动比作动物身上营养所在。1836—1837年，卡尼亚·德·拉图尔（Cogniard de Latour）和佩恩（Pyen）才第一次揭示了酵母的活性和化学成分。但是此时离科学界就此问题达成一致还相当遥远！尤斯图斯·冯·李比希[①]（Justus Von Liebig）和贝采尼乌斯（Berzelius）认为酵母具有催化作用。他们认为物质在酵母作用下发酵，需要通过运动的传递，即正在分解中的物质的振动状态的传递，才能发生效用。

巴斯德进一步发展了卡尼亚·德·拉图尔和让-巴蒂斯特·杜马的研究成果，在1859年证明了酵母是作为有生命的基体发挥作用，而不是作为正在分解中的物质有所助益。没有这些活着的生命，发酵就不会产生。在他位于阿尔布尔的实验室中，人们总是能看到一瓶经过"巴氏灭菌"后被密封保存以防细菌入侵的葡萄汁。这瓶葡萄汁在一百五十多年来从未发酵。微生物由此正式成了发酵的始作俑者。但人们还要再等待好几年才能证明细菌并非由于周围空气的"繁殖性能"而自动繁殖的，细菌到处都有，无处不在。

没有生命，发酵就无法产生，这是发酵的主要特征。巴斯德在1860年写道：[11]

> 发酵的化学行为从本质上来说是一种和生命行为相关的现象，这种现象始于生命行为，也止于生命行为……我认为如果没有细胞的组织、发展和繁殖，或没有已经形成的细胞构成的生命体，那么也就永远不会有酒精发酵……对于乳酸发酵、奶油发酵、酒石酸发酵以及很多其他类型的发酵，我都持同样的观点。

[①] 尤斯图斯·冯·李比希男爵（1803—1873）是一位德国化学家，他最重要的贡献在于农业和生物化学，他创立了有机化学。因此被称为"有机化学之父"。作为大学教授，他发明了现代面向实验室的教学方法，因为这一创新，他被誉为历史上最伟大的化学教育家之一。他发现了氮对于植物营养的重要性，因此也被称为"肥料工业之父"。

路易·巴斯德（1822—1895）在他的实验室里使用显微镜

巴斯德是微生物学的奠基人，他发现了发酵的原理，发明了狂犬病疫苗。在一次研究啤酒保存技术的过程中，他把啤酒放置在五六十摄氏度的高温中半个小时，发现导致啤酒变苦的乳酸杆菌大量减少，由此发明了巴氏灭菌法

然而，李比希和贝采尼乌斯的理论并非纯属谬误：在发酵中起作用的微生物发挥作用时会分泌一种不具活性的物质，后者被叫作"可溶酵素""淀粉酶"或"酶"，它才是物质转化的真正原因。莫里茨·特洛布（Moritz Traube）和马赛兰·贝托洛（Marcelin Bethelot）对巴斯德和李比希的成果进行了综合概括，并将发酵描述成一种混合的行为，既是生理行为也是化学催化行为。[12]巴斯德反对这种理论，认为其与哲学相悖：据他看来，生命体和无生命物之间有着一条无法跨越的鸿沟。

我们现在将发酵定义成一个生物化学过程，在此过程中，某些有机化合物在一些作为催化剂的特定酶的作用下被毁坏，这些酶产自各种微生物。上述反应能释放能量，产生各种物质，其中大多数在营养方面都值得称道。此过程一般在厌氧状态下展开（也就是说不需要氧气），由此就能与简单的呼吸区分开来。巴斯德认为发酵是"没有空气的生命"。这个定义从严格意义上来说是生物化学性的。某些食物的发酵过程需要与空气产生作用，比如说醋、丹贝或洛克福羊乳奶酪的蓝纹中的微生物就是如此，然而我们还是要承认它们属于发酵食物。

由此看来，发酵食物就是被微生物转化的食物。这里的微生物包括：细菌、酵母、霉菌以及其他真菌。从现有知识来看，这些生命在地球上出现得很早，有几百个种类。它们不受待见，人们围绕它们长期争论不休，因为我们通常都只看到了它们的负面效果：细菌引起疾病和严重感染，霉菌会使食物腐烂，真菌是真菌病和过敏的来源。我们忘记了在这些病原旁边还生活着亿万个微生物，从内到外遍布我们的身体，从皮毛顶端到脚趾尖无不如是，而没有这些微生物，我们也就没有生命。在一具躯体中，细菌数量甚至是人体细胞的10倍，每个人都具有约2千克的细菌。乳酸菌引起了大部分食物发酵，对于人体消化系统的运行来说是必不可少的。其他微生物则有助于维持我们皮肤和黏膜的平衡。简而言之，没有微生物，不仅我们人类无法存活，地球上任何生命都可能早就消失了。

发酵参与者各司其职

细菌是单细胞生物，大小在0.2—2微米之间，数目庞大，几乎无处不在：1克土中就含有4000万个细菌。它们可能是球状、条状、螺旋状，或者像一个逗号。它们是一个个微型的生物化学工厂，自己吸取养料、繁殖并且合成复杂的分子，比如能转化有机物的酶。它们通过分裂的方式来繁殖。在有利条件下，它们的数目每20分钟就能翻倍。在情况不利时，它们就会转变成芽孢，这样就能存活更长时间——长到让人无法想象。1999年，宾夕法尼亚州西彻斯特大学的拉塞尔·弗雷兰（Russel Vreeland）及其团队在新墨西哥州发现，在一块海水沉淀的盐晶内有一种可追溯至两亿五千万年前并可重生的细菌芽孢。[13] 1995年加州州立理工大学的罗尔·J. 卡诺（Raul J. Cano）在被封于琥珀中的昆虫腹部，所发现的芽孢只能追溯至两千五百万年到四千万年前，和前者相比真是太年轻了。[14]

霉菌是属于真菌家族的生物，该家族成员众多，有着几千个不同的类别。霉菌能形成丝状，大家都知道霉菌在水果或面包上所留下的痕迹。它们的孢子能引发过敏，有时甚至会产生毒素，从而导致食物中毒，但是它们也具有摧毁致病菌的能力，属于霉菌青霉属的青霉菌就是如此，据此人类发现了第一种有效的抗生素。奶酪皮上出现的霉菌不仅能使其味道丰富鲜美，还有利于其储存。除了奶酪之外，曲霉属的霉菌还在酱油、味噌和丹贝的发酵中发挥了作用。

酵母菌用于制作面包、酿造啤酒和葡萄酒，是单细胞的真菌（和霉菌相反，霉菌可能是多细胞的），属于酵母属。它们的个头比细菌要大，从6微米或10微米至50微米不等。它们能在有氧的环境中繁殖。在厌氧状态下，可生成乙醇、二氧化碳以及很多其他微量物质，包括挥发酯、乙醛、酸、酒精，它们赋予了发酵饮料或面包各种香味及口感。

所有这些微生物合成的酶其实都是蛋白质，在发酵的化学过程中起着催化作用。我们根据酶能转变的物质来命名它们，即在该物质后加上后缀-ase：将淀粉（amidon）转化成单糖的酶叫作淀粉酶（amylase），使肉类蛋白（protéine）"变软"的酶被称为蛋白酶（protéase），对麦芽糖（maltose）发生作用将之转化为葡萄糖的酶命名为麦芽糖酶（maltase）。它们将多糖大分子转化成单糖小分子，以便让细菌和酵母菌吸收。

引起发酵的微生物出现在原材料的表面或内部，原材料即培养基。比如说，用来酿酒的酵母在葡萄果粒的表皮上，而天然酵母则存在于麦粒上。我们能在长出植物的土地中找到它们，精炼地窖、酒库、放置天然发酵啤酒汁的露天仓库的空气中亦有它们的踪迹，收获季节以及生产期间使用的工具也成为它们的容身之所。用来凝结牛奶生产康塔尔奶酪的容器是栗木制的酒桶，里面出现的酵母能让奶酪具有特别的味道。

我们也会特意添加酵母，比如在酸奶中添加以前制作时剩下的残渣；按传统方法制作洛克福羊乳奶酪时，则要用发霉的面包心来接种（现在直接用培养的酵母）。如果酿造葡萄酒时酵母不够，人们就会求助于预先加酵母法，即添加酿酒酵母。面包师在制作面包，如羊角面包、奶油圆蛋糕时，也会在面团中添加酵母。

这些微生物成群结队，共同发挥作用，也就是我们要讲的细菌和酵母群。在奶酪皮上或发酵面包内，可能有10多种细菌或酵母存在，它们的混合作用才造就了奶酪和面包。比如说，发酵面包内最常见的菌群由乳酸杆菌（植物乳杆菌、干酪乳杆菌、短芽孢杆菌、旧金山乳杆菌）、明串珠菌（肠膜明串珠菌）和片球菌（啤酒片球菌、乳酸片球菌、戊糖片球菌）构成。有些细菌只生成乳酸，还有一些可生成乳酸、醋酸、酒精和二氧化碳。酵母可以保存很多年而不失去其性能。随着时间的流逝，有年头的酵母中的乳酸菌群会发生改变，变得越来越混杂。这就是为什么老酵母能比生成不久的酵母更好地让面包发酵。酵母还能生成自由自在任其发展的芳香族化合物，因为制作面包需要漫长的发酵时间。

酸奶发酵也要归功于多种细菌，其中有嗜热链球菌和保加利亚乳杆菌。各种生物相互作用，维系着平衡。其中一种在一开始占上风，优势地位随后就会被另一种取而代之。在腌酸菜的发酵过程中，肠膜明串珠菌开始生成乳酸，随后过酸的环境就会对其不利，植物乳杆菌趁机接班。这些移民团成员极其固定，且存在了很长时间。要养殖它们，只需提供培养基使之存活。好几个世纪以来，人们在做同一种酸奶或面包时，就是这样做的。有些情况下，几千年来就共生共存、协同合作的微生物会形成特别的生物体，这种现象真是令人着迷。为了描述这种生物体，盎格鲁-撒克逊人创造了一个首字母缩写词SCOBY（细菌与酵母共生群）。已知最早的细菌与酵母共生群可能是克非尔奶酒，其中含有30多种细菌和酵母，里面有些甚至没有被命名，且根据产地的不同，细菌与酵母的种类也有所不同。它们能分泌多糖，并形成颗粒状，不断重复和繁殖。这种共生群只有通过人类发酵牛奶的活动才能存在。重新制造一种新的从无到有的菌株是不可能的，它们只有在培养基牛奶中才能重生：将克非尔奶酒浸泡在牛奶中是酿造克非尔奶酒的唯一方式。由此可知，目前存在的菌群颗粒其实是六千年前中亚牧羊人在羊皮袋上刮下来的颗粒的直系后裔，且和其人类"饲养者"共同进化。同样，源自好几个世纪前的古老的面包酵母也仍然存在。

从贮藏变质到乳脂发酵

只有一种产品的发酵过程非常复杂并需要经过好几个阶段。比如说在制作巧克力时，需将新近收获的可可果进行第一次发酵，直至果肉分解、能从中取出可可豆。在湿热的环境中，可可豆开始发酵，其内部温度可达50℃。经过5到6天的发酵之后，可可豆的涩味让位给了甜美的味道，已经可以隐约闻到巧克力的芳香了。之后的发酵需在阳光下持续一到两个星期，可可豆在被送到巧克力厂之前先要进行烘焙。同样，咖啡也要经历好几次发酵。第一次发酵过程比较短暂，能将咖啡豆和其红果内部包裹豆子的黏胶分离开来。然后，咖啡豆因为咖啡果表面的微生物群再次发酵：一种细菌能分解咖啡豆外包裹的果胶，之后乳酸发酵就开始了。最后，产生的有机酸被其他的好氧菌毁坏。统计发现有超过1200种化合物在此次发酵中产生，它们混在一起形成咖啡最后的香味。[15]

人们一般根据发酵结果或微生物合成的产品来命名不同的发酵。

贮藏变质是最早的发酵之一。这种发酵可以追溯到旧石器时代。放在石头上置于阳光下的肉片在晒干过程中开启了发酵过程。肉被切成块状至完全脱水需要一段时间，动物尸体的肌肉和内脏以及空气中出现的微生物开始生长发育，产生引起发酵的酶。"腐烂变质"（faisandage）来源于"野鸡"（faisan）一词。这种飞禽的肉干就是通过腐烂变质制成，其口感因此更上一层楼。制作过程也很简单，只需将未清空内脏的猎物静置几天——甚至几个星期——之后就能食用。身体组织被分解蛋白质的肠道菌群入侵，野鸡肉由此变软，口感也发生了改变。

贮藏变质和腐烂不能混为一谈：肠道菌群微生物没有毒性。相反，它们保证了肉类的预先消化。任何刚经屠宰而获得的肉都不可以立刻入口，而毁损过重或保存时间过长的肉类经过贮藏变质最终会产生有毒物质，比如说肉毒杆菌毒素。

乳酸发酵的进行离不开乳酸菌，而乳酸菌则需依靠原材料中的葡萄糖为生，并将之转化成乳酸。如果发酵过程是由属于乳酸菌、乳杆菌和链球菌的同型发酵菌实现，这种发酵就被称为"同型乳酸发酵"。如果由属于明串珠菌和其他乳杆菌的细菌来实现发酵，并产生乳酸以及如乙醇、二氧化碳和乙酸之类的产品，这种发酵被叫作"异型乳酸发酵"。乳酸发酵在酸奶、发酵奶、奶酪以及如腌酸菜或醋渍小黄瓜之类的腌制蔬菜的过程中，扮演着重要的角色；而在肉类和鱼类的腌制过程中同样举足轻重，在鱼子酱、腌鲱鱼、腌鳀鱼以及鱼露之类的鱼酱的生产过程中不可或缺。此类发酵在制作面包的天然酵母上同样上演。某些天然发酵的啤酒，如比利时浓啤酒，在酒精发酵之外还经历了乳酸发酵，啤酒爱好者梦寐以求的酸味正是由此而来。

食物中的细菌，比如腌酸菜的菜叶上的细菌，当然会引起腐烂，但是如果隔绝空气并加入少量盐，就能防患于未然，抑制腐烂出现，而乳酸杆菌则能迅速繁衍产生乳酸。盐能脱去食物中的水，加速启动发酵过程。食物变得越来越酸，微生物完全失去了用武之地，无论是导致腐烂还是引起发酵的细菌，都是如此：一段时间后，环境达到平衡，发酵就会自动停止。食物因此能保存很长时间，即使是在常温条件下。

制作各种鱼酱时，蛋白质会自行分解，从而导致鱼肉完全液化。这并不是腐烂，而是一种由天然生长在鱼腹内的细菌启动的乳酸发酵。发酵伊始，鱼体保持完整，浸泡在大量因盐渗透产生的液体中。乳酸菌开始工作，慢慢将鱼肉消解，鱼肉先呈糊状，最后变成液体。发酵可在不同阶段停止，这取决于我们想要何种性状的产品：固体的、糊状的还是液体的。如果发酵没有停止，腐烂就会取而代之，食品也会变得恶臭难闻难以入口。鱼酱的所谓腐烂实际上只会在开始变质时发生。

酒精发酵主要是由酵母属的酵母菌实现的。这种发酵是生产酒精饮料的基础，也是酵母发酵面包的根本。要产生酒精发酵，只要将碾碎外膜的水果和空气接触即可。水果表皮上含有的以及悬浮于空气中的酵母菌在几天或几小时内就会引起发酵。这些微生物能将葡萄汁或谷物汁液转化成乙醇、二氧化碳以及多种芳香族化合物，同时还能产生热量。这种发酵法历史悠久，流传甚广，是人类最早掌握的发酵法之一。人们用它来发酵加水稀释过的蜜以得到蜜酒；用它发酵水果产生葡萄酒、苹果酒；用于谷物则能得到啤酒；植物的茎秆、叶子或汁液经过酒精发酵则能产生棕榈酒、香蕉酒（用植物多汁的茎制成）或龙舌兰酒；有时甚至可作用于块茎（番薯、木薯、生姜）。

甜甜的水果（葡萄、苹果）碾碎后置于常温环境就会自动发酵，原因在于其表皮中含有的酵母菌。谷物则必须先经历发芽烘焙——这就是麦芽制造过程，旨在将淀粉转化为可发酵的单糖，否则酒精发酵无从产生——人们称之为糖化作用。在古代，甚至如今世界的某些地方，人们仍在用咀嚼种子的方式来引起糖化作用。因为唾液中含有唾液淀粉酶，这种淀粉酶可引起谷物的糖化作用。如果是制作面包，酵母菌既能产生烧煮时蒸发的酒精，也能产生使面团蜂巢状孔膨胀的二氧化碳。高浓度的酒精是一种毒药，对于催生它的细菌来说也是如此。当酒精含量过高时，微生物就会死去，酒精发酵因而自动停止。

醋酸发酵由此粉墨登场，这是一种罕见的能在有氧状态下进行的发酵。巴斯德发现了引起这种发酵的细菌，并将之命名为醋酸杆菌。起初，他以为跟自己打交道的是一种真菌，因为酿造醋时，细菌会在液体表面繁殖，形成一张微白色的纱网，即"醋母"。它们随着酸化的发生而死亡，然后落入桶底，直到不再含有酒精为止。这和我们已有的概念不同，原来醋是不含酒精的！

苹果酸-乳酸发酵被用于葡萄酒酿造是为了减轻某些葡萄酒的酸味。在乳酸菌（主要是球菌属）的作用下，将葡萄汁中的苹果酸转化成乳酸和二氧化碳。它能去除陈年的高品质葡萄酒中令人不适的酸味。这种发酵用于酿造红葡萄酒，也能让白葡萄酒的口感变得圆润光滑。但是它需要加以控制，否则就会带来一种不良的乳酸味。有时，与需要趁新鲜喝的白葡萄酒相反，苹果酸的"生涩"反而是酿酒者孜孜以求的。

贵腐作用其实就是一种叫作贵腐霉菌的真菌在秋季熟透的葡萄上繁殖生长。匈牙利、索泰纳、阿尔萨斯、奥地利、德国等某些地区特有的阳光和湿度条件刚好能促进贵腐霉菌的产生，并能使这种一般只会造成葡萄腐烂的真菌发挥特殊作用，从葡萄内部汲取水分，使其糖分高度浓缩，并产生一种类似于高品质甜烧酒的美妙芬芳。最初的贵腐酒——匈牙利的托卡伊（tokaj）就是用这种方法制成的。该地区的葡萄种植技术是由罗马人引进的。我们可以认为，正是因为面临战争的威胁，葡萄收获被延误，采摘下的葡萄过分成熟才为这种超凡的葡萄酒的出现提供了契机。

丙酸发酵是由丙酸杆菌属的细菌作用而发生的，并能产生丙酸、乙酸和二氧化碳。这种发酵方法在硬质成熟奶酪的生产过程中仍在使用（孔泰奶酪、格鲁耶尔奶酪、埃曼塔奶酪），并赋予它们一种特别的口感以及气孔。

丁酸发酵是由丁酸梭菌作用合成丁酸的过程。它能使食物具有一种哈喇味，尤其是黄油。它在食品加工工业领域不受欢迎，而在某些文化中却被苦苦追寻。比如在中国西藏和一些伊斯兰国家，人们制造的黄油被叫作"哈喇味黄油"，尽管并不恰当。相反，柠胶链秋菌和乳酸乳球菌则赋予了黄油一种榛子的味道，并能使某些葡萄酒具有新鲜黄油和焦糖的芳香。

科学之外

一百多年前，我们认识到了发酵的起因，但是牛奶、果汁、肉类或谷物的发酵历史已经有一万多年了，那个时期可没有微生物学家密切观察发酵过程。此外，尽管人们认识到微生物在起作用，但并不意味着就能绝对控制发酵过程。与葡萄酒和奶酪生产有关的迷信和信仰没有消失，即使在西方国家也是如此，这就说明发酵一直在焕发新的生机（ressortir du vivant）：成功发酵的事例不胜枚举，某些已为人所知，还有一些未被揭秘，科学家们仍在对此苦苦研究。每种奶酪、葡萄酒和啤酒都不尽相同。在旧金山之外的地方我们并不总是能够培育出旧金山酵母；我们也不知道为什么用葡萄酒酿酵母会生产出黄葡萄酒；而在其表姐妹醋酸杆菌的作用下产生的则是醋。即使科学让我们掌握了一部分发酵过程，但在21世纪，仍有很多未解之谜。史前时期的情况就更难以想象！

然而，对发酵原因的一无所知并未能阻止人类完美地掌握该技术，秘诀就是观察各种发酵现象。科学极大地帮助了发酵产品生产商，不管是工业制造还是手工制作。比如说，在酿造葡萄酒时，人们知道怎样改正这里那里的不足或缺点。只要问一个酿酒者就能了解到发酵过程中掌握的任何经验，尽管由此得到的产品含有几千种不同的成分，其中只有400种已知并记录在案；尤其要避免让一切"自然"停止，否则得到的将是醋。同样，如果您去问奶酪生产商，他会跟您解释奶酪皮上的这种或那种霉斑多么难以得到，或者多难避开某种不速之客。[16]绝对掌握发酵是不可能的：发酵是鲜活有生命的。

第十二章　祝您健康！

> 发酵食物是近乎理想的食物：随时可得、提供营养、强身健体、延年益寿。

和过于年轻未能证明自己的密封加热灭菌法和冷冻法相反，发酵食物已历经了几万年，是各个文明得到的经验所结出的果实：由此可以肯定这种食物是有营养、安全且健康的。多亏了它，人类在极端条件下也得以存活。因此它在所有食物中占据了一个特别的位置。它体现了人类传统思想中精华的部分，它是近乎理想的食物：随时可得、提供营养、强身健体、延年益寿。

保护我们的微生物

20世纪之前，我们并不知道人体中居住着超过万亿的微生物。它们住在我们的皮肤、黏膜、头发、嘴巴，尤其是消化系统中。我们将之称为微生物群，其数量差不多是人体自身所含细胞数的10倍。医学研究对其越来越感兴趣，因为这些微生物能影响到宿主的健康。它们中只有很少一部分是病原菌。当这个有生命的菌群达到平衡时，就能保护自己——同时保护我们——使不受欢迎的生物无机可乘。该菌群在很大程度上构成了我们的免疫系统，如果该菌群变弱，也就意味着人体对感染、疾病或者简单的紊乱敞开了大门，因而危及健康。微生物群中的大部分细菌同样也是能够引起发酵的细菌。它们有时被制成胶囊，并由制药公司作为食品补充剂销售，因此被称为益生菌。

其实根本没有必要吞这些胶囊，因为我们在食用乳酸发酵的蔬菜、酸奶、味噌或未经巴氏灭菌的啤酒时，已经吞下了益生菌，修复了我们的微生物群。我们可以丰富这个群体，帮助它维持"好"菌的适当比例。当抓住机会的病原菌加入并干扰这个成员众多且各不相同的群体内的微生物朋友时，这些"好"菌就会保护我们。它们不仅能加强我们的免疫系统，其自身就是免疫系统的一部分，和我们的细胞共生共存。

科学家2004年在习惯食用各种发酵食品的人身上进行了一场实验[1]，研究了缺少发酵食物对人体的影响。一部分志愿者被禁止食用酸奶、奶酪、黄油、肉、鱼、葡萄酒、啤酒、蔬菜，包括橄榄，还有醋。两个星期之后，分析结果表明他们的肠道菌群含有的乳酸杆菌、好氧细菌和短链脂肪酸变少，并影响到了消化系统的运行。这些微生物能改善结肠炎症状，提升结肠运动机能，同时还能保护大肠黏膜。在这次实验中，我们还发现志愿者的免疫反应比实验初期要弱。这种限制性的饮食在参加者身上又实施了两周。这期间加入了酸奶，有时还给一半参加者的酸奶中添加药厂出产的益生菌。结果表明无论有没有添加益生菌，酸奶都只能部分修复肠道菌群，改善血液成分，无法使之完全恢复到实验前，尽管添加了益生菌的酸奶稍稍有效。参加者的微生物种群只有在他们回归原来的富含酵素的饮食制度时才能得到完全修复。

这项实验表明，富含发酵食物的饮食制度，其中所有的广博多样的酵素有助于肠道和免疫系统的良好运行。各种细菌共生共存、相互协作，使一种食物发酵，它们形成奶酪的表皮或将葡萄汁转化成葡萄酒。我们的身体内也在上演同样的事件：众多不同的细菌构成一种群落生态，达到了必要的平衡，从而保持我们的健康。实验中还揭露了一点：来自药厂的益生菌未能产生和食物中天然存在的细菌同样的影响。

更富营养的食物

发酵使发酵食物比新鲜食物更易消化和吸收，增强了前者的营养功能，这主要是因为发酵本身就仿佛一个预先消化过程。发酵后的肉和鱼更加柔软，纤维刺激性变小，淀粉分解成了单糖和多糖，蛋白质被更好地吸收，天然矿物质也派上了用场。在这个预先消化过程中，不仅使已有的维生素被保留，新鲜食物中没有或很少的维生素、酶、氨基酸以及其他营养物质也被合成，尤其是B族维生素的数量大增。克洛德·奥伯特（Claude Aubert）举出了强有力的例证。[2]第二次世界大战期间，一处日本兵营中的英国囚犯能吃的只有白米饭和煮过的黄豆粒。黄豆粒难以咬动且不易吸收。荷兰囚犯提议把这些黄豆粒做成丹贝，模仿荷属东印度地区人们的做法。他们和兵营中的士兵一起，用从枯萎的木芙蓉上收集到的霉斑给去皮且浸泡过的黄豆粒接种。48小时之后，他们得到了一种灰色结晶的团状物，油炸后松脆可口，且极易吸收。囚犯们因而摆脱了缺乏蛋白质和维生素的困境，靠发酵黄豆存活下来。科学分析表明，丹贝的发酵使B族维生素，尤其是维生素B_{12}得到了迅速增加。

乳酸菌营造了一个能改善碳水化合物和蛋白质吸收的酸性环境，使B族维生素和K族维生素以及维生素C的含量增多。这些维生素在新鲜食物中无法长时间存留，而发酵食物的酸性则能将它们保留数月之久。腌酸菜名扬天下源于库克船长将它装满甲板。在长达

27个月的旅途中,尽管遭遇了船只颠簸、温度多变、气候多样等重重困难,圆满归来后为宴请葡萄牙显贵们呈上的最后一桶腌酸菜,美味却一如既往。整个旅途中没有发生任何一例坏血病,而当时这种疾病夺去了成千上万船员的生命。发酵食物一般都是酸的(除了几种特例,如日本的纳豆、西非的dawadawa、ogiri和soublala),这可能被当作一种缺点。然而,食用酸奶、腌酸菜和发酵面包能修复机体的酸碱平衡。因为发酵能让像钾之类的碱性矿物质更易吸收[3],而酸碱度平衡主要取决于钠钾比。[4]发酵型的饮料也符合这个规律:滋养了埃及金字塔的建造者们的啤酒未经过滤,和面包一样有营养,甚至远胜后者。啤酒含有更多的蛋白质(由酵母带来)和B族维生素、氨基酸,妨碍矿物质吸收的植酸含量却很少。

健康安全的食物

发酵食物的安全性大大提高了,现在已经几乎不可能因为食用这类食物而中毒,但是很多现代储存方法如密封加热灭菌法、冷冻法等不能确保这一点。最令人惊讶的是,发酵消灭了新鲜食物中的有毒物质,大大丰富了人类可食用物品的种类。以奶为例,生奶对史前时期的大部分人来说难以消化,哪怕在现代仍有一部分人乳糖不耐受,但是奶酪、黄油、酸奶没有这个问题。[5]酵母面包、谷物面食、发酵豆的情况也是如此。它们经过发酵去除了植酸——排出人体的盐以及妨碍内脏吸收如铁、钙等营养物质的罪魁祸首。[6]豆类中引起胀气的物质也在发酵后消失无踪,蔬菜中的亚硝酸盐、硝酸盐以及农药同样在发酵后变少了。[7]

在美洲,玉米粉末化后发酵,能让植物的营养成分被更好地吸收:19世纪的欧洲,糙皮病在以未发酵的玉米为生的穷人中横行,但在美洲，哪怕是哥伦布发现新大陆之前，这种疾病也闻所未闻。木薯含有一种能产生氢氰酸的毒素，发酵轻而易举就能将之摧毁。黑果（buah keluak）的处理方法如出一辙，这种带壳的水果被用于马来西亚和新加坡的美食烹饪中，发酵去除了它所含的氢氰酸。澳大利亚的原住民用同样的方法来处理大泽米的坚果，他们将之放入水中发酵，以去除其中含有的丹宁酸和苦涩的物质。[8]从理论上来说，油料作物、水果或谷物中含有的霉菌毒素在诸如酱油之类用真菌引发发酵的食物中同样能找到。然而，科学分析表明这种风险微乎其微，因为毒素在发酵过程中被清除了。[9]

在有记载的有毒食物中，最惊人的是红鳍东方鲀。这种鱼类广泛分布于太平洋中，中国台湾和太平洋各个岛屿的人们都以之为食，但只有在日本，食用它才需要特别的仪式。它的卵巢、肝脏含有世上最剧烈的毒素——河豚毒素，食入4小时后会先瘫痪，之后因窒息死亡，并且没有任何解药。日本政府严格控制对这种鱼的猎捕，烹饪过程也被严格约束。厨师需要至少十年的刀功练习以及两年的专门培训，得到国家文凭后才能获得烹饪这种鱼的权利。如此严格的规定就是为了将无毒的鱼肉和有毒的部分分割开来。

雌性红鳍东方鲀的卵巢在一年中的某个阶段会变得特别巨大，可能会长到1千克重，所含毒素能杀死20个人。而红鳍东方鲀的卵巢却成了日本石川县有名的特色食品。这种美味奢侈（一盘红鳍东方鲀在餐馆中价格不菲）的产品历史并不久远。它始于江户时代（1603—1867），在19世纪才成为一道可选的菜肴，因为红鳍东方鲀的卵巢只要在米糠中发酵三年，就没有任何毒素了。

我们可以看一下具体的操作过程是如何展开的：卵巢被从鱼体内取出，放入桶中，一层盐一层卵巢交替放置，然后静置一年。它们的体积会缩小成最初体积的20%。冲洗后再放入另一个桶中，加入米糠和麦芽，后者对于还要持续两年的发酵过程来说是一种加速器。四季交替，食品贮藏室中的温度也发生着变化，微生物在冬季沉睡，在春季苏醒。第二年过后，桶盖变成了红色，这是因为细菌分泌出了类胡萝卜素，河豚毒素因此大大减少。河豚卵巢在盐中浸泡一年后，毒素含量从每千克400—1000单位下降到30—50单位，三年后将少于10单位。这正是卫生部门允许食用这种鱼的门槛。我们可能会认为盐的作用使卵巢脱水，毒素被引到外部的水中去了，然而事实是整体毒素都降低了，不仅是卵巢中的毒素，渗出的液体中的毒素也是如此。为什么？这是个谜团。我们认为可能是引起发酵的乳酸杆菌产生了影响，但是没有任何科学理论能够解释毒素浓度降低的原因。这种神奇的食物能够长期延续显然多亏了祖传的制作秘方。我们对此不能做出任何微小的改动，否则就会使我们所不了解的神秘过程失效。

我们不由得寻思，到底是什么原因让当地人执意要食用这种有毒的食物呢？为什么人们不简单地将卵巢丢弃只食用鱼肉呢？是因为其味道无比美妙吗？是为了节约，不浪费任何东西吗？我们知道，日本人对于海产品有着无上的崇敬：他们从不浪费任何东西，对他们来说，鱼身上的一切都能食用，包括鱼骨和内脏。那么，是因为卵巢巨大的体积诱发了日本人将之做成可食用产品而非丢弃的渴望吗？但是人们是怎么知道发酵可以消除毒性的呢？谁又是品尝该食物证明其无毒的第一位勇士呢？用我们现在所拥有的知识无法回答这些引人入胜的问题。迄今我们没有遇到过因为食用红鳍东方鲀的卵巢而中毒的事件。发酵过的卵巢成为其产地的传统特色食品，有各式品种供内行的美食家们选择。[10]这个例子证明了发酵可以增加可吃食物的数量和种类，并使原来可能丢弃的部分能被食用，从而减少对食物的浪费。

记录在案的少有几例因发酵食物导致的中毒，都不是因为食物自身的缺陷引起的，而是因为外部的感染。比如说在储存中感染，或产品受到巴氏灭菌——也就是说摧毁有生命的酵母——的影响。生奶中含有的如沙门氏菌或金黄色的葡萄球菌之类的病原菌，在经过3到5天的发酵后制成的酸奶、新鲜奶酪和精制奶酪中却难觅影踪。[11]我们还观察到，用感染了沙门氏菌的肉制成的大红肠经过发酵后却安全可食。[12]病原菌可以侵入处理不当的乳酸发酵蔬菜，比如发酵罐中进入了空气，或者温度不对。这种情况下，最终产品外观缺乏魅力、颜色奇异、气味可憎，能让人立刻就意识到它的危险性。从理论上讲，毒素在发酵食物中也可能发展壮大，因为其原材料之前已经被感染了。但是发酵能迅速地将霉菌毒素和病原菌完全摧毁，清除得如此干净，以至于我们可以认为"有生命的"和按传统方式制作的发酵食物不会导致任何中毒事件。

在加拿大和美国阿拉斯加，每年都能统计到好几例肉毒杆菌中毒事件。加拿大平均每年有1到3例，主要由食用三文鱼鱼子酱或家庭制作的烟熏三文鱼导致。发酵的三文鱼鱼子、三文鱼头、海狸尾巴以及海豹鳍是生活在西海岸和不列颠哥伦比亚的因纽特人的传统菜肴，一直都享有盛名。即使发酵的传统方法在各个族群中有所不同，但还是有着一些共同点：新鲜的三文鱼鱼子被放置在地面上挖出的浅洞中，浅洞需要处于阴影下，以便使鱼子保持清凉。鱼子上需要覆盖草皮或者苔藓，在常温条件下发酵几天。发酵鱼子酱随后被从洞中取出，在常温下保存，并在随后的日子里供人食用。

如今的因纽特人曾产生过错误的想法，认为制作这些传统食物时必须将之放置在非传统的容器中且置于厨房的常温环境下。和户外的发酵过程相反，他们使用了密闭的塑料桶，发酵因而处于厌氧环境，高温和潮湿一起发挥作用，大大方便了肉毒杆菌孢子的繁殖增长，并产生了一种致命的毒素。值得一提的是，中毒事件无一例外地都是食用了未按传统方式发酵的产品。阿拉斯加安科雷奇的美国疾病控制与预防中心做了一个实验，他们未能在按传统方式制作的发酵三文鱼鱼头中检测到肉毒杆菌毒素，而在塑料桶中处理的三文鱼鱼头中这种毒素却显而易见。迄今为止，虽然还未有研究能够证明是否含有肉毒杆菌毒素取决于发酵方法，但是我们可以通过强有力的事实来确认这一点。[13]

在卫生条件堪忧的时代，食用健康安全的发酵食物可以避免很多风险。圣·阿尔努（Saint Arnould）圣迹发生在11世纪，佛兰德地区当时正流行传染病，传说中圣·阿尔努将河流内被污染的水变成了啤酒，这很能说明问题。有一个版本传说圣·阿尔努把村民们召集到啤酒商家中，把自己的权杖放入酒桶中，宣布说"别喝水了，喝啤酒吧"，随后所有的村民都恢复了健康。这个故事让我们想起路易·巴斯德的强力推荐："葡萄酒是最健康、最卫生的饮料。"这个巧合使我们会心一笑，故事如出一辙，只不过背景换了而已。过去，和酒有关的疾病比因水引起的疾病要少得多，酒精中毒是因为饮用了蒸馏酒。人们很少喝纯葡萄酒，过去在酒中掺水是一种消毒方式。巴斯德曾观察到，在水中的微生物增长迅速，而葡萄酒的发酵过程能使之免受疫气感染。由于当时没有任何消毒办法，所以很难获得真正可以饮用的水，除非居住在水源旁。天然水源的卫生问题从史前时期就是所有人类团体的忧虑所在。在古代，或者之后的时期，国王和皇帝们都曾大兴土木往城市中引进水流，有时还是从遥远的地方引来。加尔桥（pont du Gard）、马尔利水道（aqueduc de Marly）都是例证。当时的水要么是咸的，要么被人类和动物的排泄物污染，要么因为高温和昆虫的幼虫而变了质。此外，霍乱、血吸虫病和其他肠道寄生虫引起的疾病、沙门氏菌病、伤寒之类都是通过水流传播的。

在西方，人们只需打开水龙头就能喝到干净的水，但是全世界每年都有几百万人因为水被感染而死亡。欧洲的可饮水分配制度在20世纪末才普及，就是最近的事！在过去，净水的办法只能是使水变成啤酒、葡萄酒，或在水中加入少量的酒或醋（发酵产品）来消毒。由此可见，我们说出"祝您健康"时举起的是一杯葡萄酒而非水，这并非出于偶然。

当现代医学对民间药典感兴趣时

地球上没有一个国家不拥有一种神奇的长寿食物，在大多数情况下，这种食物都是发酵食物。民间的医生认为发酵食物具有各种优点，尽管这些优点有些是真的，有些是猜想，不过他们会经常将发酵食物当作真正的药物使用。"食疗"的概念并非起始于现代，希波克拉底有句名言："让你的食物成为你的药。"在传统中，很多发酵食物被用来在断奶后喂养婴儿，或者用来刺激母亲乳汁的分泌，或用来开胃、调理虚弱或生病的人的身体、治疗肠道疾病、创后恢复……在埃及的某些莎草纸上，我们找到了用发酵的蔬菜、海枣汁、蜂蜜治病的痕迹。[14]希腊亦然，迪奥斯科里（Dioscoride，医生、植物学家，生活在大约40—90年）用发酵的红甜菜和白菜来治疗传染病。他的著作《药物论》是我们认识古代药用植物的主要资料。

在古希腊罗马时代，鱼酱、鱼干、穆利亚鱼酱被用作对抗很多疾病的良方。Garum sociorum是最高级的鱼酱，富含盐分和蛋白分解酶。它具有消毒和消炎功能。普林尼盛赞它是一种可以治疗羊口疮、烫伤、狗和鳄鱼的咬伤（原文如此）的药物，此外还能治愈溃疡、痢疾以及口耳方面的各种疾病。[15]多位医生如伽利埃努斯、迪奥斯科里、阿雷达（Arétae）、保罗·阿因那（Paul d'Aegine）等，都曾将鱼酱、鱼干、穆利亚鱼酱当作泻药开入处方，用来治疗伤口、溃疡、脓包、真菌病、各种风湿痛，甚至还有嗜睡症。科鲁迈拉①和维盖提乌斯②也曾建议人们使用鱼酱来给家养动物治病。[16]克勒（Koehler）于1832年发表了其关于鱼干的研究成果。他指出了很有意思的一点，"在我们这个时代，人们仍在用鲱鱼及其卤水外敷内用地治疗多种疾病"。在21世纪的荷兰，情况仍然没变，人民智慧凝结的谚语有云："国家有鲱鱼，医生很无聊。"腌青鱼是一种肥美的发酵鲱鱼，被誉为腌制鲱鱼中的珍珠，在北欧被认为是一种健康食品。它富含蛋白质，维生素A_5、B_1、B_2、B_6、B_{12}、C、D、E，还有含量丰富的$\omega-3$不饱和脂肪酸，可以降低胆固醇，减少罹患心血管疾病的危险。它还对大脑和神经系统有积极的影响。按照祖母传下的药方，推荐大家空腹食用腌青鱼，冬季不怕冷，能强身健体，还能治疗缺铁。

　　鲱鱼罐头这种瑞典发酵鲱鱼同样具有治疗作用。2009年，瑞典一家药厂推出了一种胶囊，里面包裹的是冻干的腌制鲱鱼粉末。[17]这种胶囊曾被当作治疗胃部疾病的补充食物，如今却因为原材料腌制鲱鱼所含的二噁英过高而被禁了。在同样来自海洋的食物中，我们不能忽略富含维生素D的鳕鱼肝油。在北欧，它被喂给一代代的儿童以预防佝偻病，这种食物是通过发酵从一种小鳕鱼的肝脏中提

---

① 科鲁迈拉（Columelle,4—70），来自加的斯。著有12卷的《论农业》，主要以散文体写成，只有卷十六音步的格律写成。他还有一部篇幅较为短小的有关农业的小册子，其中有关树木一卷《论树林》仍存世。
② 全名为普布利乌斯·弗莱维厄斯·维盖提乌斯·雷纳特斯（Publius Flavius Vegetius Renatus），约活动于公元4世纪后半期。著有关于古罗马军事体制论著《论军事》，凡4卷。尽管他非军人而是文职人员，但其军事著作自中世纪起即已受到极大关注。

取的。[18]

　　醋大概是历史上最早的灭菌剂之一，被用来治疗昆虫的咬伤和其他伤口。公元前400年，希波克拉底已经在夸奖其性能，并建议病人们喝掺入蜂蜜的苹果醋来治疗感冒和咳嗽。在对抗疫病，甚至是治疗鼠疫方面，醋都声名在外，颇有成效。在《圣经》中，有好几处提到用醋作为药物来治疗传染病和伤口。有时醋母也被用来外敷治疗跌打损伤。我们还可以研究一下阿兹特克人的龙舌兰酒，它被用于刺激乳汁分泌和治疗肾病。在阿尔萨斯和波兰，腌酸菜的汁液被当作消毒液来治疗小伤口、溃疡以及肠炎。印度的蒸米浆糕则能使体弱的孩子们身体强健，尼日利亚以玉米为原材料的ogi（一种玉米粥）也有同样的功效。此外，它还能刺激母亲的乳汁分泌。希腊的塔尔哈纳（tarhanas）作用类似，是哺乳期妇女、断奶期的孩子以及恢复期病人的必备美食。这是一种用酸奶和发酵、晒干并磨成粉的麦子混合制成的食物，一般用来做汤。在拉达克地区，青稞酒据说能强身健体和治愈头痛。[19]俄罗斯的格瓦斯是一种由黑麦发酵制成的饮料，可用于治疗传染病和发热。在西欧，人们认为啤酒可以刺激乳汁分泌，啤酒商甚至为哺乳期的母亲们特制了一种啤酒。据说啤酒还有再生功能，能清洗血液、净化身体、强健体魄。[20]普林尼告诉我们，古高卢的妇女们用啤酒泡沫来护肤，保持皮肤的光滑细嫩。文艺复兴时期的作品对啤酒的这项功用也有所提及，现代的人们仍在采用这种方法：阿尔萨斯地区的啤酒商在春天经常碰到有人来讨要酵母以治疗粉刺；啤酒还能美发，很多现代的化妆品牌都有啤酒香波这一品种。[21]

　　科学研究证明发酵食物的确有灭菌的功效。一方面，它们的酸性能阻止致病菌群的繁殖壮大；另一方面，引起发酵的细菌自身也能产生抗菌物质。比如医用的青霉素之类的抗生素就来源于微小的真菌，它和卡芒贝尔奶酪、洛克福羊乳奶酪和丹贝上的菌群非常相似。丹贝这种食物在对抗引起肉毒杆菌中毒的细菌以及金黄色葡萄球菌方面有着强大的功效。正因为有它，印度尼西亚的人民才能在恶劣的卫生条件下保持健康。[22]在坦桑尼亚和肯尼亚，研究表明用发酵粥喂养的婴儿比其他婴儿腹泻次数少。[23]在过去，俄罗斯、希腊和巴尔干地区的人们爱用发霉的面包来治疗伤口。在爱尔兰，人们让涂上厚厚黄油的黑麦面包片发霉，颜色变绿时就可当作膏药来治疗感染性疾病。在洛克福地区，传说牧羊人能用奶酪的霉斑来治疗有感染坏疽危险的伤口。他们中有些人甚至靠此招摇撞骗，违法行医，当然这都是在亚历山大·弗莱明发现青霉素之前的事。

科学对这些祖传的食物产生了兴趣。玛雅人的后代总是随身带着装有一点masa的小包，这是一种发酵的玉米面团，人们食用时加水稀释即可。这和波瑟尔有点类似，后者是一种能量型饮料，既能提供营养也能强身健体。对玛雅人来说，这是种神奇的食物，可以用来退烧、治疗腹泻和肠道感染。他们还用它做成敷药来防止伤口感染。这种饮料具有多种治疗功效，因而引发了一些大药厂的贪欲，想将之据为己有。明尼苏达大学的研究员在波瑟尔中发现了一个极其复杂的微生物群，能抑制致病菌的形成，就像很多发酵食物中的情况一样[24]，有一个实验室甚至向美国政府提交了专利申请。关于传统药方的专利和"权利"问题在如今这个年代非常关键：我们能够剥夺穷人们使用他们的天然财富的权利吗？能够禁止玛雅人用有超过三千年历史的波瑟尔来养活并治疗自己吗？

同样的事情发生在中国的各种药方上。发酵红米（米因为发酵变成了红色），或红米酵母，从公元前800年起就被用来当作食物了。我们知道它有止泻功能，能促进消化和血液循环。在一本中国传统药学典籍中，我们可以找到发酵红米的配方，并由此获得药用红米。[25]最近的研究表明其功效多样，有利于血液和脾脏，还能防止胆固醇指数增高：因为它含有红曲素，从化学上讲和抑胃酶氨酸成分相同，后者则是一种可用来降低血液中胆固醇指数的合成药物。[26]

中国北京大学的一位教授在20世纪80年代研制出一种药物，主要成分就是红米酵母。这种药物在很多亚洲国家、挪威还有意大利都被引进使用，并且很快在美国投放市场，因其有效性和低廉的价格大受欢迎，而同样的合成药物价格要高昂得多，因而招致了药厂的不快。如今，经过司法判决，在美国发酵红米只被允许作为补充食物食用，而禁被当作药物。如果说中国的实验室因为缺少严格的研究方法而令人难以信任，美国、挪威、意大利在2008—2010年所做的研究却也能表明该产品的切实有效。[27]

在蒙古地区，马奶酒，即发酵的马奶，被用来退烧和治疗痢疾。它富含维生素C，可用来给劳累或体弱的人补充营养。在牙刷出现之前，这里的人用一种叫作arrhuul的硬奶酪来擦洗牙龈。孩子们要定期用水清洗身体、擦上羊脂、抹上马奶酒，这样能增强抵抗力，还能开胃。年轻姑娘们也会用马奶酒涂抹身体，好让皮肤保持白嫩细滑，因为这意味着身体健康。13世纪的一篇文章中提到，人们曾用它来治疗昆虫的咬伤和帮助伤口愈合。[28]马奶酒还被认为可以处理蛇的咬伤。在蒙古包中人们共用一个碗、"口口相传"分享食物时经常会发生感染，而马奶酒的杀菌功能恰好可以防止传染。在布尔干和乌兰巴托的疗养院里，马奶酒被用来治疗结核病。[29]

中亚的chal或shubat是发酵的骆驼奶，同样有着健康食物的名声。在高加索，克非尔奶酒也能治愈肠炎和小儿腹泻。我们认为，在有着饮用这种奶酒传统的地区，之所以生活着多位百岁老人，功臣就是克非尔奶酒。直到如今，克非尔奶酒在俄罗斯一直都被当成一种延年益寿的食品[30]，被推荐给医院和疗养院的病人们饮用。它能用来治疗胃溃疡和所有的慢性肠炎，因为它能改善人体内部的生态系统。它还被用来治疗动脉硬化症、哮喘、支气管炎和过敏。它能帮助艾滋病人克服自身的困倦，人们还发现了它对于沙门氏菌感染的消炎作用。在试管中，它能对肿瘤产生影响[31]……酸奶也被认为对肠道菌群有益，可以治愈婴儿的腹泻，让人气色好、容光焕发。食品加工工业的企业家们善于借用大众的药方，当他们想将某种以发酵奶为原料的产品投放市场时，他们经常使用药典中的健康论点。比如说，达能公司的乳酸菌饮料actimel 和酸奶activia 就被介绍成对消化系统、免疫系统有益的产品，并能令人容光焕发。在诺曼底，人们用黄油来抑制感染和治疗烧伤。直到20世纪初，黄油还被用于清洗新生儿。在印度，达西酸奶能解决所有的肠道问题。在日本，用小梅子乳酸发酵制成的酸梅干能生津止渴，促进消化，能止泻和缓解胃疼。纳豆营养丰富，并对肠道菌群有极大的好处。在纳豆中，枯草芽孢杆菌分泌一种能溶解血栓清洗血管的酶，这种酶被称为纳豆激酶，人们用它做成了一种药物来溶解血栓和治疗心血管疾病[32]，纳豆激酶可能对阿尔茨海默症也有疗效。

在所有这些食物中，味噌很好地体现了发酵食物在自身所属的文化中的增值现象。它和我们上面提到的食物一样有着延年益寿的名声，是属于大众的药方，被用来治疗日常生活中的小病小痛。每天食用少量味噌，能增强人的体质，避免引起感染或生病。它既能促进消化、解热消毒、增强能量，也是矿物质、消化酶、有利于肠道菌群的益生菌、必需氨基酸、维生素B_{12}、容易吸收的蛋白质的来源。它还能解决食物不耐受的问题。这种美味食物含有的热量和脂肪少，可降低低密度脂蛋白，缓解烟瘾和污染，对于宿醉也是种良方。[33]

然而,它最不同寻常的是人们相信它有抗辐射的作用。1945年8月9日,长崎原子弹爆炸时,有两所医院处于核爆炸中心位置。长崎大学医院当时3000多位病人和很多医护人员都因此丧生或遭受辐射,深受白血病和严重烧伤的困扰。而离那儿不远由秋月辰一郎医生管理的浦上第一医院(现在的圣-弗朗西斯医院)却有很多人存活下来。这个现象不合常理。秋月医生及其团队,在医院变成废墟时毫发无伤,因此能继续治疗在爆炸中受害的人们,尽管当时一切都被摧毁且药品短缺。秋月医生注意到一件事情:长崎大学医院的病人饮食比较西化,主要是白米饭、糖、白面粉和精细的食物。而在他的医院里,病人的日常食物主要是糙米、味噌汤、加了发酵酱的蔬菜以及富含碘的晒干的裙带菜。糖则被摒弃在外。灾难之后,新鲜蔬菜难以寻觅,只剩下库存的笋瓜。幸存者们仅靠笋瓜、糙米、味噌、酸梅干和酱油活了下来。尽管缺乏药物,通过把味噌涂抹在伤口上,严重烧伤者还是被治愈了。辐射综合征的受害者们也存活了下来。

秋月辰一郎是详细描述这种当时还未为人所知的辐射疾病的第一人。直到21世纪第一个十年,在秋月医生的病人中,仍有三十几个人活着。医生本人则逝世于2005年。这些幸存者当年靠味噌和其他传统食物为生[34],秋月辰一郎由此断定,是以味噌为基础的饮食结构造就了所谓"奇迹"。在1964年出版的《体质和食物》中,他已经有了这样的想法:

> 我认为味噌汤是一个人的饮食中最重要的部分……除了几个特例之外,我基本可以确认,日常食用味噌汤的家庭几乎从不生病。每天食用味噌汤,你们的体质会渐渐得到改善,对疾

病产生抵抗力。我认为味噌应该属于最高等级的药物,只要连续食用,就能预防疾病并强身健体。[35]

其他如切尔诺贝利灾难后由俄罗斯开展的研究,以及日本、加利福尼亚联合开展的研究,都表明了味噌在抗辐射方面的有效性。[36]日本最近在老鼠身上进行的实验结果也证实了这一点。[37]日本的癌症研究中心认为每天吃两次味噌,可以将患上乳癌的风险降低50%。[38]定期食用经过长期发酵的味噌和酱油可以预防肠癌和胃癌。[39]味噌还是正在化疗以及身患艾滋病表现出严重的肠道症状的病人补充营养的不二选择。

在这些信仰之外,科学研究表明发酵食物能预防肾结石[40]、牙周病[41],改善肝硬化病人的身体状况[42]、降低血压和胆固醇指数[43]、减轻焦虑[44]、降低患骨质疏松[45]和癌症[46]的风险。还有一些研究使发酵食物中细菌的好处为世人所知,如能促进以奶粉喂养的婴儿的生长[47],能让经历了肝移植和肠道手术的病人少受细菌感染之苦,能减少抗生素的使用和缩短住院时间[48],或者简单地说,能帮助我们安然度过严冬。[49]益生菌在预防和治疗肠胃疾病方面切实有效[50],它们还可以减轻过敏,尤其是湿疹症状。[51]它们还能减少孩子们长龋齿的情况[52]、减少冬季易得的呼吸系统疾病[53]、减轻阴道和尿路感染[54]、增加已经感染艾滋病的孩子体内的CD4细胞(感染艾滋病后会慢慢缺少这种细胞)。[55]

发酵食物的功效在这里难以一一列举。对此感兴趣的读者,可以参考桑多尔·艾利克斯·卡茨和基斯·施泰因克劳斯(Keith Steinkraus)列出的书目。[56]

对于老普林尼来说,鱼酱是一种灵丹妙药,夏威夷人则会吹嘘稀芋泥的神奇功效,日本人对酱油、味噌和泡菜的功效深信不疑,德国人信奉自己的啤酒，墨西哥人认为波瑟尔无所不能，蒙古人对奶酒情有独钟，中国人把酱和腐乳对健康的好处捧上了天。即使这些人没有研读过科学巨著，他们也并没有说错。无论这些关于发酵食物好处的说法是真的还是假的，是来源于传说想象还是科学研究，都说明了发酵食物在社会中一直拥有的特殊地位。

著于1596年（应为1552—1578年。——编者按）的中国药学典籍《本草纲目》参考了150年的一份资料中关于酱的叙述："酱者，将也。能制食物之毒，如将之平暴恶也。"[57]这个比喻相当逼真且极为正确：发酵食物中的微生物能控制致病菌，抑制其繁殖壮大，不让它占据上风。

第十三章 不屈不挠的巴氏灭菌法

> 对酸或苦的喜爱让位给了甜，这真是令人伤心的结局。

在过去几千年对于人类如此重要的发酵去往何处了呢？除了屈指可数的几本专门讲述该主题的书籍，一眼望去，各种文章、历史书籍、技术书籍或者食谱中都找不到任何关于发酵的参考、细节和暗示。发酵似乎在公共话语中消失了。它在我们的生活中真的有消失的趋势吗？

发酵的委婉表达

人类学家提到过某些人群的生食习惯，他们将狩猎得到的肉带回营地食用，旧石器时代最后的狩猎采集者以及新石器时代最早的村民进行的储藏，但是没有任何人曾经讲到过，狩猎得到的肉至少要食用一个星期，其实就是一种发酵的或微微变质的肉类。没有任何猎人食用刚被杀死的猎物的肉，即使在现在，肉店的肉在被销售之前也在冷库中经历了或长或短的"成熟期"（"排酸"）。他们似乎忽略了食物的储存，但是实际上从新石器时代到第二次世界大战，人们一直在用缸储存蔬菜或块茎，盐渍、熏制或晒干肉类，这些都是发酵的存货。这种疏忽是因为此现象太显而易见吗？事实不一定如此。

我无数次读到和听到因纽特人主要食用海豹和生鱼，甚至有专家也这么说。大家似乎觉得没有煮过的东西就是生的，或者相反，发酵这种半生不熟的状态就被自发或非自发地忽略了。大家对萨拉米、"生"火腿或大红肠属于发酵肉类的事实闭口不谈，"熟"火腿和腌肉的遭遇也是如此。我们从何得知如此时尚的粥、可丽饼、水果蛋糕、麦片粥、英式蛋糕和寿司以前都是发酵食品呢？我们又怎么知道黄油也是发酵而成的呢？对于新鲜奶油、腌三文鱼或熏三文鱼、鱼子酱、烟熏鲱鱼和鳀鱼，我们也要问相同的问题：谁能意识到这些其实都是发酵产品呢？

很少有历史学家了解下面这点：盐在过去的几千年中如此重要，成为征税和走私的重点对象，并不是因为它能使东西变咸，而是它能用来发酵食物。[1]当然，食物的储藏会被提起，但是发酵那一面从未被触及。我们经常接触到一种观点，即在腌制过程中盐能抑制细菌的繁殖，因而能使食物保存下来，这是错误的。盐能抑制某些细菌的繁殖，却能促进利于发酵的细菌生长壮大。千真万确，正是这种功能保证了食物的存储，而不是盐本身的作用。

要寻觅发酵的踪影，必须在字里行间掘地三尺，因为发酵隐藏在借用词语中，这些众多的词语是发现它的钥匙。让我们走出书本，看看日常生活吧。人们不说肉微微变质，而说它成熟了或不新鲜了，因为人们错误地相信"发酵"或"微微变质"就意味着"腐烂"。人们自发地腌渍肉类，因为深信只要将肉放入葡萄酒或醋中加入香草就能阻止它发酵。然而事实并非如此，甚至刚好相反：要防止肉类腐烂，就要使之长时间不受干扰地发酵。人们不说面团发酵，而说饧面团；也从来不将盎格鲁−撒克逊国家或东方国家的酸奶油简单地称为发酵奶油，而是建议在我们的奶油中加入一点柠檬汁以获得相似的酸味。人们也不说大红肠发酵，而说它在变干。人们根据各种食物自身的情况，称其为成熟、变醇、浸渍、精炼、变硬、饧、盐渍、烘焖、熏制、变干、烟熏、老化、哈喇，就是不称其为发酵。发酵这个词在我们的社会似乎令人生畏，人们忙着将之掩盖、伪装，或者委婉地表达。正因为如此，我们只能对其视而不见。

最早的隐瞒发生在有关发酵的法语名称上："化学酵母"指用来发酵蛋糕的粉末。英国人把它叫作"烘焙粉"（baking powder），德国人称其为"泡打粉"（backpulver）。这种粉由李比希及其学生美国人本杰明·拉姆福德（Benjiamin Rumford）开发，旨在替代烘焙酵母，它能节省时间，号称是种进步。"化学酵母"这个名字就是市场营销中矛盾形容法的漂亮应用。酵母是一种有生命的物质，是种生物，化学无法制造。这种化学酵母在某些以谷物为原料的面团发酵阶段替代了生物性的酵母。它是碱性的碳酸氢钠和一种酸的混合物，能在湿热环境下通过化学作用释放气体。天然酵母也能释放使面团发酵的气体，但依靠的是一种生物过程，同时能产生芳香的物质以及引起食物营养成分的改变。化学酵母能在20分钟内做好苏打面包（soda bread），而用生物酵母一般需要4小时，用天然酵母有时则需要12小时。做出的面包外观相似，味道却相差甚远。

在朝向食物工业化、大量快速生产、标准化、放弃发酵食物固有的复杂味道的道路上，发酵粉是最早走出且意义深远的一步。这种粉末在20世纪初出现时，出于商业原因，它被冠以和"酵母"同源的名称，以抵消"化学"一词可能带来的不信任感：不能触犯主妇们，打乱她们的习惯。在"化学酵母"这个名称中，人们只记住了熟悉的"酵母"，或者不如说是知道其用途。

现在需要使用这种粉末做出的为数众多的食物，以前大多数是用发酵的方法制成的。不仅仅是法国的四合糕或水果蛋糕，还有摩洛哥的"千孔"饼、印度的蒸米浆糕和多莎薄饼、盎格鲁-撒克逊的薄煎饼（pancakes）：遗忘是世界性的。一小撮放入面团的碳酸氢盐代替了发酵的漫长过程，改变了食物的味道以及烹饪者们的习惯。化学酵母发明之前，我们是怎么做糕点的呢？我们可以用打发的蛋白来制作饼干，而在其他情况下，都要借助于发酵。因此我们需要等待，这就是为什么我们有时会在菜谱上读到："你去休息，让它成熟。"但是如果使用了发酵粉，这种做法就完全没有必要了。我们可以确定，这种情况下，古老的发酵只能在烹饪过程中销声匿迹了。

我们还要注意一点，发酵粉的发明者李比希同样考虑过用化合物来替代堆肥和粪便以改善土质。[2]这个问题有点脱离我们的主题，但是并不能说完全不相关，因为其物质和影响都和发酵有关。腐殖土、堆肥、粪便实际上都是产生自微生物分解有机物的发酵产品。堆肥是所有对象的最后阶段，是所有发酵的终极目的。腐烂是所有有机物质逃不过的命运，但是通过持续不断的循环，它事实上养活着生命。所有有机的东西最后都要消亡分解，然后用其产生的物质养活新的有机体。什么也没失去，什么也未产生。埋下粪便和碎叶子能丰富土地中的矿物质，来日长出来的植物能从根部汲取营养。

李比希曾经试图证明植物不是靠腐殖土生存，而是土地中所分解的矿物溶液；腐殖土无法被根部吸收，而只能使土地变松软，从而加速对矿物质的吸收。矿物盐是由骨灰、鸟粪之类的天然物质带来的，李比希认为它们很快就会耗尽。这就是化学肥料工业的起源。这种新的施肥法因其成功而得到迅猛发展，粮食产出增长了4%，肥料也确实很快使欧洲食物充足。[3]然而，尽管其用心良好，但其关于堆肥和腐殖土毫无作用的理论却被证明是错误的。如今，

1903 年欧特家酵母的广告

德国欧特家博士最早将"化学酵母"量产，并推向一般的家庭主妇

过度密集地使用化学肥料暴露了其局限性：它正在破坏土地、损害农业者和消费者。生态和生物动态农业使土地上分解的粪便和微生物重新焕发了青春，但是在给予人类温饱这项事业上，密集农业仍居功至伟。工业革命及其必然后果——农产品加工业的诞生，不仅使人类的发酵食物消失，土地亦遭受了同样的命运。

对微生物的巨大恐惧

发酵的委婉表达和因发现微生物的存在而感受到的恐惧是相辅相成的。路易·巴斯德使微生物在发酵中的作用大白于天下。他因而被认为是个圣徒般的人物，自我牺牲的典范，是科学严谨的楷模，智慧、勇气、善良的化身，是"现代医学之父"，人类最大的恩人，是在西方实证主义取得的胜利，是挽狂澜于既倒的入世神仙。在巴斯德之前，人们认为生病和死亡来源于神明或恶魔。人们用命运、愚昧、不走运，或者因违反上帝的法则而遭受惩罚来对之做出解释。在巴斯德之后，微生物成了人类生病和遭受不幸的唯一原因。惩罚的对象不再是违背上帝法则的人，而是不讲究卫生的可怜人，它证明了那些微小的生命是多么阴险恶毒。

当路易·巴斯德观察到微生物时，这个世界既让他着迷，又令他恐惧。因为害怕接触传染，他不和陌生人握手；在参观他位于阿尔布瓦的房子时，可以发现他把所有容易藏污纳垢的地毯换成了容易清洗的亚麻油毡；吃饭时，他把盘子边的面包尽可能弄碎弄细，以去掉里面可能有的当时常见的黄粉虫残留。人类的敌人不是撒旦，而是微生物。这些新的信仰代替了旧的信仰：科学，现在知道了需要打倒的敌人是谁，终于能战胜疾病……以及死亡。一种新的普罗米修斯神话、一种新的思想体系，或者几乎可以说是一种新的宗教正在诞生，唯科学主义及其推论、卫生革命也粉墨登场。路易·巴斯德是该领域的神，是无所不能的微生物的征服者，H. G. 威尔斯（Welles）因而在1898年的《星际战争》中说出了这样的话：任何人类手段都无法战胜的外星怪兽，将会……被细菌轻而易举地攻克。

19世纪末和20世纪前半叶，由社会各界和医生们推动的卫生教育涉及了西方国家的所有人口。这项运动蕴含的信息体现在非常简单的真理中："微生物是引起严重疾病和传染病的原因，洁净、空气、阳光可以驱逐微生物。"[4]微生物到处都是：空气中、物品表面、泥土中、水中，无所不在。巴斯德认为氧气可以摧毁它们；而在昏暗、潮湿、狭窄的地方，它们将繁殖生长。从土中滤出的纯净的水是健康的，而流动的或停滞的水，如塞纳河的水，是被感染了的。数据分析显示传染病在城市中贫穷不卫生的社区比富有的社区或乡下更加常见。这场对抗微生物的圣战因而伴随着一些活动，如取缔肮脏昏暗的住处、通风不好永不清洗的厨房、没有下水道的厕所、不开窗子或随地吐痰的不良行为。开着窗子睡觉被大力推崇，哪怕是在冬天。肉眼可见的灰尘是看不见的潜伏着的微生物世界的表面形式。换空气、让阳光大量进入室内、周围环境的洁净能保证人们的健康状况良好。我们在1933年的一本家庭主妇教育手册中可以读到这样的内容：[5]

> 讲究卫生，即要求我们保持住处的干净状态，以去除损害我们健康的灰尘和微生物。这项住所的日常保养工作要求我们坚持不懈并讲究方法。主妇们得早起，知道怎么安排一天的工作。

正是这些原则影响着人们的日常生活并根除了一些可怕的疾病。不久之后，青霉素的发现令人欢呼雀跃，给人类带来了极大的益处：微生物将被最终征服。

19世纪末发展起来的保健理念和制药业的发展并驾齐驱。一种细菌，（产生）一种疾病，（需要）一种药物，还有什么比这更简单、更实际呢？发展到最后，就如同宗教，野心勃勃想击退地狱和魔鬼，人们认为自己能够根除疾病，甚至可能消灭死亡！

从发现微生物的存在开始，人们就在疯狂地寻求摆脱的方法。这场运动在百年之后远未结束——结核病卷土重来，仍有疾病目前还未能找到治疗方法，而每年接种预防的感冒病菌一直在更新换代。与此矛盾的是，保健宣传提倡的措施中有些和巴斯德时代一模一样，比如洗手。这如同宣告无能的招供书……这场百年的激烈战斗仿佛达那伊得斯姐妹的水桶。① 微生物在世上形成了一个无处不在、摇摆不定、千变万化的群体。哪怕面对最微小的侵犯，它们也会重组，因此想摆脱它们绝无可能，即使喷上大量消毒剂也无济于事，其效果就如同在海洋中喷入一滴漂白剂。一种细菌消失了，另一种又会来到。近几十年来，这场永不结束的战争进入了白热化阶段，有一些原来只在医院存在的物质在医院之外被发现了：小瓶的杀菌液被人们带着到处走，好用来随时随地洗手，即使没有水也是如此。像二氯苯氧氯酚之类的新分子也入侵了家庭保养产品和日常身体清洁产品领域，它们是制药业精心炮制的杀菌物质，不幸的是，它们会同时杀死有益菌或无害细菌，或使得如金黄色葡萄球菌、大肠埃希菌（大肠杆菌）、肠道沙门氏菌之类的病原菌在经过自然

---

① 希腊神话中，达那伊得斯姐妹共有15人。她们听从父命在新婚之夜杀害了自己的丈夫，因而被判朝一个没有底部的水桶里倒水，直到水桶装满为止。姐妹们不停地往水桶里倒水，但水又源源不断地下流，永远没有装满的一天。"达那伊得斯姐妹的水桶"有"竹篮打水一场空"的意思。

选择之后更富耐药性。[6]

"巴氏杀菌"的未来已经证明这种彻底消灭细菌的方法远未能够灭绝不幸和疾病。尽管如此，这一百年来死亡率还是在降低，人类的寿命也在延长。严格的净化措施没能阻止那些抵抗住所有灭菌法的细菌和病毒存活下来。新的疾病的出现，其中包括艾滋病之类的自身免疫系统的疾病，表明想用消灭细菌的方法来打败感染是不可能的。诸如哮喘、过敏、癌症之类的疾病在发达国家城市中更为干净的区域更加常见，比乡下或第三世界国家出现率更高，也就是说这些遭人唾弃的细菌更常光顾的地方恰好是最初的保健医生打败它们的地方。

如今我们已经明白，过分消毒就会使消毒无效，使用抗生素也不再是自然而然的选择——这是卫生教育领域的课题，又是无能的证明……关于卫生的规定已经面世一百年，尽管它大大促进了人类健康状况的改善，但在卷土重来的耐药性病菌面前仍然无能为力。在用阳光、水和肥皂充当对抗疾病的利器之后，人们又开始宣扬电离作用、照射、灭菌以及消毒剂的作用。药厂鼓吹消毒剂，要把它用于各处——我们生活的环境、我们自己以及吃下的食物中。当然，我不认为讲究卫生不好，也绝非要称颂肮脏。但是保健主义的过度泛滥令人不安，因为它和我们真正面临的威胁并不相称，最后反而带来危险：状态良好的预期寿命在工业化国家中曾不断延长，但近些年来，在美国这个最讲究卫生且食用工业食物最多的国家，反而缩短了。[7]

巴斯德的几位对手，如安托万·贝尚（Antoine Béchamp）和克劳德·贝尔纳（Claude Bernard），都曾提到过出现疾病时体质非常重要。过去，人类曾经对抗过一些致命的传染病，如鼠疫和霍乱，然而人类存活了下来。存活下来的很有可能是食用发酵食物最多的人，因为发酵食物对人类的免疫系统有益！疾病会根据机体的强壮或虚弱表现不同的严重程度，保健理论却认为，凡是细菌一定有害，所有疼痛不适都是由它引起。因此，免疫系统的唯一使命就是杀死细菌。

我们不可能要求当时推行保健的人来设想我们如今才开始明白的东西，他们也不可能知道在免疫系统和周围的菌群之间存在着一种合作关系。在大多数情况下，如果病原菌进入机体，菌群中的微生物就会消灭它们，而人体如果当时健康状况良好，甚至都不会意识到自己被感染了。病原菌的入侵规模必须非常庞大才能引起一场疾病，要有皇家军队的规模才能侵占组织，并要首先在和菌群的战斗中取得上风，然后才能和免疫系统的细胞短兵相接。[8]当菌群无法独立支撑时，免疫系统就会行动起来。此外，免疫系统和大脑一样，凭经验行动。如果免疫系统从来没有面对过某个入侵者，它的抵抗行为就难以恰如其分，要么无效，要么过头，并引起其他疾病，如过敏或自身免疫方面的疾病。关于这方面的研究还只是开了个头。

在研究人类菌群的科学领域，对于细菌的"恐惧"开始减退。研究人员意识到了菌群的多样性和活跃性对于我们的健康来说不可或缺，它们如此重要，以至于我们开始考虑移植肠道菌群，以及给剖腹产的新生儿接种母亲的阴道菌群甚至粪便菌群。[9]这在巴斯德时代是难以想象的！但这种学问仍很局限，大众对它的认识也极其零碎。

巴斯德灭菌法和清心寡欲

保健主义对肮脏发动了终极战争，清洁了住处和身体。灰尘、污垢都是会引起我们衰亡的细菌的藏身之所。既然我们打扫房屋，那么也需要打扫身体内部，使饮食干净清洁，不受任何病毒侵害。发酵食物包含了大量的细菌，其口感和气味通常都很浓烈。鱼酱、发酵鱼和奶酪都是如此。奶酪曾是受保健主义和巴斯德灭菌法影响最深的食物。原因在于，奶是白色的、洁净的，象征着母亲和女性，而且是无辜的新生儿的食物，那就更应该比任何一种食物都拥有无可指摘的纯洁性。

我们的门斯特干酪、马鲁瓦耶（maroilles）干酪和卡芒贝尔奶酪使爱好者喜笑颜开，却使敏感的鼻子不胜其烦。它们的气味就像人体的气味，粗俗一点讲，它们闻起来像"脚""脏袜子"或者"不修边幅的小女孩"。出现这些现象的原因和将人体的汗液转变成有气味的化合物的微生物以及制造出彭勒维克奶酪和埃波瓦斯干酪气味的微生物完全相同。这种类似动物和麝香的气味，无论是人体发出的还是奶酪发出的，在我们的现代社会都不受待见，任何一种含香味的产品都能胜过它，洗剂、香皂和沐浴露在灭菌方面都越来越有效。1888年，美国发明了一种新产品，用来对抗出汗时难闻的气味，人们认为这种气味是汗液被细菌侵蚀时散发的。它在20世纪末时登陆欧洲，人们从未怀疑过其以前的用途：我将它叫作除臭剂。[10]

"闻"是一种令人不安的动作，是不洁和不讲礼貌的表现，"不讲礼貌"其实是"不文明"的委婉说法。这个动作让人想起我们每个人包裹在躯体里面的兽性。这个动作让在火车车厢里偷藏门斯特干酪、卡芒贝尔奶酪的人付出代价：旅伴们很快就会怀疑他没冲厕所。体味是一种内在的秩序，它令人联想到兽性，但或多或少也让我们联想到快乐。波德莱尔在《恶之花》中如是写道：[11]

　　在你的肌肤上，香味在游荡

如同香炉旁香气缭绕

你像夜晚一样散发着诱惑

如同神秘而热烈的黑暗女神

一道菜肴的香气就如同一具身体的气味，是使人享乐的承诺。奶酪的气味也是口腹之乐的一部分。两者的一切都很相似，裙子的颜色迷人，质地顺滑像面团——她的肌肤柔软而坚固；甜美而黏腻，就如同植物或动物产生的牛奶般的口感。喜欢葡萄酒、啤酒、咖啡、鲱鱼罐头、酵母面包、巧克力或茶的人也会因喜欢的食物的香气和味道引发享乐和纵欲的渴望。

最讲究保健的国家刚好是推崇清教主义的新教国家，这是种偶然吗？在清教徒的思想中，享乐是被排除在外的。人们吃饭是不得不做，是为了维持生命，从中得到某种乐趣简直是无稽之谈。美国的垃圾食品也许就是由此产生的：人们不关注自己吃的东西，因为只是在填补生理需要，在这种情况下，数量比质量更加重要。在这些国家，每天两次聚在餐桌旁的社会礼仪早就被废弃不用了：人们只在感到需要的时候进食，或者甚至在感到需要之前就吃了饭。食物不再具有隐含密码和神圣的一面，而在传统文化中，食物总是具有这些特性。

清教徒的道德体系非常特别，可能会对"授精"（接种）的概念感到不快，而"授精"是发酵过程必不可少的一步。性爱和发酵之间的相似性非常明显。酵母或细菌遇到牛奶（这也是"授精"成功后分泌的体液）或经过面包师揉搓的面团（其形态像妇女因怀孕而隆起的肚子），或碰到鱼肉，都能产生一种有生命的、能使食用者感受到快乐的食物。对于想控制性欲和享乐的人来说，不再需要考虑别的过错，这些食物的罪证已经确凿无疑。"道德秩序被从床上驱逐到了盘子里",皮埃尔·布瓦扎尔(Pierre Boisard)这样哀叹。[12]享用一种由细菌制成的食物所感受到的乐趣肯定是令人不安的。恶臭难当的发酵食物体现的是身体的秩序、乐趣以及可能有的兽性,就像不讲究卫生时可能发生的情况一样。它是布满尘埃、充满霉味的巢穴的近亲,穷人们"如同野兽"般挤住在那里,既不讲卫生也不讲道德。人们得用扫帚、《圣经》和消毒剂来与之战斗。

奇怪的是,尽管食物的发酵在人类历史上是一种基本的、完全文明的行为,但是自从微生物被人类知道且识别以来,发酵食物曾被当成野蛮、肮脏、令人恶心甚至是危险的东西。为了接受它们,唯一的办法是先控制它们,然后进行巴氏灭菌。为了让皮埃尔·布瓦扎尔讲述的例子具有意义[13],我们来看一下卡芒贝尔奶酪制造商,他们花了很多年才使他们的奶酪皮变成我们今天看到的无瑕白色。起初,卡芒贝尔奶酪的表皮曾是蓝色—灰色—绿色的色调,上面还有棕红色斑点。在大约1900年的时候它进入巴黎市场时,人们才开始偏爱白色的奶酪。对于奶酪商来说,奶酪有颜色的现象是一种宿命,是在奶酪天然的精炼过程中产生的。在露天条件下,牛奶被预先安排好在24到28小时成熟,以便它能因野生细菌的作用而变酸,之后就会被掺入凝乳酶并用手塑形。因为占上风的霉斑会产生变化,奶酪皮也呈现不同的颜色。此时,奶酪大师能展示精湛的技巧,获得最白的菌群。其秘诀在于竭力使红色的霉斑在我们称为卡地干酪霉菌的霉斑之前出现,卡地干酪霉菌开始是白色的,但会变成灰蓝色。根据经验,奶酪商知道红色能阻止蓝色的出现。科学家无法忍受的经验主义论!巴斯德的学生们曾研究过布里干酪和卡芒贝尔奶酪上发生的这种现象,他们证明了是一些极其微小的真菌影响着奶酪皮的颜色,还证明了这些自发产生的霉菌其实来自于周围环境,如空气、住所、栅栏等。以科学的名义,为了赢得反对无知和迷信的战争，人们必须使这一切有理可循。棕色或灰色的斑点好像是种缺陷或污迹，是过于乡村化、过于土气的标志，是技术过于原始、信仰不合理的证明。为了取悦巴黎顾客，人们消灭了作为罪魁祸首的霉菌，用另一种叫作白地青霉的霉菌来代替，后者是由巴斯德研究所在试管内培育的。

这种补救方法非常严苛：必须将干酪工厂的所有干酪表面都刷上灭菌剂，然后加上培育好的霉菌。这种做法并不是没有遭到奶酪商的抵制：新的霉菌加快了奶酪的精炼过程，将之裹在厚厚的、浓密的、外面呈土灰色的白色孢子中。卡芒贝尔奶酪的"新裙子"经过了数十年才被人们接受。在20世纪初，人们继续生产着蓝色的卡芒贝尔奶酪，就像以前生产的那样。但是在1950年，一场蓝色霉菌引发的传染病在诺曼底的奶酪制造商中撒下了恐惧的种子，他们再次求助于科学。毫无疑问，我们现在品尝到的卡芒贝尔奶酪已经和最初的卡芒贝尔奶酪毫无关系了。现在的接种不像以前是自发进行的，因为我们不仅使制造场所浸泡在白地青霉霉菌中，还要将凝乳弄碎植入适当的孢子。改变颜色在20世纪60年代才最终实现。从那时起，牛奶的成熟步骤被省略，而卡芒贝尔奶酪不再用卡地干酪霉菌发酵算是一个高潮。没有任何人想到这种标志性的奶酪从任何意义上来说都是由巴斯德研究所"漂白"的。

这些事件和从20世纪初开始在饮用奶上实施的巴斯德灭菌法的推广过程刚好重合。这种灭菌法在50年代被用于奶酪生产专用奶。美国是最早开始将巴斯德灭菌法运用于奶酪研究的，他们在1907年就迈出了第一步。1949年，美国国会通过了一项法案，强制所有的奶制品进行巴氏灭菌，包括炼制过程少于60天的奶酪。因为这项一直生效的法案，卡芒贝尔奶酪和洛克福羊乳奶酪在美国不合法。为了卫生，人们还将用于生产奶酪的奶进行巴氏灭菌，强制接种被认为更加健康的、培育出来的微生物。这些微生物被认为无可指摘，肯定比不是由穿白色工作服的人类在试管内培养的野生酵母和细菌更加"干净"。工作人员的白衣服和卡芒贝尔奶酪的表皮或忏悔者可能有的灵魂的颜色一样洁白。

工业化的圈套

卡芒贝尔奶酪变白主要是为了适应市场要求，同时使其生产过程合理化。这表明科学和食品工业之间的联系从微生物学诞生之初始就开始了。巴斯德自己也一直对其发现的工业影响很感兴趣：他研究啤酒和葡萄酒是为了诺尔省的啤酒酿造商和阿尔布瓦的葡萄种植者。通过加热葡萄汁和加入酵母接种，生产过程就万无一失。经过巴氏灭菌的啤酒能走出产地，大大扩展自己的市场。在巴斯德之后，其弟子埃米尔·杜克劳（Emile Duclaux）和皮埃尔·马泽（Pierre Mazé）研究了奶酪的生产过程。从20世纪20年代开始，巴斯德研究所和国家农业研究所之间的合作加强了。[14]从19世纪末开始，科学进入了奶酪、啤酒制造领域以及葡萄酒酒库，为未来手工艺的产业化创造了条件。几千年的经验主义之后，发酵变得能够控制——或者说几乎能被控制。

农产食品加工工业和制药行业齐头并进，飞速发展。前者和工业革命同时诞生，包括了罐装食品技术、巴斯德灭菌法和冷冻法等技术创新。随着这三种储存方法的发展——前两种杀死细菌，第三种使之沉睡——曾经在超过一万年的时间中大放异彩的发酵法在近几十年来失去了用武之地。罐装食品技术和冷冻法中应用的是其他技术，如UHT杀菌、辐射、添加制药工业生产的防腐剂，尽管如今它们被发现并不是全然无害。当今时代，无论我们是住在城里还是乡下，大家都拥有冰柜，或在厨房中有加热消毒过的储存盒、在冰箱中放有真空食物盒。现在西欧很少有人——哪怕是在农村——会自己做腌酸菜，储存乳酸发酵的四季豆，做小黄瓜、面包、奶酪或酸奶、啤酒、苹果酒或葡萄酒。一个世纪以前，家庭自制这些产品却是司空见惯。数目庞大的手工腌制食品或做奶酪的小企业在20世纪下半叶慢慢减少，并且还在一天天地继续逐渐消失。发现细菌之后，只用了一百年时间就使延续了几千年的食物传统日薄西山。

食品工业当然也生产发酵产品，但生产出来的通常是与最初的产品相去甚远的替代物。有时，食品工业甚至销售"酵母"以方便人们在家里制作酸奶或克菲尔奶酒。然而这些人工培养的菌株不能一再地给奶接种。它们很快就会死去，人们如果想继续接种，就不得不再次购买细菌粉末。这和克菲尔奶酒的天然种子完全相反，后者会在使用过程中大量增多，多到其使用者不得不和邻里分享。

工业生产的面包使用的是化学酵母和添加剂，由此产生了发酵面包、蓬松的面包和无味的面包。为了让面包店用酵母做的面包能更白、更蓬松、更快做好，人们发明了加速揉捏的技术。结果如下：用传统酵母做成的面包能保存一个星期不变硬，工业方法制造的长棍面包只能保存几个小时。同样，生产线上出品的甜酥面包充满了添加剂，目的是用其他东西掩盖发酵的缺陷。工业生产的奶酪经过巴氏灭菌，酵母被杀死，精炼过程被缩到最短。某些奶酪以"加热抑菌"过的奶为原料，即使加热的温度低于巴氏灭菌所要求的温度，但消灭的微生物并不少，而这些微生物对于最终产品能给人带来多少感官享受息息相关。用于制作廉价的工业黄油的奶油不再被允许自然地发酵，制作前也不再花时间让它在24到28小时内成熟。然而正是这种用酵母接种的方法产生了乳酸和双乙酰，赋予了黄油特有的味道。奶油经过巴氏灭菌后,人们被迫加入各种实验室重新配制的酵母,因为奶油已经不能自然成熟了。在价格最低廉的黄油上,这项步骤也被省略了。搅拌机中几秒钟的工序代替了两个小时的劳作,得到的黄油自然淡而无味。如今最好的情况是,在制作过程行将结束时,人们用乳酸酵母来接种;最坏的情况是,人们加入各种添加剂和双乙酰来增添味道;这在法国是禁止的。以前,黄油的味道在夏季和冬季并不相同,并根据母牛所吃的东西有所变化。这在工业中简直是天方夜谭!所有的工业产品必须在任何时间、任何地点都有着同样的味道。火腿、红肠、面包、奶酪,所有的东西在不充分发酵中被快速完成,然后被快速卖出:这就是迎合大量消费的大量生产。

在亚洲,祖传的发酵传统也遭到了工业化的猛烈冲击。老挝的som mou,在越南被叫作酸扎肉,是加入糯米、大蒜和辣椒制成的猪肉食品。以前它被包在芭蕉叶中,现在则是躺在一张红色的纸上。以前这种食品通常是家庭制作的,人们完全不担心卫生问题,而袋装的工业产品,里面含有混合了各种香料的粉末、防止产生不好的细菌的化学原料,好使这种家庭产品更加安全可靠。然而,这还和发酵有关吗?

工业制造的低等酱油不再像本来应该的那样花三到四年时间发酵,而只需几个小时就能制造完成。其配方并不那么诱人:人们借助盐酸通过水解作用从大豆、米粒或小麦的蛋白质中提取氨基酸。得到的溶液需经过碳酸钠的中和,然后过滤,再加入谷氨酸单钠、焦糖色素、葡萄糖浆,加入淀粉使之变黏稠。最后得到的产品已经和传统的酱油毫无关联。百年传承的技艺随着这种便宜产品的发展慢慢消失。欧洲的消费者对于精品酱油的口感不太了解,在不知情的情况下买了这种替代品。高等级的酱油一直还是酿造而成,只是在投放市场前要进行巴氏灭菌，以保证其稳定性；活着的酵母因此被消灭了。

所有的工业发酵产品，如红肠、火腿、腌鱼、面包、甜酥面包等，都要遵从一定的生产方法，而这些方法已经和传统的发酵方法不太相关。此外，工业还要求这些产品标明保质期，尽管给出的期限非常武断。这样做的托词是为了卫生，究其原因完全是为了买卖。酸奶、奶酪、干火腿、红肠实际上能比包装上给出的日期保存更长时间。

农业食品加工工业的发展在20世纪50年代刚走出第二次世界大战阴影时经历了奇迹般的飞跃。法国在战前仍是一个农业和手工业国家。食品的流通范围大多数还比较小，而产品大部分来自小型或中等的农庄。战后，从粗制的农业产品到精制产品的过渡立刻快如闪电般地完成了，同时还涌现了密集农业潮。1959年，消费的农业食品加工工业产品已经占到了食品消费总额的70%。1997年，这个数字达到了80%。[15]在法国，农业食品加工工业现在已经成为营业额最高的一个领域，超过其他工业领域（从1933年食品工业带来的价值就超过了农业）。大家都在食用其产品，它在经济中至关重要。

从21世纪初开始，和其他手工制品的消费相比，食品消费已经减少。[16]这个现象有助于表明工业化进程已经结束。[17]各大企业必须在其他领域寻求增长，如国际出口和分割市场（我们可以看到产品上出现"成人用""儿童用"字样等）。同时，各大企业还围绕着两大主题打开了新的销路：健康和产地，这两个主题和环境、自然、生态齐头并进，在当今时代非常流行。工业就这样将关于特征、传统、历史和地理根源的概念非法据为己有，同时还延伸到健康领域，创造出"保健食品"——可以使身体痊愈的食品——来确保自己在食物安全方面的优越性。有很多专门用于形容发酵食物的概念最终被用于工业，这是多大的一个圈套！工业食品什么都是，唯独不是传统的、天然的和某个地方的特色！再来看看它们的健康问题：水果蔬菜上滥用农药和其他添加剂；被改变了的产品营养成分富含饱和脂肪和糖，实际上对健康极其不利，无论如何要比我们祖辈通过乳酸发酵储存的食品不健康得多，这和萦绕我们周围试图让消费者相信的言论刚好相反。

一个没有发酵的社会？

这里有个矛盾的地方：我们从发现细菌存在开始，特别是明白它们对发酵的影响时，就千方百计要消灭它们。巴氏灭菌法借口保护发酵食物免受疫气影响、防止食物腐烂，尤其是能杜绝健康方面的隐患，遮遮掩掩发起了对发酵的攻击。巴氏灭菌法和过分夸张的保健主义最终成了工业发展的温床，食物的工业生产因此合理化。驱逐细菌其实是使产品生产统一化、标准化并从中获利的托词，这种工业化产生了事与愿违的结果，比如在2013年发生了以马肉冒充牛肉销售的丑闻，大众刚好能借机看清工业家们盘子里不知底细的肉到底是什么。

当然，食物欺诈事件在任何时代都曾经存在。在工业出现之前就已经有检验措施来防止这类欺诈行为了，如玛德莱娜·费雷耶（Madeleine Ferrières）在其关于食物恐惧的作品中就曾讲述过类似的检验。[18]现代生产的巨大规模、交流方式的全球化，加强了任一丑闻或中毒事件的影响。是的，确实如此，但是我们可以问问自己：和过去没有工业的时代相比，工业真的带来了更多的安全吗？在深受保健主义和巴氏灭菌法影响的西方社会，发酵物在衰退，然而食物中毒事件并未减少，同时如心血管疾病、癌症、糖尿病、肥胖症之类的疾病则在日益增多。

发酵技术很难工业化，食品工业和食品零售只追捧跟其有关的知识，这些原因导致发酵技术在时间的河流中逐渐消失。灭菌产品更易生产，因此从经济上来说也更有收益。这些产品需要的监控少、生产成本低、获得回报快，因为它们在销售之前不需储存。将商品在投放市场之前固定储存在某处几个月或几年，实际上所费不菲。时间是使发酵的芳香分子和味道分子出现的必不可少的一环，却随着生产线的优化在慢慢缩短。在经过巴氏灭菌的产品中，这些分子不会出现，人们用人工香料来替代。另一种改变是味道的改变，究其原因是取消或缩短了食品的精炼时间。如今只有几位充满热情的、迷恋手工的肉店老板还会等待一到两个星期让肉成熟。他们眼看着肉块一天天减重，最后变得柔软而美味，却要承担营业额减少的风险。用于大量零售的肉一经屠宰后就立刻被真空包装起来：它们从此不会再有变化，这也就是为什么它们的口味和柔嫩程度会有区别，当然，价格也不同。

有些人热衷于购买追求盈利和最低价位的食物，这种不良行为导致食品分成两个等级。一种是针对穷人的工业系统货，一种是专供富人的手工制作的、高质量的产品。后者的高质量要求更多的工作和劳力，价格自然也就更高。另外，很多发酵食物的生产无法迁移：我们不能在巴基斯坦生产洛克福羊乳奶酪，即使是里尔也不行；也无法在马德里生产阿尔塔穆拉面包；更不能在摩洛哥制作希腊菲达奶酪。跨国公司的生产模式立足于工业单位根据竞争优势随时迁移，对于迁移反倒成为不良因素的物品的生产，这种模式很难适应。

由此可见，是否愿意抵制发酵食物的生产和消费是社会的选择。

在全球范围内，农业食品加工工业在制造业中处于最前列。少数跨国企业控制了三分之二到四分之三的全球市场。这些企业一个接一个地收购小型手工制造企业。它们拥有如此强大的经济力量，以至于能够逐渐控制所处国家的食品销售体系。这种力量在某些情况下甚至比国家机构还要强大。[19]它们的蒸蒸日上立足于世界范围内消费者行为的统一化。对于大量生产和标准化的追求引起了个体欲望和口味的格式化，铺天盖地的广告和虚假的健康信息都是为此而生。

经过对灭菌食物的百年宣传后，消费者终于习惯了工业产品平淡无奇、千篇一律的味道。工业显然改变了食物的味道。我们前面已经举过卡芒贝尔奶酪的例子，很多产品，无论发酵与否，都经历了同样的变化。奶酪变得越来越软且毫无个性；醋渍小黄瓜的酸味减轻了很多；洋葱失去了它的辛辣味道；布鲁塞尔的菊苣和白菜没有了苦味；西红柿也清淡起来；土豆在空气中保存整整一年像新出土的一样；菊芋也不再奇形怪状，给它去皮变得容易。消费者们习惯了这些味道，忘记了原来的口味。对酸或苦的喜欢让位给了甜，味道走向统一。结果就是从东京到布雷斯特、从蒙特利尔到悉尼，途经达喀尔或里约时，我们都只能吃到同样的东西。这是工业已经实现的梦想：食物的全球化。人们无视各地的文化，试图让中国人吃工业制作的马苏里拉（mozzarella）奶酪，尽管其上千年的传统中都没有奶制品的位置；或者致力于让西方人吃仿造的发酵酱。可口可乐和汉堡一统天下，这真是令人伤心的结局。

第十四章　发酵无法回避的对手

> 走在现代最前沿的烹饪，通过观察过去几千年的历史来获得灵感。

农业食品加工工业在西方社会的食物格局中占据着优势地位。一个世纪以来，它大规模扩张，改变了食物供给来源，在社会和饮食方面造成了影响。然而，还是有些迹象让我们感觉到转变正在发生，人们正在放弃这种"全工业制造"，推进世界食物的多样化。这和几千年来人类自发形成的饮食结构更加契合。如果说这种事关食物和文化的转变还未真正发生，它至少已经开始了。第一条证据就是来自工业界：实际上，食品工业突出产地、来源以及身份这些食物的"隐私"，就是因为意识到了这些在集体想象中的重要性。

产地的重要性

在某种发酵食物制作过程中产生的微生物群落不属于最终产品，而属于一个地点。它们的多样性是各种天然因素如地理、气候、环境、化学综合作用的结果，人类的社会习惯、实践和生产方式也是个重要因素。来源于某个地方的发酵产品无法在其他地方复制；它只属于自己的产地。因此，其制作过程既无法出口也无法迁移：我们不能在阿韦龙之外的地方制作洛克福羊乳奶酪；无法在萨莱之外的地方制作康塔尔奶酪；无法在西班牙之外制作塞拉诺火腿（serrano）。即使我们在别的地方强行尝试，也无法得到同样的产品，而只能得到赝品。尽管如此，也未能阻止工业生产这些发酵产品，企业家们还试图通过产地导向的广告标语让我们相信其产品是正品。

AOC（原产地命名控制）体系于20世纪初诞生于法国，然后推广到了其他国家。在很长时间内，只有两种发酵产品才有AOC标识，即葡萄酒和奶酪。如今，当然这不是最近才发生的，AOC变成了欧洲范围的AOP和IGP[①]，并应用到了其他未加工的农业产品上，如蔬菜、水果和谷物。这种产地标识体系源自葡萄酒和奶酪，因为这两种产品完全依赖于地理、土地的性质、气候、人类选择的葡萄树的种类、所饲养动物的品种、制作方法、某些祖传技术，或者取决于革新的愿望、对最终产品的香味以及口感的孜孜以求。人们认识到这些因素的重要性，并决心保护它们。

从远古时期起，葡萄酒就都标有原产地。古希腊人和古罗马人的酒瓮会标明葡萄酒产地并已经有根据产地进行的分级。如今已知的最古老的产地标识是在里昂的圣-乔治公园挖掘出的一只酒瓮上发现的。上面的标识标明产地是"法莱纳"，产于公元前102年。[1] 同样，在六千年前的埃及，阿比多斯的酒瓮也用标有记号的黏土来封印。它们类似于如今的标签，用来指明葡萄酒的产地。[2] 由此可见，葡萄种植的整个现代"仪式"早就在进行了！

我们有时候将产地的概念压缩成一张狭小且特殊的网。某个葡萄种植者酿制的葡萄酒，即使保留了同一产地葡萄酒的共性，也

[①] 法国葡萄酒分为4个等级：法定产区葡萄酒（AOC）、优良产区葡萄酒（VDQS）、地区餐酒（VDP）和日常餐酒（VDT）。2009年8月，AOC更名为AOP（原产地命名保护标识），VDP更名为IGP（地理保护标识）。

会和邻近葡萄园的产品有差异。黄葡萄酒的情况就是这样。在汝拉省，而且只有在那儿，这种绝对独特的葡萄酒靠一种酵母酿造好几年才能完成。这种酵母可以形成一层薄膜隔绝周围的空气。在葡萄、菌群、地点的共同作用下，这种酒的形成过程显得愈发神秘，因为葡萄酒酿酵母和醋酸杆菌是近亲，后者生产出的却是醋。某个农场出产的奶酪和旁边村庄的奶酪不会是同一种味道，尽管两者的原材料相同。此外，奶酪的味道在冬季和夏季也不尽相同，因为奶酪有自己的季节……

在味觉大家庭中，味觉的多样性确实令人难以置信。如果说发酵过程是纯天然的且在当地特有的菌群作用下发生的话，人类对于最终结果仍然具有一定的选择权，这是个不争的事实。因此，AOC体系既保证了产品的产地，也保证了当地居民特有本领的施展。

在AOC出现之前，在历史上留下鲜明印记的品牌是瑞士萨布齐格奶酪，其配方于1463年4月24日经由公民大会得到格拉鲁斯的公民表决通过，通过法律确定下来，直到今天仍然有效。这项法案迫使生产商分毫不差地遵守配方并标明产地。非发酵产品不会涉及类似的法律；世界上也从未有任何配方享受过被立法指定遵守的待遇。

只能在当地进行且自动发酵的例子还有在比利时酿造的兰比克啤酒。这是世上独一无二的产品，唯一一款完全按照古方酿造的啤酒。其他啤酒都是混合型的，如柏林白啤，或佛兰芒人的棕啤或红啤，它们需要经历双重发酵：先是接种，然后是自由活动的细菌引起的乳酸发酵。兰比克啤酒的构成需要遵守哈雷市1559年颁布的一项市级法令——依传统，该啤酒必须包含16份谷物：6份小麦及10份燕麦和大麦。这种方法的发明者早已消失在时间的暗夜中，因为在1559年，它就已经被认为是"传统"的了。啤酒的自发酵是在酵母培养法产生前使用的方法，后者从中世纪起就已经在实施了。自发酵技术能够防止啤酒起泡，赋予其特别的酸味。人们将精心培养的酵母菌株用于啤酒，以便在一次次的生产中获得相同的口味和质量。兰比克啤酒却反其道而行，它的接种是纯天然发生的，每次酿造出的啤酒口味也不尽相同。沸腾的麦芽汁在冷却时被放在宽大却不深的酒桶中，置于酒厂的屋顶之下，百叶窗是开着的，因此可以说通风情况非常好。人们不会添加任何酵母。经过一晚后，周围空气中的酵母"授精"完成，啤酒被装入桶中。发酵过程将持续三年。

在工业制造啤酒所需的细菌名单上，至少有86种。它们要么精诚合作，要么前仆后继。酿造者至少要用到两种酵母。无论哪种酵母都会对啤酒的酸味、黏性、酒精含量、气体饱和度以及香味产生特别的影响。"野生"酵母出现在酒桶的木块上、酒窖的房梁上以及周围的空气中。这种酵母的生态环境只存在于塞纳河谷和帕杰坦伦（Pajottenland），在世上其他地方无可寻觅：兰比克啤酒和贵兹啤酒确实独一无二，且和产地紧密相连。

甚至用天然酵母接种的面包也遵循着地方唯一性的规律。意大利的阿尔塔穆拉面包和半岛上的其他面包都不同。在旧金山之外的地方也无法做出旧金山酵母面包。家喻户晓的布丹面包店正是这种面包的鼻祖，如今在美国各地拥有很多分店，但还是只能在旧金山培养酵母，每个月都要从旧金山将新的菌株发往外地的生产车间，因为更新过的酵母会在非常短的时间内沾染上当地的细菌。最终酵母就会失去其最初的特性，面包也就无法呈现相同的口味。天然酵母的形成是一种自发的发酵过程，和用啤酒酵母接种的面包有所不同，它有着当地细菌的"特性"，而正是这些细菌赋予了它特有的味道和纹理。自动发酵的产生需要在原材料上、劳动工具上、空气中、生产地点的墙壁上天然存在的微生物，制作面包时，多数是用面粉来提供能带来细菌的酵母。每种酵母都是独一无二的，由其特有的菌群构成。我们可以说，有多少面包师就有多少酵母。在奶酪、猪肉食品、鱼子上，情况同样如此——发酵实际上是领地的基石。

人类通常会依恋生长的地区村庄，难舍故土，对儿时尝到的味道念念不忘。我们在稚龄养成的口味和饮食习惯很大一部分都会保留到成年。婴儿们在吮吸母亲的乳汁时就已经在辨识味道了：如果母亲每餐必食鱼酱，或者喝发酵奶，那么孩子的饮食口味也会朝这个方向偏移——据说胎儿在羊水中就能尝到这些味道。

人类远离家乡时，总是会思念产自故土的发酵产品。如果我们要去拜访旅居国外的法国人，问他们带什么能使他们高兴或什么是他们在当地找不到的东西，答案通常是：来根红肠、来瓶葡萄酒，或者来块奶酪、来根法棍。人类源自出生地的特性和发酵食物源自产地的特性如出一辙。水果或蔬菜可以在陆地上任何地方生长（自然生长或人工培育），门斯特干酪或博若莱葡萄酒却不能依此法炮制。出于同样的原因，日本人在行李中会放上小瓶酱油和一包包的味噌：发酵品的味道是人们害怕在其他地方无处可觅的珍宝。无论哪种发酵产品都是如此，它是我们熟知的、已经习惯了的。旅途中的德国人会感叹其他地方的啤酒不如他们的好喝。离乡的藏族人会为什么叹气呢？糌粑——一种由大麦浇上牦牛黄油奶茶制成的哈喇味的食物——在世界上其他任何地方都再难觅其芳踪。正是这种"产地的味道"使得发酵食物如此具有身份归属感，或者不如说这种味道本身就是保证了发酵食物存活的力量。

鲜味：美味的骗局？

在日常饮食极其单调的地区，将肉、鱼或植物发酵能够弥补调料贫乏带来的缺憾，提升食物的味道。亚洲某些地区的穷人们实际上只能从白米饭、酱油或腌鱼的卤水中获取营养，而卤水能给谷物平淡的味道增添色彩。发酵能给食物添砖加瓦，不仅是调味那么简单。最好的例子就是酱油和腌鱼的卤水，它们不仅用于给菜肴添加咸味，还能通过改变所接触菜肴的"波长"来改变其味道。老挝语中，用盐调味得到的咸味（kua）和用腌鱼卤水调味得到的咸味（khém）并不是同一个词。[3]此外，老挝语中"美味"的概念就是咸味，而咸味在老挝主要是通过腌鱼卤水获得的。

这种"美味"和发酵结盟的概念使我们靠近了鲜味。该词是1908年一位日本化学家池田菊苗（1864—1936）"发明的"。西方人认为有4种基本的味道：咸味、甜味、酸味和苦味。这种分类如今很有争议，因为事实上还有一些味道无法归入其中，如香草味、花味、胡椒味和辣椒味。亚洲人则认为还有另外一些味道：涩味、辣味、油味、淡味。日本人也描述了一种味道：鲜味，在日语中是"鲜美"的意思。这种味道能给人满足感，在口中回味悠长，能使人愉悦、沉浸其中。这种味道无法用"酸""苦""咸""甜"来形容。在品尝菜肴时，我们知道其味道鲜美但不知其因，它能使口水增多，使味蕾沉醉。

鲜味从化学角度讲是食物中出现的多种物质（肌苷酸、鸟苷单磷酸和谷氨酸）混合作用的结果。这些物质在某些食物中天然存在，不可将之与味精、肌苷5'-单磷酸或鸟苷之类的食品添加剂混淆。后者经常被工业家用于提升食品的味道，在亚洲一些糟糕的烹饪中同样存在。前者和发酵密切相关，因为这些物质都是在微生物、酵母或细菌的作用下而产生的。

很多发酵产品中都含有谷氨酸，比如茶、醋、老酒、清酒、味醂、经过长时间酿造的中国米酒、烟熏或醋渍的肉类或鱼类、所有的乳酸发酵蔬菜（从韩式泡菜到我们的腌酸菜），还有醋渍小黄瓜、味噌、精炼奶酪（帕尔玛干酪和洛克福羊乳奶酪）、酱油和所有用鱼或谷物制成的亚洲发酵酱和虾酱。我们还能在中国的发酵红米中找到它的身影，某些味道很有代表性的新鲜食物中也有其芳踪：海带、韭葱、成熟的西红柿、洋葱、胡萝卜、大白菜、芝麻酱或芝麻油、螃蟹和扇贝之类的海鲜。肉汤的汤底和提取的清汤中同样富含谷氨酸：这就是经过长时间炖煮肉和骨头后提取出的清汤比工业制作的汤块滋味浓郁很多的原因。谷氨酸赋予经过炖煮的食物丰富浓郁的味道。至此我们已经离布里亚-萨瓦兰所珍视的"肉质香"的概念不远了，这可能就是味道的精髓，能使与之相连的一切有滋有味。

金枪鱼和鱼干（晒干的小沙丁鱼）是日本清汤的原料，富含肌苷酸。这些发酵产品需要经过长时间的制作过程，就如同葡萄酒和奶酪一样，能散发强烈而复杂的香味。鸟苷单磷酸则能在各种各样的真菌中被找到：花菇、巴黎蘑菇、松露，甚至是作为酵母的微型真菌。

由此可见，发酵产品和这种"鲜味"密不可分；没有发酵产品，鲜味无法体现：如果没有金枪鱼干，还能做出日式上汤吗？如果没有鱼露，还能有焦糖猪肉吗？如果没有咸肉丁，特别是没有葡萄酒，又怎么做出红酒烩鸡呢？没有黄油和帕尔玛干酪，又怎么吃到烩饭呢？没有瑞布罗申（reblochon）奶酪，还有马铃薯饼吗？没有面包、火腿，或者黄油，又哪来的火腿黄油三明治呢？没有发酵好的面团和马苏里拉奶酪，又怎么做出美味的比萨呢？发酵品的味道无法直接体现，却能产生次要的影响，给予食物一种醇厚、持久和复杂的味道。它还能给菜肴的整体味道增光添彩，就像是一个基础音调，如同音乐中的低音，能给整首曲子增添厚重感。

遗憾的是，由东京大学化学教授池田博士"发明"的鲜味主要用于满足食品加工工业的需求。让我们来回顾一下"发明"鲜味的历史。1899年池田菊苗在德国访学，当时正是巴斯德和尤斯图斯·冯·李比希之后的时代，是食品工业在其摇篮中摆手动脚的伟大时代，是一切皆有可能、振奋人心的时代。据说，池田博士在欧洲旅行时，对德国人的身体状况印象深刻。他在莱比锡了解到了尤斯图斯·冯·李比希的工作内容，后者于1865年就开始"提取肉类精华来得到好汤"，旨在减轻无法吃肉的穷人们的营养不良。池田博士肯定品尝过构成日本饮食基石的日式上汤的西方版本。回到日本后，据说他正是在品尝妻子精心制作的汤时突然发现其味道特别鲜美，于是追根溯源，从而发现了产生鲜味的化学物质。这些物质在池田夫人的"家常"清汤中都曾如数登场。

在明治时期初对西方开放的年代，日本政府致力于强健日本人民的体魄，因而鼓励人们食用在之前几个世纪被禁的红肉。牛在日本比较稀少，故价格也高。从汤块的摇篮——德国回来的池田博士，受到从肉类提取氨基酸的化学技术的启发，将之应用于大豆，制造了第一瓶工业酱油，不用发酵且特别便宜。同时，生物化学和生物技术的进步无论在东方还是西方都在发展，食品工业开始统治世界，传统的发酵食物因而逐渐消失。池田博士发现鲜味的故事很有可能只是一个传说，被用来美化唯利是图的纯工业化。鲜味的概念使得工业家们开始往所有的工业产品中添加谷氨酸单钠和其他添加剂，以取代需要漫长过程才能得到且所费不赀的天然味道。这些东西能使生产出来的最糟糕的食物变得美味可口，也就是说在味道上给人舒适感。鲜味的概念在最大的味精生产国——日本和韩国的广告中被推到前台，这难道只是一种偶然吗？

生奶奶酪的战争：决定性的转折

奶酪具有味精还未能替代的各种鲜味。在此，我们以代表法国和欧洲文化的生奶奶酪为例，因为其近期的历史就是铁锅对土罐的斗争史，工业和手工业者的战斗也是由此打响。这场战斗的走向曾经无法预测。

奶酪之类的发酵食物，其传统生产方法成本高昂且难以用工业方法管理，因为传统方法需要依靠经验，又具有偶然性。生奶成分不稳定且无法预测，没有扎实的经验就很难处理。它需要严格的控制，如果我们让不是非常新鲜或质量可疑的奶成熟发酵，它就会变酸变味。处理生奶要一丝不苟：必须严格监控生产过程的每个环节，从母牛的健康和舒适到最终产品的包装，必须面面俱到。这一切都所费不赀。

此外，生奶奶酪的质量和味道还取决于产地、草的生长情况、母牛的心情、挤奶那天的天气、挤奶女工的技巧，等等。每个农场每天的产品都不尽相同，这对于每年需要销售几百万吨奶酪的奶制品工业来说是无法想象的。用天然酵母手工制作面包的面包师在制作过程中也会碰到意外情况，但在工业中这绝对不允许发生；手工制作的啤酒是由酿酒大师全心制作，他需要仔细观察麦芽汁的反应，根据每天的意外情况调整水、热量和发酵时间，因此，每一次酿造的成品都不尽相同；葡萄酒、酱油的酿造都是如此——任何一种天然发酵概莫能外。希望能生产并销售成千上万吨食物的工业则需要质量稳定，食品的形状、颜色乃至味道都要整齐划一。工业可不能屈从于酵母的任性！通过对奶进行巴氏消毒，就能让它规规矩矩，听从机械的指令，流入管道，按我们的意愿行事。一切意外都被扼杀了，同时其自身的生命、甚至连味道也被抹去。我们不得不根据情况给其增加香味："山羊"的味道或"蓝色霉菌"的味道。我们使其统一，奶油不会再漂到表面，其成分也总是一成不变，无论是季节变换，还是奶牛的饮食改变，都不会产生影响。顺便提一下，现在的奶牛都很少吃草了。

我们杀死了奶中的微生物，也就杀死了奶本身。当然，这么做可以降低对原材料质量的要求。工业热衷于巴氏消毒、灭菌、消灭野生发酵，这一切对工业来说有百利而无一害。和大量生产相伴而来的是低质量和工业梦寐以求的低廉价格。在这点上我们看不到任何仁慈之心，因为无论是农民还是消费者都无法从中受益。工业制品还在继续增加各种添加剂、防腐剂、着色剂、增稠剂。既然工业使生产标准化，抹杀了产地和产品之间的差异性，那么，产地、季节或产品之间的特异性也就不在其考虑范围了。通过对奶进行巴氏灭菌，我们就能阻止各种有特性的微生物展现自己，因而也就可能将来自于不同地方的奶混合在一起，即使其来源地相去甚远。根据来源地和市场法则，在诺曼底地区或普瓦图乡下生产的工业制造的卡芒贝尔奶酪和山羊奶酪的原材料一般来自西班牙或波兰，或者是两者的混合物，因为它们已经不再具有任何微生物方面的特性。

巴氏灭菌法的秘诀在于将奶在几分钟内加热至70℃，这样就能杀灭会导致结核病的结核杆菌。正因为如此，从20世纪初开始，卫生管理机构一直积极鼓吹巴氏灭菌法。然而，适用于饮用奶的方法应用在奶酪上却显得荒谬：结核杆菌经过发酵自然就会被摧毁，哪怕是生奶奶酪也是如此。这种在20世纪50年代仍被一再提及的健康论调其实只是一个借口，被用来掩饰此项操作的真正动机：标准化。该论调直至今天仍在被工业家们引用,用来说明生奶奶酪是危险的,甚至连医学权威人士都不建议孕妇食用。

在研究这个主题时,我们很快就能发现这里存在着双重标准。一方面是在大众中广泛传播的工业标准,认为生奶是万恶之源,宣扬巴氏灭菌法、加热抑菌法、微过滤法等技术;另一方面是不太为大众所知的科学标准,它和前者背道而驰,确认了在生产奶酪时,经过巴氏灭菌的奶其实比生奶风险更大,因为活着的微生物能保护其不受奶中的病原菌侵害,还能在发酵后期防止其被污染。[4]此外,对于生奶中细菌质量的监控和将要进行巴氏消毒的奶相比,措施更多且更严格。

因此,食用生奶奶酪引起中毒的风险一直很小。无论是在法国还是在其他国家,此类中毒事件都极端稀少,考虑到生奶奶酪在欧洲每年产量达70万吨,中毒概率尤显微不足道。[5]数据显示,中毒事件更多发生在食用了巴氏灭菌奶所做的奶酪后。[6]此外,世界上还未出现任何一件因生奶奶酪导致死亡的案例。法国食品安全卫生局不推荐对用于生产奶酪的奶进行巴氏灭菌,因为在生奶奶酪上聚集的病原菌非常之少。[7]1973—1992年,美国疾病控制中心记录了32例因奶或奶制品导致的中毒事件。其中没有任何一例涉及生奶,所有的事件都和巴氏灭菌奶有关。[8]

其他研究也表明此类中毒事件在全世界都屈指可数。[9]最严重的集体中毒事件确确实实是因为食用了经过巴氏灭菌、加热抑菌或微过滤的奶制成的奶酪而发生的。1987年发生的卫生危机事件和瑞士的瓦什寒-蒙多尔奶酪(vacherin Mont d'Or)有关,造成了34人死亡,原因就在于一种李氏杆菌。这种细菌在加热抑菌前的奶中根本不存在,在奶酪精炼过程中也没有,而是存在于奶酪厂的场地和储存奶酪的精炼室中。奶一经加热,就失去了本可摧毁李氏杆菌的天然保护层。瑞士的瓦什寒-蒙多尔奶酪不是用生奶制成，而法国的瓦什寒奶酪却是种生奶奶酪，后者就从未经历过此类危机。国家农业研究院（INRA）的一项科学研究表明奶酪皮上天然存在的微生物军团能进行自我防护，抵御李氏杆菌。[10]

从现在的科研状况来看，我们还无法人工重建这种微生物群。在奶酪皮上人工植入实验室培养的酵母毫无用处。这种细菌联盟需要在咸的环境中才能自然形成，精制生奶奶酪的情况就是如此。然而这种细菌联盟在经过巴氏灭菌或微过滤的奶酪中却难觅踪影，因为我们消灭了其大部分甚至全部的菌群。还有研究发现李氏杆菌在生奶奶酪的精炼过程中不翼而飞，例如荷兰奶酪和西班牙的曼彻格（manchego）奶酪。[11]科学家们还能证明大肠埃希菌在巴氏灭菌的牛奶中比在生奶中更易繁殖；[12]精炼发酵过程越久，病原菌被消灭得越干净。[13]

尽管这些事实显而易见，在面对工业家们的指控时，生奶奶酪还是需要为自己的无害辩护。1990年到2000年间，在美国和食品加工工业集团的推动下，欧洲议会就食品法典委员会的议题争论不休。该委员会规定了全世界通用的食品标准，旨在对包括奶酪在内的奶制品进行强制性的巴氏灭菌。反对的声音纷至沓来，在美国亦然，这意味着人们的觉醒和相关意识的萌芽。拥有3.9万名成员，并且是全世界最古老、最重要的科研机构的美国微生物学协会和很多其他协会联袂抗议，认为禁止这种已经存在了几千年的奶酪——在美国引起的中毒事件比汉堡中的碎肉造成的要少得多——就像是在撕毁大师的画作、破坏古典交响乐的原始乐谱。[14]

2001年，慢食运动促使欧洲联盟委员会对生奶奶酪做出表态，收获了2万个签名。

食用生奶奶酪并不比巴氏灭菌奶酪更具风险，只要采取了必要的预防措施即可。然而这些步骤正是工业家们因为经济原因千方百计想要逃避的。生奶奶酪能保证人们尝到更丰富、更复杂的味道。这也是唯一能和产地保持关联的技术。维持生奶奶酪的生产不仅是为了取悦消费者，也是为小型加工工业和饲养者们的利益考虑。巴氏灭菌奶成为标准原材料，就会和拥有特殊菌群的产品形成竞争关系。因此，生奶是维持小型奶酪工厂继续生产的保证，能促进就业、平衡用地、保护环境、保护生物多样性和动物的舒适生活。[15]

承认生奶有益健康并不会损害企业家们的利益，尽管后者由于经济原因想要逃避监管，并且放弃采取必要的预防措施，从而进行标准化的快速生产。反击刻不容缓。对生奶制作的传统卡芒贝尔奶酪的指责甚嚣尘上，尽管经过分析证明其中不含任何病原因子[16]，然而坏影响已经形成：分析结果出来的时候，制造商已经召回了出售的奶酪；恶意中伤不可避免地在消费者脑海中留下了此物可疑的印象。2007年，垄断了90%卡芒贝尔奶酪生产的诺曼底伊斯尼-圣母商社（Isygny-Sainte-Mère）和拉克塔利斯集团（Lactalis）要求改变关于生奶的AOC契约条款，目的是能够在生产中使用经过巴氏灭菌、加热抑菌、微过滤的奶，理由就是冠冕堂皇的卫生问题。经过疯牛病流行之类的危机后，食品工业在卫生问题上开始失去信誉，声名扫地。该事件引起了巨大的反响，去掉卡芒贝尔奶酪中的天然酵母，卡芒贝尔奶酪也就不再是具有身份归属性质的产品！此次对发酵的攻击是欧洲联盟委员会在多年的各方压力下发动的。

国家原产地和质量研究所（INAO）拒绝改变契约条款；两大食品集团因此停止生产AOC级别的卡芒贝尔奶酪。这是否证明了传统的发酵法和工业化生产无法并存？此次事件是否标志着科学和工业之间的"分离"已初现端倪？实际上，在食品法典委员会（Codex alimentarius）的讨论中，科学家们介入了争论，他们没有站到工业家们一边，而是支持保卫生奶。

> 拉克塔利斯集团和伊斯尼－圣母商社之所以想要改变AOC条款，可能是低估了科学背后社会的力量，也没意识到科学改变了阵营，尽管几十年来农学都是工业化的同盟军。依次发生的各种危机，从二噁英到疯牛病，中间还有抗生素事件，改变了人们对卫生的考量。[17]

美国微生物学会在微生物的危险性上言之凿凿，优先考虑的却不是卫生问题，而是文化影响！企业以前的合作者国家农业研究院将其研究重心从消灭细菌转到了细菌对抗病原菌保护食物的功能上来。[18]对圣－耐克泰尔（saint-nectaire）奶酪和孔泰奶酪的表皮的研究将在未来取得成果，促进既能给人以感官享受又能消除有害菌的细菌菌株的诞生。

如今，比起给奶酪工厂消毒，人们更多采取用有益菌接种的方法。在弗朗茨－孔泰地区、埃普瓦塞和蒙布里松等某些著名干酪产地实行的研究促使人们停下了对奶牛乳头消毒的操作。人们用木丝简单清洁乳头即可，这样动物皮肤上的菌群能被保存下来，在奶酪的成熟过程中起到积极作用。有些针对地面、落叶层、牛圈对生奶接种影响的研究还在进行中，理念就是要保证产地的一切不变。[19]另外，还有个变化意义重大：以前收购牛奶时一般将奶冷却到4℃，从2013年1月1日起，这项操作在生奶制作孔泰奶酪的法定规格中被废止。从那以后，收购的牛奶只需被冷却到12℃即可。这个温度能保存奶酪的天然菌群并提高其质量,且不会对卫生产生消极影响。[20] 与我们预想的可能刚好相反:用这种方法人们能更快地检测到质量不合规定的牛奶,就像过去的牛奶商在路边收购一罐罐的牛奶时,能立刻发现某些罐中的牛奶已经变质了一样。

这些例子表明从严格实行巴氏灭菌的时代以来,科学言论已经发生了改变。大众很少听说这些变化,是因为工业巨头对此毫无兴趣,漠视这种回归古法发出的亮光,也不相信其对提高标准有所助益,食品工业继续散布着细菌有害的论调。

统一标准模式的失败

发酵物从人类诞生之初就伴随着我们;现有的饮食习惯是在几万年的历史中形成的。没有发酵,伟大的饮食文化也就不复存在。您能想象没有任何特色发酵食品的法式烹饪吗?就是说没有葡萄酒、奶酪、奶油、黄油、面包。或者您能想象没有不计其数的发酵酱的中式大餐吗?这些酱可是中式烹饪的标志。日式料理、韩式烹饪、马格里布大餐、俄国美食中发酵同样不可或缺。

在格陵兰岛,传统的贮存变质食物在20世纪六七十年代曾遭到嫌弃。然而现在的年轻人对这些前人曾格外欣赏的食物又恢复了兴趣。丹麦人在家庭聚会时,屋内的桌子上摆放着茶和蛋糕,而屋外的院子里则有稍微变质的海豹肉供人大快朵颐。[21]挪威的臭鱼即发酵的三文鱼,以前曾被认为是贫穷落后的农民的食物,在20世纪30年代却受到捕鱼爱好者的推崇,从1970年开始成为城市精英喜爱的食物。

对于这种发酵食物的喜爱正在回归,因为此类食物能让人联想到自然、完好无缺的壮观景色,涓涓流动的自然河流,同时还能推动人们的生态认识，加强人们对土地或群体的归属感。[22]这种情感体验在自己捕鱼并自己烹饪时达到最高峰。同样，食用碱渍鱼的传统也曾经历衰退，在20世纪80年代得到复兴的一部分原因是挪威媒体的宣传。如今，这道美食会在年末的各个节日和复活节出现在餐桌上。此外还有些食物近年来也经历了重生，如法国南部的腌鲻鱼子和意大利的凤尾鱼露。萨莱的康塔尔传统奶酪因为生产方面的特别限制曾经几乎消失。用于此类奶酪生产的母牛产的奶特别好，产奶量却不及另外一种母牛，而且给它们挤奶时一定要让小牛在旁边。要实现这种奶酪的生产工业化实属不易。尽管如此，其生产如今却又重新启动了。

我们注意到近二十年来西方的精英阶层对天然的、本地的、生态种植的食物以及按祖传方法制作的发酵食物重新产生了兴趣，如酵母面包、自发酵的啤酒、山区的腌制肉类和天然接种的生态葡萄酒，都属于此类。精英阶层曾是工业产品最早的支持者，因为当时的工业产品是新生的现代产品。他们现在却弃之如敝屣，又去追捧特定产区的小型手工业制造商，追寻稀少的、能比工业产品给人更好的感官享受的产品。低廉的价格从来不是他们的追求目标。

在同一时期，卡尔洛·佩特里尼（Carlo Petrini）成立了慢食协会，来对抗食品加工工业倡导的快餐文化。该协会有着自己的生活哲学，即推动符合"优良、清洁、公平"三项标准的饮食机制：

> 优良，指一种食物不仅要给人感官享受，还要对人的情感有所触动，能牵动人的回忆或唤起人的身份归属感；清洁，即要尊重生态系统，不破坏环境；公平，即在产地和产品投放市场过程中要做到社会公正。[23]

该协会还发起了"美味方舟"活动来保护稀有食物，如人工饲养的动物，谷物、蔬菜、水果中一些如今已经只在特定"生产环境"下种植的种类，还有用传统方式生产并和产地息息相关的奶酪、红酒和猪肉食品等。这其实就是在保护食物方面的文化遗产和农业的生物多样性。传统发酵食品受到保护，是紧跟时代步伐的一项措施。

不幸的是，尽管社会的贫困阶层也赞同这些观点，有心跟上社会潮流，但他们除了消费廉价的工业产品外别无选择。与此同时，明白了风向的工业家必须调整自己的产品使之适应新的发展趋势。因此，我们会看到如麦当劳之类的快餐公司调整自己的菜谱适应世界各地不同的文化背景。要知道，麦当劳可是来自美洲的全球化代表，可口可乐亦然，尽管其曾号称要让地球上人人都吃喝同样的东西，却还是被迫适应各国传统以及不同的文化习俗。适应行为中最登峰造极的是加入发酵原料！第一家出售啤酒的麦当劳位于德国。在意大利的麦当劳则能找到加了马苏里拉奶酪的番茄沙拉和帕尼尼三明治（panini）。土耳其的麦当劳有一种"土耳其麦当劳"菜单，汉堡中的原料和土耳其面包的原料别无二致。在印度，需要加上印度奶酪和咖喱酱。在日本则要在汉堡上浇上照烧酱，还要供应乌龙茶。在法国的调整则更上一层楼：从2000年以来，汉堡中开始出现有AOP标识的奶酪，如博福尔（beaufort）奶酪、瑞布罗申奶酪、萨瓦多姆（tomme de Savoie）奶酪。之后，又轮到圣-耐克泰尔奶酪，AOP标识的康塔尔奶酪和昂贝尔圆柱青纹（fourme d'Ambert）奶酪也登上麦当劳的舞台。到了2013年2月，连卡芒贝尔奶酪和拉克莱特（raclette）奶酪都加入其中。此外，从2012年起，长棍面包开始被用来制作三明治，代替了之前使用的汉堡面包。最后，在2013年，推出了长棍、火腿和奶酪为主的快餐，这可是三种发酵食物。

新闻通稿中确认了这一点:"在法国,奶酪是一所学校,是法国土地和人民智慧的结晶……在一个视奶酪为神圣的国家,麦当劳没有理由对这个在法国文化中无法回避的产品置之不理。"[24]这是来自食品工业的败将之言,承认了食物统一化惨遭滑铁卢!

然而,我们不能因为这种突然的风向转变而欢欣鼓舞。工业仍然是工业,工业产品的味道改变了,但产品本身并没有变。根据法国竞争、消费者事务和防止欺骗部(DGCCRF)关于麦当劳产品的记录,萨瓦多姆奶酪和瑞布罗申奶酪只是酱料中使用的奶酪的很小一部分。至于博福尔奶酪片,奶酪含量只有51%,剩下的部分是切达干酪、水和使其融合在一起的添加剂[25],2011年就此发生了一起诉讼,麦当劳受到处罚。此次事件表明了很重要的几点:一方面,在地球上所有国家实行同种产品统一化的模式被证实是行不通的;另一方面,工业界也认识到这一点,开始尝试在每种食物文化的特异性上玩花样,并意识到特异性首先在于发酵食物。

即使有悖常理,发酵在最讲究卫生的国家同样重新焕发了生机。市场研究表明酸味突然之间受到了美国消费者的青睐。酸味和甜味相反,有着有益健康的名声。"希腊"酸奶和比利时酸味啤酒在市场份额上呈现持续快速的增长趋势,在2007—2012年,从1%增长到了30%。[26]《华尔街日报》上最近有篇文章分析了美国人对于发酵口味新近产生的迷恋。[27]厨师们、工业食品制造商和经销商们认为,对于酸味和苦味的需求确实越来越强烈,而在之前占据美式烹饪统治地位的是甜味和辣味。

工业方面第一个做出了反应:致力于给已有的食品添加"发酵口味"。生产人工香料的企业迎合这种需求,多方研究以期能模仿出发酵食物的味道,而同时又不真正添加发酵食物。我们可以看到市场上出现了"香脂醋味道"的番茄酱和是拉差辣椒酱口味的薯

第十四章 发酵无法回避的对手

片。后者实际上是来自泰国的一种发酵辣椒酱。人工香料方面的专家们研究韩式泡菜和塔巴斯科辣椒酱的复杂香味,想制造出类似的人工香料,用来加在工业食品上或调出类似的酱料以涂在热狗上。用合成的香料替代真正的发酵产品减缓了后者过于鲜明的味道。这确实是发酵的味道,但是为适应美国口味淡化了一些。显而易见,这些经过再创造的口味远远不具有原有产品的复杂性,增添的香味也只是以极其微小的代价生产的苍白无奇的代用品。受访的工业家还补充说他们不会在包装上写"发酵"字样:美国人会被这个字眼惊吓到无以复加。在保健者或清教徒的思想中,"发酵"一直是"不可食用"的同义词。

所有这些仍然是食品工业的惯用伎俩,但可能也反映出有一股更加深刻的潮流在涌动。美国最大的泡菜品牌开始在市场上引进味道更重的新产品。在某些追求时尚的餐馆,我们也能看到餐桌上出现了含有发酵蔬菜的美味。网络、商品宣传以及在全国范围组织的课程,使得人们能学习自己制作乳酸发酵的罐头食品。自认为发酵复兴主义者的桑多尔·卡茨就此问题写了好几本广博精深的书,并做了很多教育工作,如组织演示、在美国大学内或进行商业活动时上课。他将有关情形总结如下:

> 我得说发酵在美国显然处于复兴阶段。当然这是少数人参与的运动,但越来越有潜力。人们对发酵恢复兴趣与更全面的知识更新密切相关:对认识食物来源、在当地购买食物重拾兴趣;愿意直接从生产商手中购买食物。这些新的兴趣点促使年轻人投身农业、啤酒酿造业、奶酪制造业、面包业、腌酸菜制造业等。年轻人身上的好奇心(他们和我们这代人很不一样,我的熟人中没有任何一个会想着成为农夫或食品制造商)让我

觉得形势很乐观。然而，我们也得知道，任何社会冲动都可能因受到市场煽动而发生改变。我自己的工作是让人们了解自己的能力，告诉他们有关信息，以便他们能在家独立、自信地进行发酵；而受到发酵食品恢复名声一事影响的食品工业则急着用工业产品来做出响应。

在新大陆，生奶奶酪同样经历着复苏。消费者们面对饮食结构受到的侵犯，面对工业妄想强加给他们的消毒食物，做出了回应。如今在北美洲涌现出越来越多的生奶奶酪制造商，其扩张规模如此庞大，使得美国当地农场生产的奶酪产量在二十年内增长到了原来的1000倍。其产量现在甚至比法国还多，而与此相反的是，法国的产量一直在减少。[28]

美国的奶酪商们纷纷到法国接受培训，学习发酵的传统技术和操作方法。在新近于岩石中挖掘出来的精炼室内，他们生产和欧洲奶酪类似但适应美国土地的奶酪。美国奶酪公司每年都会组织一场比赛。1989年，只有150个生产商参赛。到了2010年，总数超过了1500人。尽管如此，人们仍然一无所获，因为食品工业巨头们也对这项在眼前不断壮大的财源垂涎欲滴：他们的策略就是收购发展过于迅速的小型奶酪工场，如同拉克塔利斯在法国曾经做过的那样。这是场大卫对巨人歌利亚的战斗。

复苏的另一方也很出人意料。它发生在以新教为传统宗教的国家：斯堪的纳维亚国家。位于烹饪革新最前沿的大厨们，如丹麦诺玛餐厅的主厨雷内·雷哲皮（René Redzepi）、瑞典的马格努斯·尼尔森（Magnus Nilsson），紧随某些如厨神米修·布拉斯（Michel Bras）和雷吉斯·马尔松（Régis Marcon）之类的法国大厨的步伐，都对发酵和因之得到的各种味道表现出浓厚的兴趣。对于这些大厨们来说，发酵是一片值得勘探的新土地，是需要跨越的新界限。雷哲皮发明了一道要用5个星期发酵成熟的牛肉，他还制作乳酸发酵的李子和玫瑰花瓣，尝试大麦和豌豆味噌（pea-sō）、各种糕点以及天然酵母发酵的多种酱料。这是一种实验性的烹饪，极其前卫且富有创新精神，使用的方法却是几千年前就流传下来的，尽管用别出心裁的方式对之进行了改变，也许这样就能避免这些古老的智慧在食品工业可怕的碾碎机中消失殆尽。

雷内·雷哲皮团队和多所大学合作，于2008年创立了北欧食品实验室。在这家实验室中，其团队重温了盐水腌渍、盐渍、风干和发酵等各种古老技术，为此，他们综合应用来自全世界的技术做了实验，甚至使用了多种微生物。这家不以营利为目的的跨学科实验室发表了其研究结果，旨在分享成果并给人提供信息。大厨们、普罗大众、科学家们和食品工业都能得其门而入。

该团队中的乔希·埃文斯（Josh Evans）对菌群在食物、人类和环境之间的相互作用感兴趣。[29]实验室的研究对象之一是食物的鲜味是否就意味着美味。这些都和发酵有关！厨艺研究员在深究了味道和北方土地的特异性后，注意到了作为北方地区水果和浆果魅力之源的酸味可以保存至水果成熟期后，前提是要有乳酸发酵。雷内·雷哲皮和拉尔斯·威廉姆斯（Lars Williams）运用古老的技术创造了一种新的叫作豌豆味噌的食物。其灵感来自味噌，发酵方式也与之相同，但原料是豌豆而非黄豆。通过模仿巴斯克地区的鳀鱼做法，鲱鱼也被加入"曲"来发酵。该酵母可被用来制作清酒。熏猪肉也被按照日本酸梅金枪鱼的方法制作，猪肉变硬且被切成木花状，用来煮成类似于日式上汤的一种浓汤。此外，雷内·雷哲皮和拉尔斯·威廉姆斯还制作了一种惊掉人下巴的蚂蚱酱。

这些研究可能最终会在日常饮食中发挥作用。比如说，将猪肉发酵是为了知道某些霉菌是否能带走"公猪的气味"。这种气味通常会出现在未去势的动物肉上（欧盟在2018年禁止阉割小猪）。未来会告诉我们这些研究结果是否可用，特别是能否为大众所接受。这些重新拾起的学问每年都会在美食疯狂研讨会举行时和全世界的厨师们以及饮食行业相关人员共享。[30]

在寻找新味道的道路上，北欧食品实验室和斯堪的纳维亚的大厨们从过去得到启发并最终采用了传统的技术。他们问自己的问题可能和五六千年前人们在一袋凝结的奶、一瓶冒泡的果汁、发霉并发芽的种子、变酸的粥前寻思的问题一模一样："怎么重现这个过程呢？我用另外一种水果试试怎么样？加上山楂、蜂蜜、发芽的大麦呢？"在旧石器时代，最早的奶酪商、面包师和腌货商肯定曾遭受同时期人们的怀疑。他们运用的方法也和现在一致：探索未知。朝前看但要往回想，走在现代最前沿的烹饪，通过观察过去几千年的历史来获得灵感，这本身就意义非凡。先锋主义和史前的疑问、步骤及技术相结合，圆也许就能成圆，未来也就得到了保证。

结语　不生不熟

> 我们之所以能存活下来，真是多亏了奶酪、盐水浸泡的鱼以及装满肉和发酵白菜的腌桶。

21世纪的人类早就放弃了"原生态"，"天然"却大受追捧。面对全球化、经济的全球一体化、工业化的飞速发展，新的不安产生了。在过去，人们从未像现在这样担心环境以及操心对环境的保护。在食品领域，人们致力于推动生态农业、拒绝改造过的和工业生产的食物，希望能食用"未加工""纯天然""味道纯正""不掺假"的东西。人们还特别想要知道所吃食物的来源、种植或饲养方式。发酵的复苏和这股潮流不谋而合，刚好符合人们对生态、经济和有益健康的诉求。发酵提供了一种卫生且免费的储存方式。工业曾发展出多种储存方式，速冻和密封加热灭菌需要设备，并且耗能。比如要给罐头食品密封加热灭菌，就需要有灭菌器和气或电提供的热源。涉及罐头盒子的话，还需要配备机器来压接密封。要制造或仅仅保存速冻食品的话，如果我们不是生活在北欧，就必须拥有冰柜并要接上电才能使之运转；相反，生产乳酸发酵的蔬菜、鱼、肉则只需要一个容器、一块加上重物的木板和一点盐就足够了。不需要任何能量，不需要煤气、天然气，也不需要电。这是一种极其环保且经济无比的储存方法，并且契合这个时代。

我们多次提到生态多样性面临危机，森林、海洋、动植物种类、复杂的地理气候——生态系统的多样性正在消失。此外，还有生物多样性也急需挽救，它和前者同样重要，对我们的生存不可或缺，同时和前面提到的多样性相辅相成，缺一不可。这就是微小的、维持地球生命的微生物的多样性。要挽救它，就要保护食物的多样性，尤其是传统发酵食物的多样性。正是那些丰富、多样、活跃的酵母给我们呈现了令人难以置信的形状、颜色和味道。跨国公司鼓吹的工业化饮食正好反其道而行，妄想建立一个所有人在任何时候都食用同一种食物的世界，而这种廉价的消过毒的食品死气沉沉、空有热量、味道贫乏、没有营养，按标准化方式生产，要丰富的口味只能靠添加剂。

据统计，如今被扔掉的还未变质的食物数目庞大。包装上的有效期一般都是有针对性的，但也不是全然如此。这方面的学问正在缺失：再没有人知道奶酪片上出现的霉斑其实是无害的，有所疑虑的人们只好将它丢弃；再没有人知道红肠可以保存多年，无论如何都比标注的有效期能多保存好几个月。除了如东欧、韩国、日本之类仍保有传统的国家外，再没有人知道只要用水和盐就能长期保存任何一种食物。再没有人会想到将多余的蔬菜放入盐水中，将多买的肉类加盐腌制。再没有人敢做"老男孩果酱"这种将水果简单置于糖水中6个月天然发酵的甜点，尽管它耐储存且无毒。

比如在韩国，类似的料理手法一直被应用，祖传的学识仍在延续。实际上，非西方的文化受意识形态和保健教育波及较少。在非洲，人们一直像过去一样发酵鱼、块茎和传统啤酒。世界上某些工业发达、生活水平较高却不属于西方文化的地区，尽管已经工业化，食用或制作发酵食物的传统却仍然根深蒂固。比如在日本，没有一餐饭中会缺少种类繁多的腌菜。不仅有很多店销售这类即食产品，而且市场上还能找到塑料、陶瓷或黏土等各种材质以及带弹簧的盖子或压机的专用容器，自己在家制作也很容易。人们的目的不一定是要长期储存食物，也有可能是要改变口味，使其变酸、变辣、变涩。在法国，发酵腌酸菜的坛子只能在某些只有到处寻觅才能找到的专卖店里买到。

在巴斯德之后的西方人脑中，哪怕是最小的霉斑仍被视为畏途。发酵物就是腐烂、有毒、被污染、致人中毒的代名词。然而，最严重的中毒事件都是由不合规定的消毒罐头或冰冻事故引起，也就是因工业手段而产生的。对于这个事实，人们却忘性很大。人们在选择上的盲目真是奇怪，要知道，将食品放入广口瓶中使之发酵是如此简单并毫无风险。过去人们在食物匮乏时期这样做，通常是为了避免浪费。在乡下，农民用这种方法来处理并储存各种植物和动物类食品，将之放入食品贮藏室，现在这种房间已经消失了。在城市中，则有着无数销售此类产品的商店。

在发酵被食品工业打击得节节败退的同时，与此相关的家庭学问也在西方社会逐渐消失。如今要重拾这些知识，首先要做的是忘记一个世纪以来我们被反复灌输的很多东西。

食品工业想欺骗我们，使我们相信发酵食物没有工业产品健康。工业家们试图在生奶奶酪、鲱鱼罐头和所有不需要巴氏灭菌的东西上播下怀疑的种子。实际上，发酵能带来很多营养方面的好处，对贫穷的人们来说尤其重要，因为发酵不仅能保存营养，甚至还能提升食物的营养价值。其作用如此显著，以至于联合国粮食和农业组织都发表了很多文章来突出发酵食物的价值，推荐食用发酵食物来改善世界上最贫困人口的营养，提倡在非洲和南美使用传统的发酵粥来降低幼儿死亡率。关于发酵方法的学问理应重新传授，以对抗世界范围的饥饿和贫穷。

工业尝试着给所有食物灭菌，以便推动生产的统一化。直到最近，科学还在为其提供理由。现在，事情开始发生改变，工业曾不遗余力尝试消灭发酵却徒劳无功，转而开始模仿发酵。这个迹象我们绝不能错过。发酵深深扎根在人们的内心深处，它戴着工业的面纱重新出现，就像是被偷走的小草的种子，在混凝土间的微小缝隙中萌出了芽。

如果传统的发酵食物消失，我们将会失去一份瑰丽的遗产。文化的任何一面都可能随之埋葬在被漠视的黑暗中。没有这可能会失去的一面，饮食就成了一种纯粹的生理需求，享乐和分享的概念将不复存在。流传千年的技能可能消失，传统、传说、民俗、意义和记忆也将随之而去。它们有益健康，失去后健康将会大大遭受损害。失去它们，我们将被迫用合成的化学药物来作为替代品，而这些药物并非全然无害。工业将会赢得全方位的胜利：首先卖给我们灭菌产品，然后再销售药物来减缓因缺乏具有保护作用的天然细菌造成的损失。我们不仅失去灵魂，肉体也将失去：当我们不尊重食物，食用既不知道构成也不知道来源的食物时，将会有生病或变成胖子的风险。

如果意识到风险并提高警惕，上述后果也就不太可能突然出现。多亏了互联网，这些在记忆中重新闪现的学问在论坛博客上分享，大家才能从中得益。各大洲的市民都开始制作面包、酸奶或乳酸发酵的罐头食品。更简单地说，他们其实是在学习更好地选择自己的食物。但是要对此有所认识还需要社会更全面的选择。我们是想要一个掌控全球食物和全人类食物供应的跨国公司所统治的世界呢，还是想自己为自己的食物做主、能了解其来源呢？采购食物，也就意味着选择。要看一个人偏好哪个体系，只要看他是经常光顾分销点还是邻近的市场，是选择巴氏灭菌的奶酪还是生奶奶酪，是购买工业面包还是面包师手工制作的长棍面包，是喜欢含有"压制"肉的成品菜肴还是为了便宜自己烹饪可以识别的肉类就可以了。

食品加工工业只存在了百年。人类驯化微生物的历史却已经有几千年，甚至在还未认识它们的时候就已经开始。发酵食物使得人类在食物供应难、卫生差，有时甚至是极端贫困的艰难条件下存活下来。进化已经完成，主角就是那些食用发酵食物、生病更少、比其他人活得更好的人。食物能被长期保存，人们就有丰富的食物种类来食用，食物的营养品质得到了改善，人的感官享受即口味、香气和纹理也得到了提高。某些生产过程在任何时代都被认为是艺术，是人类创造的所有作品中最有价值的。人们不知道原因，却一直在重复同样的程序。就这样，史前时期的传统制造延续了下来，并且最终成为人类学的一部分。

我们是这些在各种意外中存活下来的人类的后代。他们之所以能存活下来，真是多亏了奶酪、盐水浸泡的鱼以及装满肉和发酵白菜的腌桶。我们是人类，因为我们烹饪自己的食物，这点显而易见。人成其为人，还因为从更久以前，我们就会让食物发酵。发酵食物和其他食物不同：发酵给食物增加了一层象征价值。发酵将饮食垂直引入另外一个领域：食物不再仅仅用来滋养身体，它具有了一种意义，进入了人类关系网络，走入了个人或集体的记忆，进入了历史，赋予了社会群体身份，甚至走上了神坛，进入了人的心灵。在生和熟之间，发酵食物从人类存在之初就一直伴随着他们，并且只要这片土地上有人类，发酵基本上就不会偃旗息鼓。

参考书目

Abratt, V. R. et Reid, S. J., «Oxalate-degrading bacteria of the human gut as probiotics in the management of kidney stone disease», *Advances in Applied Microbiology*, 2010, p. 63-87.

Académie des inscriptions et belles lettres, «Article "Idea febris petechialis"», *Journal des scavans*, n° 15, 1687, p. 21.

AFP, «Camemberts AOC : pas de bactéries», lefigaro.fr, 17 octobre 2008, www.lefigaro.fr/flashactu/2008/10/17/01011-20081017FILWWW00731- camemberts-aoc-pas-de-bacteries.php (accès le 28 juin 2013).

—, «Health supplements from smelly herring», *The Local. Sweden's news in english*, 2 septembre 2009, www.thelocal.se/21826/20090902/#. UZEkOIJjEWQ.

—, «Sweden in plea to save stinky fermented herring», *The Local. Sweden's news in english*, 23 juin 2010, www.thelocal.se/27396/20100623/#. UZEeE4JjEWR.

Afssa, «Avis de l'Agence française de sécurité sanitaire des aliments relatif aux critères microbiologiques exigibles pour le lait cru de bovin livré en l'état et destiné à la consommation humaine», saisine n° 2007-SA -0149, Agence française de sécurité sanitaire des aliments, République française,

2008.

Agence de la santé publique au Canada, «Deux éclosions de botulisme associées au caviar de saumon fermenté en Colombie-Britannique. Août 2001», *RMTC. Relevé des maladies transmissibles au Canada*, 28, n° 6, mars 2002.

Ahola, A. J., Yli-Knuuttila, H., Suomalainen, T., Poussa, T., Ahlström, A., Meurman, J. H. et Korpela, R., «Short-term consumption of probioticcontaining cheese and its effect on dental caries risk factors», *Archives of Oral Biology*, 2002, p. 799-804.

Akizuki, T., *Body Condition and Food. The Way to Health*, Tokyo, Crea Publisher, 1975.

Al Kanz, «Adieu Coca, Fanta, Sprite et autres boissons alcoolisées», *Al Kanz*, 14 juillet 2007, www.al-kanz.org/2007/07/14/halal-coca.

Alaya, Gregoire. *Lyon, les bateaux de Saint-Georges. Une histoire sauvée des eaux*. Lyon, Inrap, 2009.

Allen, D., *Irish Traditional Cooking*, Kyle Books (éd.), Londres, 2004.

Androuet, P., «Le Vin dans la religion», in des Aulnoyes, Fr. et Quittanson, Ch., *L'Élite des vins de France*, vol. II, Centre national de coordination, 1969, p. 137-143.

Anihouvi, V. B., Hounhouigan, J. D. et Ayernor, G. S., «Production et commercialisation du "lanhouin", un condiment à base de poisson fermenté du golfe du Bénin», *Cahiers d'agriculture*, juin 2005.

Anonyme, traduit par Marie-Dominique Even, Rodica Pop, *Histoire secrète des Mongols. Chronique mongole du xIII^e siècle*, Paris, Unesco–Gallimard, 1994.

Areshian, G. E., Gasparyan, B., Avetisyan, P. S., Pinhasi, R., Wilkinson, K., Smith, A., et Zardaryan, D., «The chalcolithic of the Near East and South-Eastern Europe: discoveries and new perspectives from the cave complex Areni-1», *Armenia. Antiquity*, 2012, p. 115-130.

Aslan, A. et Homayouni, A. «Bacterial-degradation of pesticides residue in vegetables during fermentation», *Asian Journal of Chemistry*, 2009, p. 6255-6264.

Aubail-Sallenave, Fr., «Les préparations fermentées dans les cultures arabo-musulmanes», in Béranger, C., Bonnemaire, J. et Montel, M.-C., *Les Fermentations au service des produits de terroir*, Paris, INRA, 2005, p. 57-63.

Aubert, Cl., *Les Aliments fermentés traditionnels*, Paris, Terre Vivante, 1985.

Aubert, Cl. et Garreau, J.-J., *Des aliments aux mille vertus. Cuisiner les aliments fermentés*, Paris, Terre vivante, 2011.

Baffie, J., «Bières en Thaïlande et aux Philippines», in Coll., *Ferments en folie*, Vevey, Fondation Alimentarium, 1999.

Bakar Diop, M., Destain, J., Tine, E. et Thonart, Ph., «Les produits de la mer au Sénégal et le potentiel des bactéries lactiques et des bactériocines pour la conservation», *Biotechnologie, Agronomie, Société et Environnement*, 2010.

Balasse, M., Bocherens, H., Tresset, A., *et al*., «Émergence de la production laitière au néolithique ? Contribution de l'analyse isotopique d'ossements de bovins archéologiques», *Comptes- Rendus de l'Académie des sciences*, Series IIA-Earth and Planetary Science, 1997, p. 1005-1010.

Barnard, H., Dooley, A. N., Areshian, G., Gasparyan, B., et Faull, K. F. «Chemical evidence for wine production around 4,000 BCE in the Late Chalcolithic Near Eastern highlands», *Journal of Archaeological Science*, 2011, p. 977-984.

Bassus, C., *Geoponiques*, livre XX.

Bates, D., «Is this the real thing? Site claims to have uncovered Coca-Cola's top secret formula», *Daily Mail*, février 2011.

Battcock, M. et Azam-Ali, S., «Fermented fruits and vegetables, a global perspective» *FAO Agricultural Service Bulletin*, 1998.

Baudelaire, Ch., *Les Fleurs du mal*, Paris, Garnier, 1954.

BBC, *Human Planet,* émission de télévision produit par BBC, 2011.

Belon, P., *Les Observations de plusieurs singularitez et choses mémorables trouvées en Grèce, Asie, Judée, Égypte, Arabie et autres pays estranges, rédigées en trois livres,* G. Corrozet, 1553.

Benoit, F., *La Provence et le Comtat Venaissin. Arts et traditions populaires,* Avignon, Aubanel, 1992.

Bérard, L. et Marchenay, Ph., «Les dimensions culturelles de la fermentation», in Montel, M.-C., Béranger, C. et coord. Bonnemaire, J., *La Fermentation au service des produits de terroir,* Paris, INRA, 2005.

Bianquis, I., *Les Alcools de lait en Mongolie. Rites, croyances et lien social,* Observatoire des habitudes alimentaires de l'interprofession laitière, 2004, www.lemangeur-ocha.com.

Boisard, P., *Le Camembert. Mythe français,* Paris, Odile Jacob, 2007.

Bolens-Halimi, L., «Le *garum* en al-Andalus, un feu trouvé au fond des mers», *Gerión. Revista de historia antigua,* 1991, p. 355.

Bottéro, J., *La Plus Vieille Cuisine du monde,* Louis Audibert, 2002.

Boyer, R. et Lot-Falck, É., *Les Religions de l'Europe du Nord,* Paris, Fayard–Denoël, 1974.

Braidwood, R. J. *et al.,* «Symposium: did man once live by beer alone?», octobre 1954.

Bruce, J., *Travels to Discover the Source of the Nile,* vol. VII, Edinburgh, A. Constable & Co., 1805.

Burckhardt, J. L., *Travels in Nubia,* Londres, John Murray, 1819.

Byron, E., «Mmm, the flavors of fermentation», *Wall Street Journal,* avril 2013.

Cano, R. J. et Borucki, M. K., «Revival and identification of bacterial spores in 25-to 40-millionyear- old Dominican amber», *Science,* n° 19, mai 1995, p. 1060-1064.

Capelle, G., «La guerre des fromages qui puent», documentaire télévision, produit par Galaxie- Presse, 2011.

Caton, M. P., *De re rustica. Les Agronomes Latins, Caton, Varron, Columelle, Palladius*, avec la traduction en français, publiés sous la direction de Nisard, M., traduit par Wolf, M., Paris, Dubochet, 1844.

Chambre de cassation, «Fraude et falsification», *Bulletin des arrêts des chambres criminelles* (*Journal Officiel de la République française*), 6 juin 2009, p. 589-603.

Chapman, M., «America's taste for sour flavor feeds food industry», Marketplace.org, American Public Media, www.marketplace.org/topics/business/ americas-taste-sour-flavor-feeds-food-industry.

Chi-Tang-Ho, Qun-Yi-Zheng, «Quality management of nutraceuticals», *ACS symposium series, Quality management of nutraceuticals*, 2002.

Chukwu, Fr.-U., «Le boire en pays igbo: le vin parle pour eux», *Journal des africanistes*, 2001, p. 33-47.

Cimons, M., «Food safety concerns drive fda review of fine cheeses», *ASM news*, février 2001.

Clancy, J., *The Earliest Welsh poetry*, Macmillan, 1970.

Cobbi, J., «De la prune aigre-douce au puant», in Coll., *Ferments en folie*, Vevey, Fondation Alimentarium, 1999, p. 95-99.

Cochrane, J. D., *Narrative of a pedestrian journey through Russia and Siberian Tartary, from the Frontiers of China to the Frosen Sea and Kamtchatka*, traduit par Pirart, F. et Maury, P., John Murray, 1824, Ginko, 2007.

Coiffier, Ch., «Le sagou fermenté dans la région de Sépik (Papouasie)», in Coll., *Ferments en folie*, Vevey, Fondation Alimentarium, 1999.

Comité interprofessionnel du gruyère de Comité, «Lait rafraîchi : un passage progressif et réussi», *Les Nouvelles du Comité*, Hiver 2013, p. 9.

—, «Une recherche au long cours», *Les Nouvelles du Comité*, Printemps 2013, p. 4.

de Vrese, M., Winkler, P., Rautenbergb,

P., Harder, T., Noahb, C., Lauea, C. et Schrezenmeir, J., «Effect of Lactobacillus casseri PA 16/8, Bifidobacterium longum SP 07/3, ß. bifidum MF 20/5 on common cold episodes: A double blind, randomized, controlled trial», Clinical nutrition, 2005, p. 481-491.

Diderot, D. et le Rond D'Alembert, J., Encyclopédie, ou Dictionnaire raisonné des sciences, des arts et des métiers, 1772, p. 403.

Dillon, M., The Cycle of the kings, Oxford, Oxford University Press, 1946.

Dixon, P., «European systems for the safe production of raw milk cheese. A report presented to the Vermont Cheese Council», 2000.

Donnelly, C., «Factors associated with hygienic control and quality of cheeses prepared from raw milk. A review», Bulletin of the International Dairy Federation, 2001, p. 16-27.

Drioux, G., «Coutumes funéraires en Macédoine», Bulletin de la société préhistorique française, 1918, p. 271-274.

Dudley, R., «Ethanol, fruit ripening, and the historical origins of human alcoholism in primate frugivory», Integrative and Comparative Biology, avril 2004, p. 315-323.

Dumas, J.-L., «Liebig et son empreinte sur l'agronomie moderne», Revue d'histoire des sciences et de leurs applications, 1965, p. 73-108.

Dumézil, G., Loki, Paris, Flammarion, 1986.

Dunoyer de Segonzac, G., Les Chemins du sel, Paris, Gallimard, 1991.

Duteurtre, G., «Normes exogènes et traditions locales : la problématique de la qualité dans les filières laitières africaines», Cahiers agricultures, janvier-février 2004.

Eliade, M., Histoire des croyances et des idées religieuses, vol. I, «De l'âge de la pierre aux mystères d'Eleusis», Paris, Payot, 1976.

Ellis, J., Historical Account of Coffee, Londres, 1774.

Enright, M. J., Lady with a Mead Cup.

Ritual, prophecy, and Lordship in the European Warband from LaTene to the Viking Age, Dublin, Four Courts, 1996.

Estival, J.-P., «La musique instrumentale dans un rituel Arara de la saison sèche (Para, Brésil)», *Journal de la Société des américanistes*, 1991, p. 125-156.

Etienne, R., «À propos du *garum sociorum*», *Latomu*s, 1970, p. 297-313.

Evans, J., «Non-Trivial pursuit. New approaches to Nordic deliciousness», *Anthropology of Food*, 2012.

Fabbroni, A., *Dell' arte di fare il vino. Ragionamento*, Florence, G. Tofani, 1787.

Fabre-Vassas, Cl., «L'azyme juif et l'hostie des chrétiens», in d'Onofrio, S. et Fournier, D., *Le Ferment divin*, Paris, Éd. de la Maison des sciences de l'homme, 1991, p. 189-206.

Fabricius, J. Chr., *Voyage en Norvège*, Paris, Levrault, 1802.

Farnworth, E. R., «Kefir. From folklore to regulatory approval», *Journal of Nutraceuticals, Functional & Medical Foods*, 1999, p. 57-68.

Feneau, L., «Fromages industriels contre fromages traditionnels : qui l'eût cru ?», *Cuisine collective*, février 2008.

Ferrières, M., *Histoire des peurs alimentaires. Du Moyen Âge à l'aube du XXe siècle*, Paris, La Martinière, 2010.

Ficquet, É., «Le rituel du café, contribution musulmane à l'identité nationale éthiopienne», *O Islão na África Subsariana*, actas do colóquio internacional, Porto, Centro de estudos africanos da universidade do Porto, 2004, p. 159-165.

Fleming, D. W., Cochi, S. L., MacDonald, K. L., Brondum, J., Hayes, P. S., Plikaytis, B. D. et Reingold, A. L., «Pasteurized milk as a vehicle of infection in an outbreak of listeriosis», *New England Journal of Medicine*, 1985, p. 404-407.

Fournier, D., «Ces ferments qui ouvrent à la vie», in Béranger, Cl., Bonnemaire, J., coord. Montel, M.-Chr., *Les Fermentations au service des produits de terroir*, Paris, INRA, 2005.

—, «L'art d'accomoder les quatre-cents lapins», in Coll., *Ferments en folie*, Vevey, Fondation Alimentarium, 1999.

Froc, J., «Nomadisme et sédentarisation, de l'airag au soja natto, du sapsago au vin jaune», in Béranger, Cl., Bonnemaire, J., coord. Montel, M.- Chr., *Les Fermentations au service des produits de terroir*, Paris, INRA, 2005, p. 39 *sq*.

Frontisi-Ducroux, Fr., «Qu'est ce qui fait courir les ménades ?», in d'Onofrio, S. et Fournier, D., *Le Ferment divin*, Paris, Éd. de la Maison des sciences de l'homme, 1991.

Gauthier, J.-G., «Chez les Fali du Cameroun : *dora an djo bolo*, viens boire la bière», in Coll., *Ferments en folie*, Vevey, Fondation Alimentarium, 1999, p. 45- 49.

Geller, J., «Recent excavations at Hierakonpolis and their relevance to predynastic production and settlement», *Cahier de recherches de l'Institut de papyrologie et d'égyptologie de Lille*, 1989, p. 41-52.

de Saulieu, G. et Testart, A., «Naissance de l'agriculture, de nouveaux scénarios», *L'Histoire*, n° 387, mai 2013, p. 68-73.

Gessner, C., *Historiæ animalium*, Livre IIII, «Qui est de Piscium & aquatilium animantium natura», 1558.

Gessain, M., «Le sorgho chez les Tenda et les Peuls au Sénégal oriental», in Cousin, F. et Bataille- Benguigui, M.-C, *Cuisines. Reflets des sociétés*, Paris, Sépia–Musée de l'Homme, 1996.

Girard, J.-P., «L'agroalimentaire : un marché intérieur arrivé à maturité», *Insee première*, février 2010.

Glassner, J.-J., «Les dieux et les hommes», in d'Onofrio, S. et Fournier, D., *Le Ferment divin*, Paris, Éd. de la Maison des sciences de l'homme, 1991.

Goddard, Dr., «A proposal for making wine», in Sprat, Th., *The History of the Royal Society of London. For the improving of natural knowledge*, 1702, p. 196.

Godefroy, Fr., *Dictionnaire de l'ancienne langue française et de tous* *ses dialectes du IXe au XVe siècle*, vol. V, 1881.

Gouin, Ph. et Bourgeois, G., «Résultats d'une analyse de traces organiques fossiles dans une "faisselle" harappéenne», *Paléorient.*, 1995, p. 125-128.

Gouin, Ph., «Bovins et laitages en Mésopotamie méridionale au IIIe millénaire. Quelques commentaires sur la "Frise à la laiterie" de el-'Obeid», *Iraq*, 1993, p. 135-145.

Grüss, Dr. J., «Zwei Trinkhörner der Altgermanen», *Præhistorische Zeitschrift*, 1931.

Green, J., *Joey Green's Incredible Country Store. Potions, Notions, and Elixirs of the Past and How to Make Them Today*, Rodale Press, 2004.

Grenand, F., «Cachiri, l'art de la bière de manioc chez les Wayapi de Guyane», in Cousin, F. et Bataille-Benguigui, M.-C, *Cuisines. Reflets des sociétés*, Paris, Sépia–Musée de l'Homme, 1996.

Halleux, R., «Sur le prétendu vinaigre employé par Hannibal dans les Alpes», *Comptes-Rendus des séances de l'Académie des inscriptions et belleslettres*, 2007, p. 529-534.

Hamilton-Miller, J. M. T., «Probiotics and prebiotics in the elderly», *Postgraduate Medical Journal*, 2004, p. 447-451.

Harrison, J. E., *Prolegomena to the Study of Greek Religion*, Cambridge, The University Press, 1903.

Heber, D., Yip, I., Ashley, J. M., Elashoff, D. A., Elashoff, R. M. et Go, V. L. W., «Cholesterollowering effects of a proprietary Chinese red-yeastrice dietary supplement», *The American Journal of Clinical Nutrition*, 1999, p. 231-236.

Hell, B., «La force de la bière», in d'Onofrio, S. et Fournier, D., Le *Ferment divin*, Paris, Éd. de la Maison des sciences de l'homme, 1991.

—, *L'homme et la Bière*, Bischwiller, EC éditions, 1991.

—, «Le cycle de l'orge/bière», *Revue des sciences sociales de la France de l'Est*, 1981, p. 141-147.

—, «Pour une approche ethnologique de la bière en Alsace», *Revue des sciences sociales de la France de l'Est*, 1980, p. 278-285.

Heller, G., «Propreté, air, lumière : la chasse aux microbes», in Coll., *Ferments en folie*, Vevey, Fondation Alimentarium, 1999, p. 141-145.

Henderson, J. S., Joyce, R. A., Hall, G. R., Hurst, W. J. et McGovern, P. E., «Chemical and archaeological evidence for the earliest cacao beverages», *Proceedings of the National Academy of Sciences*, 2007, p. 18937-18940.

Hiroko, F., «Dietary practice of Hiroshima/ Nagasaki atomic bomb survivors», *Yufundation.org*, fondation George-W.-Yu, http://yufoundation.org/furo.pdf.

Hojsak, I., Snovak, N., Abdovic, S., Szajewska, H., Misak, Z. et Kolacek, S., «Lactobacillus GG in the prevention of gastrointestinal and respiratory tract infections in children who attend day care centers: a randomized, double-blind, placebo-controlled trial», *Clinical Nutrition*, 2010, p. 312-316.

Homère, «Hymne à Déméter», traduit par Leconte de Lisle, in *L'Odyssée. Hymnes homériques, Épigrammes et La Batrakhomyomakhie*, Paris, A. Lemerre, 1893, p. 441-456.

—, *Illiade*, traduit par Leconte de Lisle, Paris, A. Lemerre, 1866.

Hornsey, I. S., *A History of Bear and Brewing*, Londres, Royan Society of Chemistry, 2003.

Jacques, J., *Berthelot. Autopsie d'un mythe*, Paris, Belin, 1987.

Jacquet, M., «La fermentation du café», *in* Larpent, J. P. et Bourgeois, C. M. (éd.), *Microbiologie alimentaire*, tome II : «Aliments fermentés et fermentations alimentaires», Paris, 1996, p. 287-298.

Jung, J., *Bulletin des sciences agricoles et économiques*, quatrième section du *Bulletin universel des sciences et de l'industrie*, vol. XIV, Paris, 1830.

Kalliomaki, M., Salminen, S., Arvilommi, H., Kero, P., Koskinen, P. et Isolauri, E., «Probiotics in primary prevention of atopic disease: a randomised placebo-controlled trial», *Lancet*, 2001, p. 1076-1079.

Kamei, H., Koide, T., Hashimoto, Y., Kojima, T., Umeda, T. et Hasegawa, M., «Tumor cell growthinhibiting effect of melanoidins extracted from miso and soy sauce», *Cancer Biotherapy & Radiopharmaceticals*, décembre 1997, p. 405-409.

Katz, S. E., *The Art of Fermentation*, Chelsea Green Publishing, 2012.

—, *Wild Fermentation*, White River Junction, 2003.

Kayler, Fr. et André, M., *Cuisine amérindienne*, Montréal, Éditions de l'Homme, 1996.

Kereny, K., *Dionysos, Urbild des unzerstörbaren Lebens*, Langen Müller.

Khayyâm, O., *Rubayat*, traduit par Omar Ali-Shah, Paris, Albin Michel, 2005.

Kiessling, G., Schneider, J. et Jahreisl, G., «Longterm consumption of fermented dairy products over 6 months increases HDL cholesterol», *European Journal of Clinical Nutrition*, 2002, p. 843-849.

Knechtges, D. R., «Chinese food science and culinary history: A new study», *Journal of the American Oriental Society*, octobre-décembre 2002, p. 767-772.

Koehler, M., «Tarichos ou recherches sur l'histoire et les antiquités des pêcheries de la Russie méridionale», *Mémoires de l'Académie impériale des sciences de Saint-Pétersbourg*, 1832, p. 431.

Koizumi, T., «Traditional japanese food and the mystery of frementation», *Bulletin Food Culture*, 2002, p. 20-22.

Komitéen for MAD symposium, *MAD*, www.madfood.co.

Kora, S., «Lait et fromage au Bénin», mémoire, faculté des sciences agronomiques, Bénin, 2005.

Krapf, M., «Eisenzeitliche (Käse-) Reiben in Gräbern, Heiligtümern und Siedlungen», *Archäologisches Korrespondenzblatt*, 2009, p. 509- 526.

Laburthe-Tolra, Ph., *Vers la lumière ?*

ou le désir d'Ariel. À propos des Beti du Cameroun. Sociologie de la conversion, vol III, Khartala, 1999.

Lacaze, G., *Mongolie*, Olizane, 2009.

Le Coran, traduit par Malek Chebel, Paris, Fayard, 2009.

Lane, E. W., *An Account of the Manners and Customs of Modern Egyptians*, Londres, John Murray, 1860.

Léger, L., *Chronique dite de Nestor*, Paris, 1884.

Lenoir-Wijnkoop, I., Sanders, M. E., Cabana, M. D., Caglar, E., Corthier, G., Rayes, N. et Wolvers, D. A., «Probiotic and prebiotic influence beyond the intestinal tract», *Nutrition Reviews*, 2007, p. 469-489.

Leroi-Gourhan, A., *Dictionnaire de la préhistoire*, Paris, Presses universitaires de France, 1997.

Le Roux, P., «Bières traditionnels d'Asie du Sud-Est», in Coll., *Ferments en folie*, Vevey, Fondation Alimentarium, 1999.

Leslie, D. et Gardiner, K. H. J., «The Roman Empire in Cinese sources», 1996.

Lévi-Strauss, Cl., *Origine des manières de table*, Paris, 1968.

Li, Ch., Zhu, Y., Wang, Y., *et al.*, «Monascus purpureus-fermented rice (red yeast rice): A natural food product that lowers blood cholesterol in animal models of hypercholesterolemia», *Nutrition Research*, 1998, p. 71-81.

Lissarague, Fr., «Le vin piège divin», in d'Onofrio, S. et Fournier, D., *Le Ferment divin*, Paris, Éd. de la Maison des sciences de l'homme, 1991.

Longo, O., «Le liquide qui ne fermente pas», in d'Onofrio, S. et Fournier, D., *Le Ferment divin*, Paris, Éd. de la Maison des sciences de l'homme, 1991.

Lye, H. S., Kuan, C. Y., Ewe, J. A., Fung, W. Y. et Liong, M. T., «The improvement of hypertension by probiotics: effects on cholesterol, diabetes, renin, and phytoestrogens», *International Journal of Molecular Sciences*, 2009, p. 3755-3775.

Magendie, M., «Considérations et expériences à propos des maladies contagieuses, *Recueil de médecine vétérinaire pratique. Journal consacré à la médecine et à la chirurgie vétérinaires, à l'hygiène, au commerce des animaux domestiques, et à l'analyse des ouvrages et journaux traitant de l'art vétérinaire*», École nationale vétérinaire d'Alfort, 1852, p. 330.

Malamoud, Ch., «Le soma et sa contrepartie. Remarques sur les stupéfiants et les spiritueux dans les rites de l'Inde ancienne», in d'Onofrio, S. et Fournier, D., *Le Ferment divin*, Paris, Éd. de la Maison des sciences de l'homme, 1991.

Mangeot, C., «L'orge au Ladakh, transformation et traitement culinaire», in Cousin, F. et Bataille-Benguigui, M.-C, *Cuisines. Reflets des sociétés*, Paris, Sépia–Musée de l'Homme, 1996.

Manilius, Astronomie, livre V.

Martin, M. et Kouhei, M., «Natto and its active ingredient nattokinase: a potent and safe thrombolytic agent», *Alternative and Complementary Therapies*, 2002, p. 157.

McDonald's, «Communiqué de presse "Grandes envies de Fromage"», 2013.

McGovern, P. E., *Uncorking the Past. The Quest for Wine, Beer, and Alcoholic Beverages*, Berkeley, University of California Press, 2009.

Meininger, H., «Les préparations culinaires à base de maïs à Cotacachi», in Cousin, F. et BATAILLE-Benguigui, M.-C, *Cuisines. Reflets des sociétés*, Paris, Sépia–Musée de l'Homme, 1996.

Mesnil, M. et Assia P., «L'offrande céréalière dans les rituels funéraires du sud-est européen», *Civilisations*, 2002, p. 101-117.

Métailié, G., «Fermentation en Chine au vie siècle, d'après le Qumin yaoshu», in Coll., *Ferments en folie*, Vevey, Fondation Alimentarium, 1999.

Mimino, A. M., Deaths. *Preliminary Data for 2008*, Diane Publishing, 2011.

Monah, D., «Découvertes de pains et de restes d'aliments céréaliers en Europe de l'Est et centrale. Essai de synthèse», *Civilisations*, 2002, p. 77-99.

Montanari, M., «Systèmes alimentaires

et modèles de civilisation», in Flandrin, J.-L. et Montanari, M., *Histoire de l'alimentation*, Paris, Fayard, 1996.

Morrell, P. L. et Clegg, M. T., «Genetic evidence for a second domestication of barlcy (*Hordeum vulgare*) east of the Fertile Crescent», *Proceedings of the National Academy of Sciences*, 2007, p. 3289-3294.

Murooka, Y. et Yamshita, M., «Traditional healthful fermented products of Japan», *Journal of Industrial Microbiology & Biotechnology*, 2008, p. 791-798.

Näse, L., Hatakka, K., Savilahti, E., Saxelin, M., Pönkä, A., Poussa, T. et Meurman, J. H., «Effect of long-term consumption of a probiotic bacterium, lactobacillus rhamnosus GG, in milk on dental caries and caries risk in children» *Caries Research*, 2001, p. 412-420.

Neill, E.D., «Life among the Mandan and Gros ventre eighty years ago», *The American Antiquarian and Oriental Journal*, 1884.

Nonnos (de), P., *Dyonisiaques*, traduit par le comte de Marcellus, Paris, Firmin Didot, 1856.

Northolt, M. D. *et al*., «Listeria monocytogenes : Heat resistance, and behaviour during storage of milk and whey and making of dutch type of cheese», *Netherland Milk Dairy J*, 1988, p. 207-219.

Nunez, M., Rodriguez, J. L., Garcia, E., Gaya, P., et Medina, M., «Nhibition of listeria monocytogenes by enterocin 4 during the manufacture andripening of Manchego cheese», *Journal of applied microbiology*, 1997, p. 671-677.

Ohara, M., Lu, H., Shiraki, K., Ishimura, Y., Uesaka, T., Katoh, O. et Watanabe, H. «Radioprotective effects of miso (fermented soy bean paste) against radiation in $B6C_3F_1$ mice: increased small intestinal crypt survival, crypt lengths and prolongation of average time to death», *Hiroshima journal of medical sciences*, 2001, p. 83.

Olivares, M., Diaz-Ropero, M. P., Gómez, N., Sierra, S., Lara-Villoslada, F., Martín, R. et Xaus, J., «Dietary deprivation of fermented foods causes a fall in innate immune response. Lactic acid bacteria can counteract the immunological effect of this deprivation», *Journal of dairy research*, 2006, p. 492-498.

Organisation des Nations unies pour l'alimentation et l'agriculture (FAO), *Racines, tubercules, plantains et bananes dans la nutrition humaine*, Rome, FAO, 1991.

Otles, S. et Cagindi, O., «Kefir: a probiotic dairycomposition, nutritional and therapeutic aspects», *Pakistan Journal of Nutrition*, 2003, p. 54-59.

Parham, P., «Le système immunitaire», 2003.

Pasteur, L., «Mémoire sur la fermentation alcoolique», *Annales de chimie et de physique*, 1860, p. 359.

Pathou-Mathis, M., *Mangeurs de viande*, Paris, Perrin, 2009.

Phister, T. G., O'Sullivan, D. J. et McKay, L. L., «Identification of bacilysin, chlorotetaine, and iturin a produced by Bacillus sp. strain CS93 isolated from pozol, a Mexican fermented maize dough», *Applied and environmental microbiology*, 2004, p. 631-634.

Pitchford, P., *Healing with whole foods. Asian traditions and modern nutrition*, Berkeley, North Atlantic Books, 2003.

Pline l'ancien, *Histoire naturelle*, traduit par Émile Littré, Paris, 1848-1850.

Plouvier, L., *L'Europe se met à table*, ouvrage écrit dans le cadre du projet européen Initiative Connect lancé par la Commission européenne et le Parlement européen avec pour thèmes majeurs : la multiculturalité, l'identité européenne et les habitudes alimentaires, Bruxelles, DG Education et Culture, 2000.

Pollan, M., «Some of my best friends are germs», *New York Times*, mai 2013.

Quinn, B. et Moore, D., «Ale, brewing and fulachta fiadh», *Archaeology Ireland*, 2007, p. 8-11.

Rachel, N. et Carmody, G. S., «Energetic consequences of thermal and nonthermal food processing», *PNAS*, 7 novembre 2011, p. 19199-

19203.

Rao, A. V., Bested, A. C., Beaulne, T. M., Katzman, M. A., Iorio, C., Berardi, J. M. et Logan, A. C., «A randomized, double-blind, placebo-controlled pilot study of a probiotic in emotional symptoms of chronic fatigue syndrome», *Gut Pathogens*, 2009, p. 1-6.

Rastoin, J.-L., «Une brève histoire de l'industrie alimentaire», *Économie rurale*, 2000, p. 61-71.

—, «Les multinationales dans le système alimentaire», *Projet, novembre* 2008, p. 61-69.

Reboul, J.-B. *La Cuisinière provençale*, Marseille, Tacussel, 1897.

Reddy, N. R. et Pierson, M. D., «Reduction in antinutritional and toxic components in plant foods by fermentation», *Food Research International*, 1994, p. 281-290.

Reid, G., «Probiotic agents to protect the urogenital tract against infection», *The American Journal of Clinical Nutrition*, 2001, p. 437s-443s.

Retureau, É., Callon, C., Didienne, R. et Montel, M. C., «Is microbial diversity an asset for inhibiting listeria monocytogenes in raw milk cheeses?», *Dairy Science & Technology*, 2010, p. 375-398.

Rienzi (de), Gr.-L.-D., *Océanie ou cinquième partie du monde. Revue géographique et ethnographique de la Malaisie, de la Micronésie, de la Polynésie et de la Mélanésie*, vol. III, Paris, 1837.

Riquier, E., «La Levure de riz rouge. Son impact sur le cholestérol et sa toxicité», thèse d'exercice de pharmacie, université de Rouen, 2012.

Robert-Lamblin, J., «Saveurs recherchées dans le Grand Nord», in Coll., *Ferments en folie*, Vevey, Fondation Alimentarium, 1999.

Robinson, E. L. et Thompson, W. L., «Effect on weight gain of the addition of lactobacillus acidophilus to the formula of newborn infants», *The Journal of Pediatrics*, 1952, p. 395.

Roman, A., «L'élevage bovin en Égypte antique», *Bulletin de la Société* française d'histoire de la médecine et des sciences vétérinaires, 2004.

Rops, D., Histoire de l'Église. La cathédrale et la croisade, vol. IV, Paris, Fayard, 1952.

Rousseau, J., «Dans la forêt québécoise», Annales.Économies,sociétés, civilisations, 1966, p. 1040-1047.

Roussel, J., «La Morue et l'huile de foie de morue», thèse, Université de Paris, École de pharmacie, 1900.

Roux, D. et Rémy, E., «Les apports de la sociologie de la traduction au marketing stratégique. Le cas de la guerre du camembert», Actes des 15e journées de recherche en marketing de Bourgogne, 2010.

Rozier, Fr., Cours complet d'agriculture ou Nouveau dictionnaire d'agriculture théorique et pratique d'économie rurale et de médecine vétérinaire, vol. XI, Paris, Pourrat frères, 1836.

—, Cours complet d'agriculture ou Nouveau dictionnaire d'agriculture théorique et pratique d'économie rurale et de médecine vétérinaires, vol. V, Paris, Deterville, 1809.

Rubruquis (de), G., Marco Polo, Deux voyages en Asie au XIIIe siècle, Paris, Delagrave, 1888.

Sabri Enattah, N., Trudeau, A., Pimenoff, V., Maiuri, L., Auricchio, S., Greco, L., Rossi, M., Lentze, M., Seo, J. K., Rahgozar, S. et al., «Evidence of still-ongoing convergence evolution of the lactase persistence T-13910 alleles in humans», The American Journal of Human Genetics, 1er septembre 2007.

Sabri Enattah, N., Jensen, G. K., Nielsen, M., Lewinski, R., Kuokkanen, M., Rasinpera, H., El-Shanti, H., Kee Seo, J., Alifrangis, M., F. Khalil et al., «Independent introduction of two lactasepersistence alleles into human populations reflects different history of adaptation to milk culture», The American Journal of Human Genetics, 10 janvier 2008.

Sahagún (de), B., Histoire générale des choses de la Nouvelle Espagne, traduit par Rémi Siméon Denis Jourdanet, Paris, Masson, 1880.

Salque, M., et al., «Earliest evidence for cheese making in the sixth millennium bc in northern Europe», *Nature*, 25 janvier 2013, p. 522-525.

Sarianidi, V. I., «Le complexe cultuel de Togolok 21 en Margiane», *Arts asiatiques*, 1986, p. 5-21.

Schoepf, D., «Bière de manioc et convivialité rituelle chez les Wayana d'Amazonie», in Coll., *Ferments en folie*, Vevey, Fondation Alimentarium, 1999.

Service, R. W., «The Man from Eldorado», in William Service, R., *Ballads of a Cheechako*, W. Briggs (éd.), Toronto, 1909.

Sherrat, A., «Plough and pastoralism: Aspects of the secondary products revolution», in Isaac, G., Hammond, N. et Hodder, I., *Pattern of the Past: Studies in Honour of David Clarke*, Cambridge, Cambridge University Press, 1981.

—, «Sacred and profane substances: The ritual use of narcotics in later Neolithic Europe», *Sacred and Profane. Proceedings of a Conference on Archaeology, Ritual and Religion, Oxford 1989*, Oxford, Oxford University Committee for Archaeology, 1991, p. 50-64.

Shimazaki, Y., Shirota, T., Uchida, K., Yonemoto, K., Kiyohara, Y., Iida, M. et Yamashita, Y., «Intake of dairy products and periodontal disease: The Hisayama study», *Journal of Periodontology*, 2008, p. 131-137.

Shurtleff, W. et Akiko, A., *The Book of Miso*, Autumn Press, 1983.

Slow Food, «L'avenir du camembert au lait cru», *Cuisine collective*, juillet 2007.

—, «Memento Slow Food 2008», *Slow Food France*. 2008, www.slowfood.fr.

Stadlbauer, V., Mookerjee, R. P., Hodges, S., Wright, G. A., Davies, N. A. et Jalan, R., «Effect of probiotic treatment on deranged neutrophil function and cytokine responses in patients with compensated alcoholic cirrhosis», *Journal of Hepatology*, 2008, p. 945-951.

Steinkraus, K. H., *Handbook of*

Indigenous Fermented Food, New York, Marcel Dekker Inc., 1983.

Storch (von), H. Fr., «Historisch-statistische Gemälde des russischen Reichs», *Riga*, 1797.

Stephens, D. et Dudley, R., «The drunken monkey hypothesis: the study of fruit eating animals could lead to an evolutionary understanding of human alcohol abuse», *Natural History Magazine*, décembre 2004.

Stouff, L., *La Table provençale. Boire et manger en Provence à la fin du Moyen Âge*, Avignon, Alain Barthélemy, 1996.

Strigler, Fl., *L'Alimentation des Laotiens. Cuisine, recettes et traditions au Laos et en France*, Paris, Karthala, CCL, 2011.

Sugano, M., *Soy in Health and Disease Prevention*, vol. III, CRC Press, 2005.

Sullivan, Å. et Nord, C. E., «Probiotics and gastrointestinal diseases», *Journal of Internal Medicine*, 2005, p. 78-92.

Svanberg, B., «Fermentation of cereals: Traditional household technology with nutritional benefits for young children», *IDRC Currents*, 1992.

Taube, K., «The classic Maya maize god: A reappraisal», *Fifth Palenque round table. 1983*, San Francisco, The Pre-columbian Art Research Institute, 1985.

Tessier, A. H., Thouin, A. et Bondaroy (de), A. D. F., *Encyclopédie méthodique*, «Agriculture», 1796, p. 108.

Testard-Vaillant, Ph., «Un nectar de 7 500 ans d'âge ?» *Le Journal du CNRS*, septembre 2005, p. 20-29.

Thevenot, D., Delignettemuller, M. L., Christieans, S. et Vernozt-Rozand, C., «Fate of listeria monocytogenes in experimentally contaminated French sausages», *International Journal of Food Microbiology*, 25 mai 2005, p. 189-200.

Thierry, B., «Les papyrus médicaux de l'Égypte ancienne», *Pour la science*, 1996 p. 60-66.

Tolonen, M., Taipale, M., Viander, Br., Pihlava, J.-M., Korhonen, H. et Ryhänen, E.-L., «Plantderived biomolecules in fermented cabbage», *Journal of Agricultural and Food Chemistry*, 9 octobre 2002, p. 6798-6803.

Trois, L., Cardoso, E. M. et Miura, E., «Use of probiotics in HIV-infected children: a randomized double-blind controlled study», *Journal of tropical pediatrics*, 2008, p. 19-24.

Unger, R. W., *Beer in the Middle Ages and the Renaissance*, Philadelphie, University of pennsylvania Press, 2004.

Venel, Sl., «Archaeology of Thirst», *Journal of European Archaeology*, 1994, p. 229-326.

Vetta, M., «La culture du Symposion», in Flandrin, J.-L. et Montanari, M., *Histoire de l'alimentation*, Paris, Fayard, 1996, p. 167-182.

Vielfaure, N., *Fêtes et gâteaux de l'Europe traditionnel. De l'Atlantique à l'Oural*, Paris, Bonneton, 1993.

Vigne, J. –D. et Helmer, D., «Was milk a "secondary product" in the Old World Neolithisation process? Its role in the domestication of cattle, sheep and goats», *Anthropozoologica*, 2007.

Liebig (von), J., *Chimie appliquée à la physiologie végétale et à l'agriculture*, Paris, Librairie de Fortin, Masson et Cie, 1844.

Vreeland, R. H., Rosenzweig, W. D. et Pouvoirs, D. W., «Isolation of a 250 million-year-old halotolerant bacterium from a primary salt crystal», *Nature*, 19 octobre 2000, p. 897-900.

Währen, M., «Brote und Getreidebrei von Twann aus dem 4. Jahrtausend vor Christus. (Pain et soupe de gruau à Douanne, au IVe millénaire av. J.-C.)», *Archäologie der Schweiz, Mitteilungen der Schweizerischen Gesellschaft für Ur-und Frühgeschichte Basel*, 1984.

—, «Pain, pâtisserie et religion en Europe pré-et protohistorique. Origines et attestations cultuelles du pain», *Civilisations*, 2002, p. 381-400.

Wang, G et al., «Survival and growth of escherichia coli O157:H7 in unpasteurized milk and pasteurized milk», *J Food Prot*, 1997, p. 610-613.

Wang, H. L., Ruttle, D. I. et Hesseltine, C. W., «Antibacterial compound from a soybean product fermented by rhizopus oligosporus», *Proceedings of the Society for Experimental Biology and Medicine*, juin 1969, p. 579-583.

Watson, F. E., Ngesa, A., Onyang'o, J., Alnwick, D. et Tomkins, A. M., «Fermentation-a traditional antidiarrhoeal practice lost? The use of fermented foods in urban and rural Kenya», *International Journal of Food Sciences and Nutrition*, 1996, p. 171-179.

Webster, P., Daniel, Perrine, M. et Ruck, C. A. P., «Mixing the Kykeon», Eleusis, Journal of *Psychoactive Plants & Compounds*, 2000.

Welter, H., *Essai sur l'histoire du café*, Paris, 1868.

Wemmenhove, E., Stampelou, I., van Hooijdonk, A. C. M., Zwietering, M. H. et Wells-Bennik, M. H. J., «Fate of listeria monocytogenes in gouda microcheese: No growth, and substantial inactivation after extended ripening times», *International Dairy Journal*, 2013.

Wheelock, V., «Raw milk and cheese production: A critical evaluation of scientific research», Verner Wheelock Associates, 1997.

White, I., «Le steack siffleur», in Kuper, J., *La Cuisine des ethnologues*, Paris, Berger-levrault, 1981.

Wilkinson, T., «Pathways and highways: Routes in Bronze Age Eurasia», version 4.1., *ArchAtlas*, Université de Sheffield, 2009.

Wilson, H, *Egyptian Food and Drink*, Londres, 1988.

Xiangchuan, Hou, «Egg preservation in China», *Food and Nutrition Bulletin*, 1981, p. 44.

Yamamoto, S., Sobue, T., Kobayashi, M., Sasaki, S., Tsugane, S., Japan Public Health Center-Based Prospective Study on Cancer Cardiovascular Diseases Group, «Soy, isoflavones, and breast cancer risk in Japan», *Journal of the National Cancer Institute*, 18 juin 2003, p. 906-913.

Yazdankhah, S. P. et al., «Triclosan and antimicrobial resistance in bacteria: An overview», *Microbial Drug Resistance*, 2006, p. 83-90.

Zago, M., *Rites et cérémonies en milieu bouddhiste lao*, Rome, Universita Gregoriana, 1972.

注 释

引言

1. Gessner, 1558, cité par Koehler, 1832, p. 399.
2. Kayler et Michel, 1996, p. 41-42.
3. Stouff, 1996.
4. Fabre-Vassas, 1991, p. 190.
5. Fabre-Vassas, 1991, p. 191-192.
6. Fabre-Vassas, 1991, p. 200.
7. Hell, *L'Homme et la Bière*, 1991, p. 174.
8. Hell, *L'Homme et la Bière*, 1991, p. 165.
9. Bianquis, *Les Alcools de lait en Mongolie, rites, croyances et lien social, 2004*.
10. Froc, 2005, p. 43.
11. Baffie, 1999, p. 68.
12. Baffie, 1999, p. 69.
13. Bérard et Marchenay, 2005, p. 21.
14. AFP, 2010.
15. Bérard et Marchenay, 2005, p. 19-20.
16. Robert-Lamblin, 1999, p. 83.
17. McGovern, 2009, p. 251.
18. Allen, 2004.
19. Bérard et Marchenay, 2005, p. 23.
20. Katz, The Art of Fermentation, 2012, p. 196.
21. Bates, 2011.
22. Al Kanz, 2007.

23. Goddard, 1702.

24. « Where he lived on tinned tomatoes, beef embalmed and sourdough bread, On rusty beans and bacon furred with mould », (Service, 1909).

第一章

1. Chris Organ, 2011.
2. Rachel N. Carmody, 2011.
3. Coiffier, 1999, p. 103-104.
4. Geoffroy de Saulieu, 2013.
5. Braidwood, *et al.*, 1954.
6. Hornsey, 2003, p. 9.
7. Pline, 1848-1850, p. L 18, XXVI.
8. Hornsey, 2003, p. 10.
9. Geoffroy de Saulieu, 2013.
10. Sherrat, Material Resources, Capital, and Power. The Coevolution of Society and Culture, 2004.
11. Hornsey, 2003, p. 5.
12. Fournier, « L'art d'accomoder les quatre-cents lapins », 1999, p. 74.
13. McGovern, 2009.
14. Dillon, 1946.
15. Enright, 1996.
16. Chukwu, 2001.
17. McGovern, 2009, p. 103.
18. Harrison, 1903, p. 421.
19. Longo, 1991, p. 45.
20. Leroi-Gourhan, 1997.
21. Wilkinson, 2009.
22. Leslie et Gardiner, K. H. J., 1996.
23. McGovern, 2009.
24. Pour en savoir plus : McGovern, 2009, chapitre 3.
25. Gauthier, « Chez les Fali du Cameroun : dora an djo bolo, viens boire la bière », 1999, p. 38-39.
26. Glassner, 1991.
27. McGovern, 2009.
28. Bottéro, 2002.
29. Montanari, 1996.
30. Montanari, 1996, p. 107.
31. McGovern, 2009.
32. Gauthier, « Chez les Fali du Cameroun : dora an djo bolo, viens boire la bière », 1999.

第二章

1. McGovern, 2009, p. 18-21.
2. McGovern, 2009, p. 32.
3. McGovern, 2009, p. 250.
4. Lévi-Strauss, 1976.
5. Währen, 2002.
6. McGovern, 2009, p. 246 ; Hornsey, 2003, p. 110.
7. McGovern, 2009, p. 165.
8. Fournier, « L'art d'accomoder les quatre-cents lapins », 1999, p. 71.
9. McGovern, 2009, p. 221.
10. Taube, 1985.
11. Kereny.
12. Panopolis, 1856, chants 11 et 12.
13. Boyer et Lot-Falck, 1974.
14. Dumézil, Loki, 1986, p. 76-81.
15. McGovern 2009, p.252.
16. Androuet, 1969.
17. Bottéro, 2002, p. 140.
18. Glassner, 1991.
19. Pline, 1848-1850, Livre XVIII, p. 29.
20. Gauthier, «Chez les Fali du Cameroun : *dora an djo bolo*, viens boire la bière », 1999.
21. Chukwu, 2001.
22. Strigler, 2011.
23. Gessain, 1996.
24. Le Roux, « Bières traditionnels d'Asie du Sud-Est », 1999.
25. Cobbi, 1999.
26. Robert-Lamblin, 1999.
27. Anonyme, 1994, p. 110.
28. Benoît, 1992, p. 248.
29. Rops, 1952, p. 68.
30. Hell, « La force de la bière », 1991, p.110.
31. Sarianidi, 1986.
32. McGovern, 2009, p. 117.
33. McGovern, 2009, p. 119.
34. Homère, *Illiade*, 1866, 11, p. 638-641.
35. Krapf, 2009.
36. Eliade, 1976, p.307.
37. Webster, Perrine et Ruck, 2000.
38. Homère, *Hymne a Déméter*, traduit par Leconte de Lisle, 1893.

第三章

1. Fournier, « Ces ferments qui ouvrent à la vie », 2005.
2. McGovern, 2009, p. 252.
3. Hell, *L'Homme et la Bière*, 1991, p. 158.
4. Le Roux, « Bières traditionnels d'Asie du Sud-Est », 1999, p. 57.
5. Zago, 1972, p. 269.
6. Vielfaure, 1993, p. 96-102.
7. Vielfaure, 1993, p. 102.
8. Hell, *L'Homme et la Bière*, 1991, p. 159-160.
9. Zago, 1972, p. 235.
10. Communication de Walid Guenoune, Algérie.
11. Vielfaure, 1993, p. 123-125.
12. McGovern, 2009, p. 167.
13. McGovern, 2009, p. 130-135.
14. Le Roux, « Bières traditionnels d'Asie du Sud-Est », 1999, p. 51.
15. Gauthier, « Chez les Fali du Cameroun : *dora an djo bolo*, viens boire la bière », 1999, p. 49.
16. McGovern, 2009, p. 251.
17. Hell, *L'Homme et la Bière*, 1991, p. 158.
18. Drioux, 1918.
19. Hell, *L'Homme et la Bière*, 1991, p. 158.
20. Vielfaure, 1993, p. 130.
21. Mesnil et Popova, 2002.
22. Währen, 2002.
23. Bottéro, 2002, p. 146.
24. Le Roux, « Bières traditionnels d'Asie du Sud-Est », 1999, p. 53.
25. Hell, *L'Homme et la Bière*, 1991, p. 18-19.
26. Mesnil et Popova, 2002.
27. Hell, « Le cycle de l'orge/bière », 1981.
28. Hell, « Pour une approche ethnologique de la bière en Alsace », 1980.
29. Le Roux, « Bières traditionnels d'Asie du Sud-Est », 1999, p. 57.
30. Ficquet, 2004.

31. Hell, *L'Homme et la Bière*, 1991, p. 19.
32. Métailié, 1999, p. 85.
33. Métailié, 1999, p. 86.
34. Métailié, 1999, p. 85-88.
35. Hell, « Le cycle de l'orge/bière », 1981.
36. Communication de Luna Kyung.

第四章

1. Hornsey, 2003, p. 134.
2. McGovern, 2009, p. 248.
3. Hornsey, 2003, p. 134.
4. McGovern, 2009, p. 149.
5. Hell, *L'Homme et la Bière*, 1991, p. 155.
6. Hell, *L'Homme et la Bière*, 1991, p. 156.
7. « *Never was made a hall so acclaimed, So mighty, so immense the slaughter. You deserved your mead, Morien, fire-brand* », Clancy, 1970, p. 44.
8. Enright, 1996.
9. McGovern, 2009, p. 207.
10. McGovern, 2009, p. 214-215.
11. McGovern, 2009, p. 48.
12. Le Roux, « Bières traditionnels d'Asie du Sud-Est », 1999, p. 53.
13. Meininger, 1996.
14. Grenand, 1996.
15. Schoepf, 1999.
16. Ficquet, 2004.
17. Lacaze, 2009, p. 160.
18. Vetta, « La culture du Symposion », 1996.
19. Lissarague, 1991, p. 59-60.
20. Frontisi-Ducroux, 1991, p. 157.
21. Bottéro, 2002, p. 146.
22. McGovern, 2009, p. 219.
23. Rienzi, 1837, p. 55-58.
24. Communication de Luna Kyung.
25. Le Roux, « Bières traditionnels d'Asie du Sud-Est », 1999, p. 52-53.

第五章

1. Pathou-Mathis, 2009, p. 34.
2. Pathou-Mathis, 2009, p. 44.
3. Bérard et Marchenay, 2005, p. 4.
4. Lévi-Strauss, 1976.
5. White, 1981, p. 246-247.
6. Cochrane, 1824.
7. Laburthe-Tolra, 1999.
8. Robert-Lamblin, 1999.
9. BBC, 2011.
10. Plouvier, 2000.
11. Katz, *The Art of Fermentation*, 2012.
12. Magendie, 1852.
13. Rubruquis, 1888.
14. Bottéro, 2002, p. 94-95.
15. Koehler, 1832, p. 432.
16. Koehler, 1832, p. 433.
17. Caton, 1844, p. CLXII.
18. Aubail-Sallenave, 2005, p. 60.
19. Koehler, 1832, p. 432.
20. Xiangchuan, 1981.

第六章

1. Koehler, 1832, p. 366.
2. Storch, 1797 ; Jung, 1830, p. 365.
3. Koehler, 1832, p. 358.
4. Koehler, 1832, p. 373.
5. Koehler, 1832, p. 375.
6. Koehler, 1832, p. 411.
7. Belon, 1553, cité par Koehler, 1832, p. 412 et 476.
8. Koehler, 1832, p. 413.
9. Reboul, 1897.
10. Bakar Diop, 2010.
11. Anihouvi, 2005.
12. Bottéro, 2002, p. 52.
13. Étienne, 1970.
14. Manilius ; Bassus.
15. Pline, 1848-1850, Livre XXXI, p. 44.
16. Caton, p. CLXII.
17. Pline, 1848-1850, Livre XXXI, p. 44.
18. Bolens-Halimi, 1991.
19. Cité par Koehler, 1832, p. 482 ; Belon, 1553.
20. Godefroy, 1881.
21. Reboul, 1897.
22. Pline, 1848-1850,

Livre XXXI, p. 43.

第七章

1. Dudley, 2004.
2. Stephens, 2004.
3. Strigler, 2011, p. 61.
4. Hornsey, 2003, p. 7-8.
5. McGovern, 2009, p. 36-39.
6. McGovern, 2009, p. 105-128.
7. Organisation des Nations unies pour l'alimentation et l'agriculture (FAO), 1991.
8. Estival, 1991.
9. McGovern, 2009.
10. McGovern, 2009, p. 240-250.
11. Geller, 1989.
12. McGovern, 2009, p. 245.
13. Burckhardt, 1819 ; Lane, 1860.
14. Bruce, 1805.
15. McGovern, 2009, p. 250.
16. Bérard et Marchenay, 2005.
17. Bottéro, 2002, p. 142.
18. Bottéro, 2002, p. 143.
19. McGovern, 2009, p. 139.
20. Sherrat, « Sacred and profane substances: The ritual use of narcotics in later Neolithic Europe », 1991.
21. Quinn, 2007.
22. Hell, *L'Homme et la Bière*, 1991, p. 16.
23. Grüss, 1931.
24. Hell, *L'Homme et la Bière*, 1991, p. 23.
25. Unger, 2004.
26. Hell, *L'Homme et la Bière*, 1991, p. 181.
27. Hell, *L'Homme et la Bière*, 1991, p. 65.
28. Hell, *L'homme et la Bière*, 1991, p. 45.
29. Testard-Vaillant, 2005.
30. Barnard, 2011.
31. Areshian, 2012.
32. Caton, 1844.
33. Halleux, 2007.
34. Henderson, 2007.
35. McGovern, 2009, p. 212-214.
36. Sahagún, 1880, p. 520.

37. Sahagún, 1880, p. 734.

38. Ellis, 1774, p. 5.

39. Welter, 1868, p. 12-16.

第八章

1. Morrell, 2007.

2. Braidwood *et al.*, 1954, p. 520.

3. Monah, 2002.

4. Mesnil et Popova, 2002.

5. Steinkraus, 1983, p. 148.

6. Katz, *The Art of Fermentation*, 2012, p. 228.

7. Pline, 1848-1850, Livre XVIII, p. XIV.

8. Léger, 1884, Livre XLVII.

9. Hornsey, 2003, p. 8.

10. Bottéro, 2002, p. 101-102.

11. Steinkraus, 1983, p. 133.

12. Katz, *The Art of Fermentation*, 2012, p. 241.

13. Bottéro, 2002, p. 40.

14. Bottéro, 2002, p. 82.

15. Wilson, 1988, p. 14.

16. Monah, 2002.

17. Währen, 1984.

18. Währen, 2002.

19. Pline, 1848-1850, Livre XVIII, p. XXVI.

20. Pline, 1848-1850, Livre XVIII, p. XII.

21. Pline, 1848-1850, Livre XVIII, p. XXVI.

第九章

1. Sherrat, « Plough and pastoralism: Aspects of the secondary products revolution », 1981.

2. Gouin, 1993.

3. Roman, 2004.

4. Gouin, 1995.

5. Salque, 2013.

6. Salque, 2013.

7. Balasse, 1997.

8. Jean-Denis Vigne, 2007.

9. Sabri Enattah, 2008 et Sabri Enattah, 2007.

10. Salque, 2013.

11. Pline, 1848-1850, Livre XI, p. 906.

12. Venel, 1994.

13. Lacaze, 2009, p. 159.
14. Froc, 2005, p. 40.
15. *Cité par Fabricius*, 1802, p. 248.
16. Duteurtre, 2004.
17. Kora, 2005.
18. Froc, 2005, p. 43.

第十章

1. Rousseau, 1966, p. 1044.
2. Caton, 1844, p. CLVI.
3. Aubert, *Les Aliments fermentés traditionnels*, 1985, p. 27.
4. Battcock et Azam-Ali, 1998, chap. 6-3, p. 2.
5. Battcock et Azam-Ali, 1998, chap. 6-3, p. 1.
6. Battcock et Azam-Ali, 1998, chap. 6-3, p. 3.
7. Battcock et Azam-Ali, 1998, chap. 6-3, p. 4.
8. Battcock et Azam-Ali, 1998, chap. 6-4, p. 1.
9. Battcock et Azam-Ali, 1998, chap. 6-1, p. 3.
10. Steinkraus, 1983, p. 118.
11. Steinkraus, 1983, p. 118.
12. Battcock et Azam-Ali, 1998, chap. 6-1, p. 2.
13. Pline, 1848-1850, Livre XIV, p. XXIII.
14. Aubert, *Les Aliments fermentés traditionnels*, 1985, p. 27.
15. Battcock et Azam-Ali, 1998, chap. 6-2, p. 8.
16. Steinkraus, 1983, p. 128.
17. Battcock et Azam-Ali, 1998, chap. 7-4, p. 2.
18. Knechtges, 2002.
19. Diderot et D'Alembert, 1772.
20. Tessier, 1796.
21. Bolens-Halimi, 1991.

第十一章

1. Académie des inscriptions et belles lettres, 1687.
2. Longo, 1991, p. 43.
3. Cité par Longo, 1991, p. 43.
4. Longo, 1991, p. 41.
5. Bianquis, 2004.

6. Malamoud, 1991, p. 25.

7. Fabbroni, 1787.

8. Rozier, *Cours complet d'agriculture ou Nouveau dictionnaire d'agriculture théorique et pratique d'économie rurale et de médicine vétérinaire*, 1809, p. 417.

9. Rozier, *Cours complet d'agriculture ou Nouveau dictionnaire d'agriculture théorique et pratique d'économie rurale et de médicine vétérinaire*, 1809, p. 423.

10. Rozier, *Cours complet d'agriculture ou Nouveau dictionnaire d'agriculture théorique et pratique d'économie rurale et de médicine vétérinaire*, 1836, p. 44.

11. Pasteur, 1860.

12. Jacques, 1987.

13. Vreeland, Rosenzweig et Pouvoirs, 2000.

14. Cano et Borucki, 1995.

15. Jacquet, 1996.

16. Bérard et Marchenay, 2005, p. 15.

第十二章

1. Olivares, 2006.

2. Aubert, *Les Aliments fermentés traditionnels*, 1985, p. 32.

3. Katz, *The Art of fermentation*, 2012, p. 30.

4. Pitchford, 2003, p. 200.

5. Aubert et Garreau, *Des aliments aux mille vertus. Cuisiner les aliments fermentés*, 2011, p. 15.

6. Reddy et Pierson, 1994.

7. Aslan Azizi, 2009.

8. Katz, The Art of fermentation, 2012, p. 25.

9. Steinkraus, 1983, p. 637-652.

10. Koizumi, 2002.

11. Aubert et Garreau, *Des aliments aux mille vertus*,

cuisiner les aliments fermentés, 2011, p. 51.
12. Thevenot, 2005.
13. Agence de la santé publique au Canada, 2002.
14. Thierry Bardinet, 1996.
15. Pline, 1848-1850, Livre XXXI, p. 54.
16. Koehler, 1832, p. 410.
17. AFP, 2009.
18. Roussel, 1900, p. 56.
19. Mangeot, 1996.
20. Hell, *L'Homme et la Bière*, 1991, p. 33.
21. Hell, « Pour une approche ethnologique de la bière en Alsace », 1980, p. 284.
22. Wang, 1969.
23. Svanberg, 1992 ; Watson, 1996.
24. Phister, 2004.
25. Chi-Tang-Ho, 2002, p. 16.
26. Riquier, 2012.
27. Heber, 1999 ; Li, 1998.
28. Even et Pop, 1994, p. 103.
29. Bianquis, 2004.
30. Farnworth, 1999.
31. Otles, 2003.
32. Martin, 2002.
33. Shurtleff et Aoyagi, 1983, p. 26 ; Murooka, 2008.
34. Hiroko Furo, s.d.
35. Akizuki, 1975.
36. Sugano, s.d., p. 271.
37. Ohara, 2001.
38. Yamamoto, 2003.
39. Kamei, 1997.
40. Abratt, 2010.
41. Shimazaki, 2008.
42. Stadlbauer, 2008.
43. Lye, 2009 ; Kiessling, 2002.
44. Rao, 2009.
45. Hamilton-Miller, 2004.
46. Tolonen *et al.*, 2002.
47. Robinson, 1952.
48. Lenoir et Wijnkoop, 2007.
49. De Vrese, 2005.
50. Sullivan, 2005.
51. Kalliomaki *et al.*, 2001.
52. Näse, 2001 ; Ahola, 2002.
53. Hojsak, 2010.

54. Reid, 2001.
55. Trois, 2008.
56. Katz, *The Art of fermentation*, 2012, p. 27 ; Steinkraus, 1983.
57. Katz, *The Art of fermentation*, 2012, p. 23.

第十三章

1. Segonzac, 1991, p. 55.
2. Von Liebig, 1844.
3. Dumas, 1965.
4. Heller, 1999.
5. Heller, 1999, p. 143-144.
6. Yazdankhah, 2006.
7. Mimino, 2011.
8. Parham, 2003, p. 205.
9. Pollan, 2013.
10. Green, 2004.
11. Baudelaire, 1954, p. 97.
12. Boisard, 2007, p. 286.
13. Boisard, 2007, p. 99.
14. Boisard, 2007, p. 102.
15. Rastoin, «Une brève histoire de l'industrie alimentaire», 2000.
16. Girard, 2010.
17. Rastoin, «Une brève histoire de l'industrie alimentaire», 2000.
18. Ferrières, 2010.
19. Rastoin, «Les multinationales dans le système alimentaire,» 2008.

第十四章

1. Alaya, 2009.
2. McGovern, 2009, p. 168.
3. Strigler, 2011, p. 118.
4. Fleming, 1985 ; Donnelly, 2001.
5. Dixon, 2000.
6. Feneau, 2008.
7. Afssa, 2008.
8. Donnelly, 2001.
9. Wheelock, 1997.
10. Retureau, 2010.
11. Northolt, 1988 ; Nunez, 1997.
12. Wang, 1997.
13. Wemmenhove, 2013.
14. Cimons, 2001 ; Katz, *Wild Fermentation*, 2003.

15. Slow Food, 2007.
16. AFP, 2008.
17. Roux, 2010.
18. Retureau, 2010.
19. Comité interprofessionnel du gruyère de Comité, 2013.
20. Comité interprofessionnel du gruyère de Comité, 2013.
21. Robert-Lamblin, 1999, p. 80.
22. Bérard et Marchenay, 2005, p. 20.
23. Slow Food, 2008.
24. McDonald's, 2013.
25. Chambre de cassation, 2009.
26. Chapman, s.d.
27. Byron, 2013.
28. Capelle, 2011.
29. Evans, 2012.
30. Komitéen for MAD symposium, s.d.

致 谢

这本书是多年研究和反思的结果,我感谢所有通过文字和语言交流来使它逐渐成形的人。特别感谢来自韩国的Luna Kyung让我品尝了泡菜和韩式辣椒酱,为我翻译了韩文和日文文本,并让我渴望了解更多知识;来自新加坡的克里斯托弗·唐,分享了他对亚洲饮食文化的记忆和知识;来自美国的桑多尔·卡茨,他善意地回答了我的问题并向我提供了证明发酵复兴的新闻文章。此外,佩里戈尔(Périgord)的葡萄种植者维维安(Viviane)的自发酵产品美味异常,布列塔尼的雷吉斯·蓬达文(Règis Pondaven)因其发酵荞麦包而闻名。感谢来自老挝的Souneth Phavilayvong赠送的祖母食谱和纪念品。更不用说来自各大洲的陌生人,在我的博客上的留言讲述他们的故事和记忆,从而丰富了我对发酵和文化的了解。我非常感激皮埃尔,因为他充满热情地接受了我们的厨房里无数的泡沫罐、罐子和瓶子,感谢他的反复阅读、评论和讨论,让我能取得更大的进展。感谢凯瑟琳·阿尔冈特(Catherine Argand),她相信本书能够完成,并帮助我赋予它架构和一致性。最后,感谢所有让我每天都活着的数十亿的细菌和酵母。

新知文库

01 《证据：历史上最具争议的法医学案例》[美]科林·埃文斯 著　毕小青 译
02 《香料传奇：一部由诱惑衍生的历史》[澳]杰克·特纳 著　周子平 译
03 《查理曼大帝的桌布：一部开胃的宴会史》[英]尼科拉·弗莱彻 著　李响 译
04 《改变西方世界的26个字母》[英]约翰·曼 著　江正文 译
05 《破解古埃及：一场激烈的智力竞争》[英]莱斯利·罗伊·亚京斯 著　黄中宪 译
06 《狗智慧：它们在想什么》[加]斯坦利·科伦 著　江天帆、马云霏 译
07 《狗故事：人类历史上狗的爪印》[加]斯坦利·科伦 著　江天帆 译
08 《血液的故事》[美]比尔·海斯 著　郎可华 译　张铁梅 校
09 《君主制的历史》[美]布伦达·拉尔夫·刘易斯 著　荣予、方力维 译
10 《人类基因的历史地图》[美]史蒂夫·奥尔森 著　霍达文 译
11 《隐疾：名人与人格障碍》[德]博尔温·班德洛 著　麦湛雄 译
12 《逼近的瘟疫》[美]劳里·加勒特 著　杨岐鸣、杨宁 译
13 《颜色的故事》[英]维多利亚·芬利 著　姚芸竹 译
14 《我不是杀人犯》[法]弗雷德里克·肖索依 著　孟晖 译
15 《说谎：揭穿商业、政治与婚姻中的骗局》[美]保罗·埃克曼 著　邓伯宸 译　徐国强 校
16 《蛛丝马迹：犯罪现场专家讲述的故事》[美]康妮·弗莱彻 著　毕小青 译
17 《战争的果实：军事冲突如何加速科技创新》[美]迈克尔·怀特 著　卢欣渝 译
18 《最早发现北美洲的中国移民》[加]保罗·夏亚松 著　暴永宁 译
19 《私密的神话：梦之解析》[英]安东尼·史蒂文斯 著　薛绚 译
20 《生物武器：从国家赞助的研制计划到当代生物恐怖活动》[美]珍妮·吉耶曼 著　周子平 译
21 《疯狂实验史》[瑞士]雷托·U. 施奈德 著　许阳 译
22 《智商测试：一段闪光的历史，一个失色的点子》[美]斯蒂芬·默多克 著　卢欣渝 译
23 《第三帝国的艺术博物馆：希特勒与"林茨特别任务"》[德]哈恩斯－克里斯蒂安·罗尔 著　孙书柱、刘英兰 译

24 《茶：嗜好、开拓与帝国》[英]罗伊·莫克塞姆 著　毕小青 译
25 《路西法效应：好人是如何变成恶魔的》[美]菲利普·津巴多 著　孙佩妏、陈雅馨 译
26 《阿司匹林传奇》[英]迪尔米德·杰弗里斯 著　暴永宁、王惠 译
27 《美味欺诈：食品造假与打假的历史》[英]比·威尔逊 著　周继岚 译
28 《英国人的言行潜规则》[英]凯特·福克斯 著　姚芸竹 译
29 《战争的文化》[以]马丁·范克勒韦尔德 著　李阳 译
30 《大背叛：科学中的欺诈》[美]霍勒斯·弗里兰·贾德森 著　张铁梅、徐国强 译
31 《多重宇宙：一个世界太少了？》[德]托比阿斯·胡阿特、马克斯·劳讷 著　车云 译
32 《现代医学的偶然发现》[美]默顿·迈耶斯 著　周子平 译
33 《咖啡机中的间谍：个人隐私的终结》[英]吉隆·奥哈拉、奈杰尔·沙德博尔特 著　毕小青 译
34 《洞穴奇案》[美]彼得·萨伯 著　陈福勇、张世泰 译
35 《权力的餐桌：从古希腊宴会到爱丽舍宫》[法]让-马克·阿尔贝 著　刘可有、刘惠杰 译
36 《致命元素：毒药的历史》[英]约翰·埃姆斯利 著　毕小青 译
37 《神祇、陵墓与学者：考古学传奇》[德]C. W. 策拉姆 著　张芸、孟薇 译
38 《谋杀手段：用刑侦科学破解致命罪案》[德]马克·贝内克 著　李响 译
39 《为什么不杀光？种族大屠杀的反思》[美]丹尼尔·希罗、克拉克·麦考利 著　薛绚 译
40 《伊索尔德的魔汤：春药的文化史》[德]克劳迪娅·米勒-埃贝林、克里斯蒂安·拉奇 著　王泰智、沈惠珠 译
41 《错引耶稣：〈圣经〉传抄、更改的内幕》[美]巴特·埃尔曼 著　黄恩邻 译
42 《百变小红帽：一则童话中的性、道德及演变》[美]凯瑟琳·奥兰丝汀 著　杨淑智 译
43 《穆斯林发现欧洲：天下大国的视野转换》[英]伯纳德·刘易斯 著　李中文 译
44 《烟火撩人：香烟的历史》[法]迪迪埃·努里松 著　陈睿、李欣 译
45 《菜单中的秘密：爱丽舍宫的飨宴》[日]西川惠 著　尤可欣 译
46 《气候创造历史》[瑞士]许靖华 著　甘锡安 译
47 《特权：哈佛与统治阶层的教育》[美]罗斯·格雷戈里·多塞特 著　珍栎 译
48 《死亡晚餐派对：真实医学探案故事集》[美]乔纳森·埃德罗 著　江孟蓉 译
49 《重返人类演化现场》[美]奇普·沃尔特 著　蔡承志 译

50 《破窗效应：失序世界的关键影响力》[美] 乔治·凯林、凯瑟琳·科尔斯 著　陈智文 译

51 《违童之愿：冷战时期美国儿童医学实验秘史》[美] 艾伦·M. 霍恩布鲁姆、朱迪斯·L. 纽曼、格雷戈里·J. 多贝尔 著　丁立松 译

52 《活着有多久：关于死亡的科学和哲学》[加] 理查德·贝利沃、丹尼斯·金格拉斯 著　白紫阳 译

53 《疯狂实验史 Ⅱ》[瑞士] 雷托·U. 施奈德 著　郭鑫、姚敏多 译

54 《猿形毕露：从猩猩看人类的权力、暴力、爱与性》[美] 弗朗斯·德瓦尔 著　陈信宏 译

55 《正常的另一面：美貌、信任与养育的生物学》[美] 乔丹·斯莫勒 著　郑嬿 译

56 《奇妙的尘埃》[美] 汉娜·霍姆斯 著　陈芝仪 译

57 《卡路里与束身衣：跨越两千年的节食史》[英] 路易丝·福克斯克罗夫特 著　王以勤 译

58 《哈希的故事：世界上最具暴利的毒品业内幕》[英] 温斯利·克拉克森 著　珍栎 译

59 《黑色盛宴：嗜血动物的奇异生活》[美] 比尔·舒特 著　帕特里曼·J. 温 绘图　赵越 译

60 《城市的故事》[美] 约翰·里德 著　郝笑丛 译

61 《树荫的温柔：亘古人类激情之源》[法] 阿兰·科尔班 著　苜蓿 译

62 《水果猎人：关于自然、冒险、商业与痴迷的故事》[加] 亚当·李斯·格尔纳 著　于是 译

63 《囚徒、情人与间谍：古今隐形墨水的故事》[美] 克里斯蒂·马克拉奇斯 著　张哲、师小涵 译

64 《欧洲王室另类史》[美] 迈克尔·法夸尔 著　康怡 译

65 《致命药瘾：让人沉迷的食品和药物》[美] 辛西娅·库恩等 著　林慧珍、关莹 译

66 《拉丁文帝国》[法] 弗朗索瓦·瓦克 著　陈绮文 译

67 《欲望之石：权力、谎言与爱情交织的钻石梦》[美] 汤姆·佐尔纳 著　麦慧芬 译

68 《女人的起源》[英] 伊莲·摩根 著　刘筠 译

69 《蒙娜丽莎传奇：新发现破解终极谜团》[美] 让-皮埃尔·伊斯鲍茨、克里斯托弗·希斯·布朗 著　陈薇薇 译

70 《无人读过的书：哥白尼〈天体运行论〉追寻记》[美] 欧文·金格里奇 著　王今、徐国强 译

71 《人类时代：被我们改变的世界》[美] 黛安娜·阿克曼 著　伍秋玉、澄影、王丹 译

72 《大气：万物的起源》[英] 加布里埃尔·沃克 著　蔡承志 译

73 《碳时代：文明与毁灭》[美] 埃里克·罗斯顿 著　吴妍仪 译

74	《一念之差：关于风险的故事与数字》[英] 迈克尔·布拉斯兰德、戴维·施皮格哈尔特 著 威治 译
75	《脂肪：文化与物质性》[美] 克里斯托弗·E. 福思、艾莉森·利奇 编著 李黎、丁立松 译
76	《笑的科学：解开笑与幽默感背后的大脑谜团》[美] 斯科特·威姆斯 著 刘书维 译
77	《黑丝路：从里海到伦敦的石油溯源之旅》[英] 詹姆斯·马里奥特、米卡·米尼奥 – 帕卢埃洛 著 黄煜文 译
78	《通向世界尽头：跨西伯利亚大铁路的故事》[英] 克里斯蒂安·沃尔玛 著 李阳 译
79	《生命的关键决定：从医生做主到患者赋权》[美] 彼得·于贝尔 著 张琼懿 译
80	《艺术侦探：找寻失踪艺术瑰宝的故事》[英] 菲利普·莫尔德 著 李欣 译
81	《共病时代：动物疾病与人类健康的惊人联系》[美] 芭芭拉·纳特森 – 霍洛威茨、凯瑟琳·鲍尔斯 著 陈筱婉 译
82	《巴黎浪漫吗？——关于法国人的传闻与真相》[英] 皮乌·玛丽·伊特韦尔 著 李阳 译
83	《时尚与恋物主义：紧身褡、束腰术及其他体形塑造法》[美] 戴维·孔兹 著 珍栎 译
84	《上穷碧落：热气球的故事》[英] 理查德·霍姆斯 著 暴永宁 译
85	《贵族：历史与传承》[法] 埃里克·芒雄 – 里高 著 彭禄娴 译
86	《纸影寻踪：旷世发明的传奇之旅》[英] 亚历山大·门罗 著 史先涛 译
87	《吃的大冒险：烹饪猎人笔记》[美] 罗布·沃乐什 著 薛绚 译
88	《南极洲：一片神秘的大陆》[英] 加布里埃尔·沃克 著 蒋功艳、岳玉庆 译
89	《民间传说与日本人的心灵》[日] 河合隼雄 著 范作申 译
90	《象牙维京人：刘易斯棋中的北欧历史与神话》[美] 南希·玛丽·布朗 著 赵越 译
91	《食物的心机：过敏的历史》[英] 马修·史密斯 著 伊玉岩 译
92	《当世界又老又穷：全球老龄化大冲击》[美] 泰德·菲什曼 著 黄煜文 译
93	《神话与日本人的心灵》[日] 河合隼雄 著 王华 译
94	《度量世界：探索绝对度量衡体系的历史》[美] 罗伯特·P. 克里斯 著 卢欣渝 译
95	《绿色宝藏：英国皇家植物园史话》[英] 凯茜·威利斯、卡罗琳·弗里 著 珍栎 译
96	《牛顿与伪币制造者：科学巨匠鲜为人知的侦探生涯》[美] 托马斯·利文森 著 周子平 译
97	《音乐如何可能？》[法] 弗朗西斯·沃尔夫 著 白紫阳 译
98	《改变世界的七种花》[英] 詹妮弗·波特 著 赵丽洁、刘佳 译

99 《伦敦的崛起：五个人重塑一座城》[英]利奥·霍利斯 著　宋美莹 译

100 《来自中国的礼物：大熊猫与人类相遇的一百年》[英]亨利·尼科尔斯 著　黄建强 译

101 《筷子：饮食与文化》[美]王晴佳 著　汪精玲 译

102 《天生恶魔？：纽伦堡审判与罗夏墨迹测验》[美]乔尔·迪姆斯代尔 著　史先涛 译

103 《告别伊甸园：多偶制怎样改变了我们的生活》[美]戴维·巴拉什 著　吴宝沛 译

104 《第一口：饮食习惯的真相》[英]比·威尔逊 著　唐海娇 译

105 《蜂房：蜜蜂与人类的故事》[英]比·威尔逊 著　暴永宁 译

106 《过敏大流行：微生物的消失与免疫系统的永恒之战》[美]莫伊塞斯·贝拉斯克斯-曼诺夫 著　李黎、丁立松 译

107 《饭局的起源：我们为什么喜欢分享食物》[英]马丁·琼斯 著　陈雪香 译　方辉 审校

108 《金钱的智慧》[法]帕斯卡尔·布吕克内 著　张叶　陈雪乔 译　张新木 校

109 《杀人执照：情报机构的暗杀行动》[德]埃格蒙特·科赫 著　张芸、孔令逊 译

110 《圣安布罗焦的修女们：一个真实的故事》[德]胡贝特·沃尔夫 著　徐逸群 译

111 《细菌》[德]汉诺·夏里修斯　里夏德·弗里贝 著　许嫚红 译

112 《千丝万缕：头发的隐秘生活》[英]爱玛·塔罗 著　郑嬿 译

113 《香水史诗》[法]伊丽莎白·德·费多 著　彭禄娴 译

114 《微生物改变命运：人类超级有机体的健康革命》[美]罗德尼·迪塔特 著　李秦川 译

115 《离开荒野：狗猫牛马的驯养史》[美]加文·艾林格 著　赵越 译

116 《不生不熟：发酵食物的文明史》[法]玛丽-克莱尔·弗雷德里克 著　冷碧莹 译